数論 II

—— 岩澤理論と保型形式 ——

黒川信重・栗原将人・斎藤 毅

岩波書店

まえがき

 数論の魅力のもとは，素数の不思議さにある．素数を解明するために，数論を研究する人々はさまざまな手法を開発してきた．ζ 関数や類体論についてはすでに『数論 I』で見てきたところである．本書では『数論 I』に引き続き，現代数論の基礎をなす重要な理論の解説を行なう．現代数論の特徴は代数的側面と解析的側面とのからみあいであると言える．代数的なものとは代数体や Galois 群や代数幾何学的対象であり，解析的なものとは ζ 関数や保型形式や保型表現である．たとえば，高木貞治によって完成された類体論の核心部分は，Galois 群の 1 次元表現という代数的なものとイデール類群の 1 次元表現(Hecke 指標)という解析的なものが同一の ζ 関数をもつことである，とも表現できる．これから本書で扱う岩澤理論では，ζ 関数の p 進的化身である p 進 L 関数という解析的対象が登場し，その代数的，数論的意味が明らかにされていく．

 類体論を非可換 Galois 群の状況にまで拡張することを目標として建設途上にある「非可換類体論」は現代数論の大きなテーマである．その最初の例が，有理数体上の楕円曲線という代数的なものとモジュラー群の合同部分群に関する保型形式という解析的なものとの対応である．この対応を確立することにより，Wiles は Fermat 予想の証明を問題提出以来 357 年ぶりに解決したが，この快挙がなされたのは今からちょうど 10 年前であった．

 本書では，このような現代数論の動向を背景として，保型形式と岩澤理論の基礎理論を紹介する．また楕円曲線の数論を，Wiles による Fermat 予想の証明を概説することを中心にして紹介した．どの章も具体的な計算を追うことによって理解が進むようになっている．ぜひ，手を動かして現代数論を体験していただきたい．なお，本書は岩波講座現代数学の基礎として発行された「数論 3」を単行本化したものである．

　2004 年 11 月 11 日

黒川信重・栗原将人・斎藤毅

理論の概要と目標

　本書は『数論 I (旧 1・2)』の基礎の上で,現代数論の 2 つの代表的主題へと歩を進める. 2 つの主題とは解析的側面をもつ保型形式論および代数的側面をもつ岩澤理論である.

　保型形式論は第 9 章と第 11 章に分かれている. 第 9 章では Ramanujan の発見したいくつかの美しい等式を証明することを目標にして,モジュラー群に対する保型形式を考察する. とくに, Eisenstein 級数とカスプ形式を調べる. また,現代数論でよく用いられる ζ 正規化積を導入し, Kronecker の極限公式を証明する. ここで,本質的なことは,保型性である. その名のとおり,保型形式の要点は,保型性にある. 保型性とは,ある種の関数等式をみたすことであるが,それがとても強い条件になっているために,保型形式を具体的に決めることができるのである. その結果,保型性と Kronecker の極限公式を総動員して, Ramanujan の等式に至る. 第 11 章では,保型形式をより広い観点から眺めるために,群上の保型形式や Selberg 跡公式への展望を行なっている.

　岩澤理論は第 10 章で扱われる. 古典的岩澤理論を岩澤主予想を中心として,できる限りわかりやすく解説する. ζ 関数の整数での値の間には p 進的結びつきがあるのだが,この現象は p 進 L 関数というものの存在によって明快に理解できるようになる. まずこの p 進 L 関数について解説 (第 10 章第 1 節) した後,いわゆる岩澤の $\mathbb{Z}_p$ 拡大の理論について述べる (第 10 章第 2 節). ここでは,イデアル類群という数論における重要な対象を Galois 群の作用もこめて調べる. 特に $\mathbb{Z}_p$ 拡大体上のイデアル類群 (類体論によってこれは最大不分岐 Abel 拡大の Galois 群とも言える) を調べることが目標である. そして,第 1 節と第 2 節の結果は岩澤主予想によって結びつけられる (第 10 章第 3 節). 第 12 章では,少ないページ数ではあるが,楕円曲線の数論について

の基本的事項を説明した後，WilesによるFermat予想証明に至る道筋，そのアイディアを簡潔に解説する．

　本書によって，現代数論の楽しさを味わって欲しい．また，本書を基礎として，さらなる数論研究の前線へと分け入って欲しい．

目　次

まえがき ………………………………………… v
理論の概要と目標 ………………………………… vii

第 9 章　保型形式とは ………………………… 381

§ 9.1　Ramanujan の発見 ……………………… 384
§ 9.2　Ramanujan の Δ と正則 Eisenstein 級数 … 397
§ 9.3　保型性と ζ の関数等式 …………………… 405
§ 9.4　実解析的 Eisenstein 級数 ………………… 411
§ 9.5　Kronecker の極限公式と正規積 ………… 427
§ 9.6　$SL_2(\mathbb{Z})$ の保型形式 ……………………… 447
§ 9.7　古典的保型形式 …………………………… 458
要　約 ……………………………………………… 467
演習問題 …………………………………………… 468

第 10 章　岩澤理論 …………………………… 471

§ 10.0　岩澤理論とは ……………………………… 472
§ 10.1　p 進解析的ゼータ ………………………… 482
§ 10.2　イデアル類群と円分 $\mathbb{Z}_p$ 拡大 …………… 513
§ 10.3　岩澤主予想 ………………………………… 536
要　約 ……………………………………………… 553
演習問題 …………………………………………… 554

第 11 章　保型形式 (II) ……………………… 557

§ 11.1　保型形式と表現論 ………………………… 558

§11.2　Poisson 和公式 · · · · · · · · · · · · · · · 564

§11.3　Selberg 跡公式 · · · · · · · · · · · · · · · 570

§11.4　Langlands 予想 · · · · · · · · · · · · · · · 576

要　　約 · 578

第12章　楕円曲線(II) · · · · · · · · · · · · · · · 579

§12.1　有理数体上の楕円曲線 · · · · · · · · · · 579

§12.2　Fermat 予想 · · · · · · · · · · · · · · · · 591

要　　約 · 600

参　考　書 · 601

問 解 答

演習問題解答

索　　引

《数論 I の内容》

第0章　序　Fermat と数論

§0.1　Fermat 以前

§0.2　素数と2平方和

§0.3　$p=x^2+2y^2, p=x^2+3y^2, \cdots$

§0.4　Pell 方程式

§0.5　3角数, 4角数, 5角数, ...

§0.6　3角数, 平方数, 立方数

§0.7　直角3角形と楕円曲線

§0.8　Fermat の最終定理

第1章　楕円曲線の有理点

§1.1　Fermat と楕円曲線

§1.2　楕円曲線の群構造

§1.3　Mordell の定理

第2章　2次曲線と p 進数体

- §2.1 2次曲線
- §2.2 合同式
- §2.3 2次曲線と平方剰余記号
- §2.4 p 進数体
- §2.5 p 進数体の乗法的構造
- §2.6 2次曲線の有理点

第3章 ζ
- §3.1 ζ 関数の値の3つのふしぎ
- §3.2 正整数での値
- §3.3 負整数での値

第4章 代数的整数論
- §4.1 代数的整数論の方法
- §4.2 代数的整数論の核心
- §4.3 虚2次体の類数公式
- §4.4 Fermat の最終定理と Kummer

第5章 類体論とは
- §5.1 類体論的現象の例
- §5.2 円分体と2次体
- §5.3 類体論の概説

第6章 局所と大域
- §6.1 数と関数のふしぎな類似
- §6.2 素点と局所体
- §6.3 素点と体拡大
- §6.4 アデール環とイデール群

第7章 $\zeta(\mathrm{II})$
- §7.1 ζ の出現
- §7.2 Riemann ζ と Dirichlet L
- §7.3 素数定理
- §7.4 $\mathbb{F}_p[T]$ の場合
- §7.5 Dedekind ζ と Hecke L

§7.6 素数定理の一般的定式化

第8章 類体論(II)
 §8.1 類体論の内容
 §8.2 大域体，局所体上の斜体
 §8.3 類体論の証明

付録A Dedekind 環のまとめ
 §A.1 Dedekind 環の定義
 §A.2 分数イデアル

付録B Galois 理論
 §B.1 Galois 理論
 §B.2 正規拡大と分離拡大
 §B.3 ノルムとトレース
 §B.4 有限体
 §B.5 無限次 Galois 理論

付録C 素点の光
 §C.1 Hensel の補題
 §C.2 Hasse の原理

9

保型形式とは

保型形式が最初に現れたのは 1750 年の Euler による五角数定理である：
$$\prod_{n=1}^{\infty}(1-q^n) = \sum_{m=-\infty}^{\infty}(-1)^m q^{\frac{3m^2-m}{2}}.$$
ここで右辺に出てくる $\frac{3m^2-m}{2} = 1, 5, 12, \cdots$ は 5 角数（『数論 I』§0.5）である．

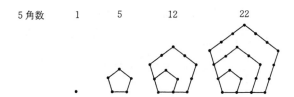

Euler の等式は，左辺が η 関数，右辺が ϑ 関数と呼ばれるようになる保型形式の原型を与えていた．その後 1859 年，保型形式 ϑ(テータ)は Riemann の研究において，$\zeta(s)$ の積分表示（第 7 章）に現れ，保型形式の ζ を研究するという新局面を迎えた．Riemann の積分表示によって，ϑ の保型性は $\zeta(s)$ の関数等式に移ったのであった．

このような背景のもと，現代の保型形式論の基本となる新種の ζ を発見したのは Ramanujan だった（1916 年）．Ramanujan が研究したのは

$$\Delta(z) = q \prod_{n=1}^{\infty} (1-q^n)^{24}$$

という関数の Fourier 展開

$$\Delta(z) = \sum_{n=1}^{\infty} \tau(n) q^n$$

に現れる係数 $\tau(n)$ である．ここで，z は**上半平面**(upper half plane)

$$H = \{z \in \mathbb{C} \mid \mathrm{Im}(z) > 0\}$$

の変数であり，$q = e^{2\pi i z}$ である．したがって，q の絶対値は 1 より小さくなっており，$\Delta(z)$ の無限積表示もその Fourier 展開も絶対収束する．この $\Delta(z)$ は保型形式の中でもとりわけ美しいものである．

保型形式(automorphic form)とはその名のとおり「型が保たれる」ということを意味していて，$\Delta(z)$ の場合には

$$\Delta\left(\frac{az+b}{cz+d}\right) = (cz+d)^{12} \Delta(z)$$

という保型性がすべての

$$\begin{pmatrix} a & b \\ c & d \end{pmatrix} \in SL_2(\mathbb{Z})$$

(つまり，$a, b, c, d \in \mathbb{Z}$ で $ad - bc = 1$ をみたすもの)に対して成り立っている．$(cz+d)^{12}$ の 12 を**重さ**(weight)といい，したがって，この $\Delta(z)$ は重さ 12 の保型形式という．

Ramanujan の発見した新種の ζ は

$$L(s, \Delta) = \sum_{n=1}^{\infty} \tau(n) n^{-s}$$

であり，$L(s, \Delta)$ は Euler 積表示

$$L(s, \Delta) = \prod_{p:\text{素数}} (1 - \tau(p) p^{-s} + p^{11-2s})^{-1}$$

をもつと予想したのである．それまでの Euler 積は，Riemann の ζ 関数

$$\zeta(s) = \sum_{n=1}^{\infty} n^{-s} = \prod_{p:\text{素数}} (1 - p^{-s})^{-1}$$

やDirichletのL関数

$$L(s,\chi) = \sum_{n=1}^{\infty} \chi(n)n^{-s} = \prod_{p:\text{素数}} (1-\chi(p)p^{-s})^{-1}$$

のように各局所因子がp^{-s}の1次式となるものしか(実質的には)なかったのだった．Ramanujanによる2次のEuler積の発見は，同時に提出された

$$|\tau(p)| < 2p^{\frac{11}{2}}$$

という**Ramanujan予想**(Ramanujan conjecture)(これはEuler積に現れるp^{-s}の2次式の判別式が負ということと同値である)とともに20世紀の数論発展の原動力を与えることになった．そして，ついにそのような2次のEuler積をもつζがFermat予想解決をもたらす鍵となったことは，20世紀の終りを飾るにふさわしい驚くべき——Ramanujanも予想していなかったに違いない——出来事であった．

現代数論は，さらに高次のEuler積をもつζの研究を目指して進んでいる．この章ではRamanujanの発見したことを証明を付けながら具体的に扱い，保型形式への導入としたい．

さて，保型形式論の特徴は，保型性が強い条件であることから，予想もつかないような等式がたくさん導かれることである．それがRamanujanをとくにひきつけた理由でもあろう．この章では，保型形式をもちいて，たとえば次のような等式が証明される：

$$\sum_{n=1}^{\infty} \frac{n^5}{e^{2\pi n}-1} = \frac{1}{504}$$

$$\sum_{n=1}^{\infty} \frac{n}{e^{2\pi n}-1} = \frac{1}{24} - \frac{1}{8\pi}$$

$$\sum_{n=1}^{\infty} \frac{n^3}{e^{2\pi n}-1} = \frac{1}{80}\left(\frac{\varpi}{\pi}\right)^4 - \frac{1}{240}$$

$$\sum_{n=1}^{\infty} \frac{1}{n(e^{2\pi n}-1)} = -\frac{\pi}{12} - \frac{1}{2}\log\left(\frac{\varpi}{\sqrt{2}\pi}\right).$$

ここで，πは通常の円周率

$$\pi = 2\int_0^1 \frac{dx}{\sqrt{1-x^2}} = 3.14159\cdots$$

であるが

$$\varpi = 2\int_0^1 \frac{dx}{\sqrt{1-x^4}} = \frac{\Gamma\left(\frac{1}{4}\right)^2}{2^{\frac{3}{2}}\pi^{\frac{1}{2}}} = 2.62205\cdots$$

は Gauss が今からちょうど 200 年前に考えだした "レムニスケート周率" という円周率の類似物である．これらの等式には等式が徐々に深くなっていくようすもでているので，読みながら味わってほしい．

§9.1 Ramanujan の発見

1916 年 Ramanujan は

$$\Delta(z) = q \prod_{n=1}^{\infty}(1-q^n)^{24} \qquad (q = e^{2\pi i z})$$

の Fourier 展開

$$\Delta(z) = \sum_{n=1}^{\infty} \tau(n) q^n$$

に現れる係数 $\tau(n)$ をたくさん計算した：

$\tau(1) = 1, \quad \tau(2) = -24, \quad \tau(3) = 252, \quad \tau(4) = -1472,$
$\tau(5) = 4830, \quad \tau(6) = -6048, \quad \tau(7) = -16744,$
$\tau(8) = 84480, \quad \tau(9) = -113643, \quad \tau(10) = -115920, \quad \cdots.$

これらの数を見つめた結果 Ramanujan は，次の①，② を予想し，③ を証明するに至った：

① $L(s, \Delta) = \sum_{n=1}^{\infty} \tau(n) n^{-s}$ とおくと
$$L(s, \Delta) = \prod_{p:\text{素数}} (1 - \tau(p) p^{-s} + p^{11-2s})^{-1}$$

となる．

② 素数 p に対して $|\tau(p)| < 2p^{\frac{11}{2}}$．

③ 素数 p に対して $\tau(p) \equiv 1+p^{11} \bmod 691$.

このうち，①は翌 1917 年に Mordell が作用素 $T(p)$ を用いて証明した．②は約 60 年近くたった 1974 年 Deligne によって代数幾何学的手法を用いて証明された．②の予想(単に Ramanujan 予想と呼ばれる)を Riemann 予想の代数幾何学的類似物である Weil 予想に帰着させる際，③は l 進表現を考えるというヒントを与えていたのであった(691 は素数である)．Deligne の方法は Grothendieck による代数幾何学の革新にもとづいており，岩波講座現代数学の展開「Weil 予想とエタールコホモロジー」で解説される．

この節では①と③の証明をおこなう．ただし，そのためには $\Delta(z)$ が保型形式であるという性質が必要であるが，証明のすじみちをわかりやすくするために，その事実は§9.2 で証明することにする．

(a) Mordell の証明

Ramanujan が予想し，Mordell が証明した次の結果を示そう．

定理 9.1 (Mordell, 1917)

$$\sum_{n=1}^{\infty} \tau(n)n^{-s} = \prod_{p:\text{素数}} (1-\tau(p)p^{-s}+p^{11-2s})^{-1}.$$

[証明] Mordell は各素数 p に対し **Mordell 作用素**(Mordell operator)

$$(9.1) \qquad (T(p)\Delta)(z) = \frac{1}{p}\sum_{l=0}^{p-1} \Delta\left(\frac{z+l}{p}\right) + p^{11}\Delta(pz)$$

を構成し

$$T(p)\Delta = \tau(p)\Delta$$

となることを証明した(つまり Δ は $T(p)$ の固有関数で $\tau(p)$ は固有値)．この等式から定理 9.1(Ramanujan の①)が出ることをまず見よう．いま

$$\Delta(z) = \sum_{n=1}^{\infty} \tau(n)q^n$$

を $(T(p)\Delta)(z)$ の式に代入すると

$$(T(p)\Delta)(z) = \frac{1}{p}\sum_{l=0}^{p-1}\sum_{n=1}^{\infty} \tau(n)\exp\left(2\pi i n \frac{z+l}{p}\right) + p^{11}\sum_{n=1}^{\infty} \tau(n)q^{pn}$$

$$= \sum_{n=1}^{\infty} \left(\frac{1}{p} \sum_{l=0}^{p-1} e^{2\pi i n \frac{l}{p}} \right) \tau(n) q^{\frac{n}{p}} + p^{11} \sum_{n=1}^{\infty} \tau(n) q^{pn},$$

ここで

$$\frac{1}{p} \sum_{l=0}^{p-1} e^{2\pi i n \frac{l}{p}} = \begin{cases} 1 & p \mid n \text{ のとき} \\ 0 & p \nmid n \text{ のとき} \end{cases}$$

だから

(9.2) $\quad (T(p)\Delta)(z) = \sum_{n=1}^{\infty} \tau(pn) q^n + p^{11} \sum_{n=1}^{\infty} \tau(n) q^{pn}$

$$= \sum_{n=1}^{\infty} \left(\tau(pn) + p^{11} \tau\left(\frac{n}{p}\right) \right) q^n$$

となる. ただし, 一般に $x \notin \mathbb{Z}$ なら $\tau(x) = 0$ とおく. とくに $p \nmid n$ のときは $\tau\left(\dfrac{n}{p}\right) = 0$.

よって, $T(p)\Delta = \tau(p)\Delta$ を用いると

(9.3) $\quad \tau(pn) + p^{11} \tau\left(\dfrac{n}{p}\right) = \tau(p)\tau(n) \qquad (n = 1, 2, \cdots; p \text{ は素数})$

を得る. これから定理を出す. (9.3)で $n = p^k$ とおくと

(9.4) $\quad \tau(p^{k+1}) = \tau(p)\tau(p^k) - p^{11} \tau(p^{k-1}) \qquad (k = 1, 2, \cdots)$

がでる. したがって

$$\sum_{k=0}^{\infty} (\tau(p^k) - \tau(p)\tau(p^{k-1}) + p^{11}\tau(p^{k-2})) u^k = 1$$

となるが,

$$左辺 = \left(\sum_{k=0}^{\infty} \tau(p^k) u^k \right) (1 - \tau(p) u + p^{11} u^2)$$

である. よって

(9.5) $\quad \sum_{k=0}^{\infty} \tau(p^k) u^k = \dfrac{1}{1 - \tau(p) u + p^{11} u^2}.$

さらに, $\tau(n)$ が乗法的($(m,n) = 1$ な m, n に対し $\tau(mn) = \tau(m)\tau(n)$)である

ことが，(9.3)から次のようにしてわかる．それを言うためには

(9.6) $p \nmid m$ ならば $\tau(p^k m) = \tau(p^k)\tau(m)$

を示せばよい．これを k についての帰納法で示そう．$k=0$ のときは明らかであり，$k=1$ のときは(9.3)で $n=m$ としたものである．次に，k まで成り立ったとしよう．(9.3)で $n=p^k m$ としたものを使うと

$$\tau(p^{k+1}m) = \tau(p)\tau(p^k m) - p^{11}\tau(p^{k-1}m)$$

となるが，帰納法の仮定を使うと

$$\begin{aligned}\tau(p^{k+1}m) &= \tau(p)\tau(p^k)\tau(m) - p^{11}\tau(p^{k-1})\tau(m) \\ &= (\tau(p)\tau(p^k) - p^{11}\tau(p^{k-1}))\tau(m) \\ &\underset{(9.4)}{=} \tau(p^{k+1})\tau(m)\end{aligned}$$

となって $k+1$ のときも成り立つ．したがって $\tau(n)$ は乗法的である．よって

$$\sum_{n=1}^{\infty} \tau(n)n^{-s} = \prod_p \left(\sum_{k=0}^{\infty} \tau(p^k)p^{-ks}\right)$$
$$= \prod_p (1-\tau(p)p^{-s}+p^{11-2s})^{-1}.$$

(この導出からわかるように定理の等式は，$\tau(n)$ が乗法的であることおよび $\tau(p^k)$ が漸化式(9.4)をみたすこととを合わせたものと同値である.)

このようにして定理9.1の証明には，$T(p)\Delta = \tau(p)\Delta$ を示せばよいことがわかった．Δ が固有関数であるという，この等式を示すには関数

$$f(z) = \frac{(T(p)\Delta)(z)}{\Delta(z)}$$

に対して

(1) $f(z)$ は定数関数である，
(2) その定数は $\tau(p)$ である

の2つが成り立つことを言う．

まず(1)は $f(z)$ がすべての $\begin{pmatrix} a & b \\ c & d \end{pmatrix} \in SL_2(\mathbb{Z})$ に対して

$$f\left(\frac{az+b}{cz+d}\right) = f(z)$$

をみたすことが示されればよい．それがわかると $SL_2(\mathbb{Z})\backslash H$ の代表系(基本

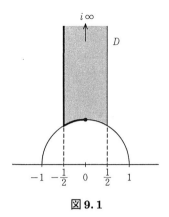

図 9.1

領域)として図 9.1 の陰影部

$$D = \left\{ x+iy \;\middle|\; -\frac{1}{2} < x < \frac{1}{2},\; y > \sqrt{1-x^2} \right\}$$

$$\sqcup \left\{ -\frac{1}{2}+iy \;\middle|\; y > \frac{\sqrt{3}}{2} \right\} \sqcup \left\{ x+i\sqrt{1-x^2} \;\middle|\; -\frac{1}{2} \leqq x \leqq 0 \right\}$$

がとれること(このことは $SL_2(\mathbb{Z})$ が $\begin{pmatrix} 1 & 1 \\ 0 & 1 \end{pmatrix}$ と $\begin{pmatrix} 0 & -1 \\ 1 & 0 \end{pmatrix}$ で生成されるという群論の結果と同時に §9.6 で証明する)と, $f(z)$ が $D = SL_2(\mathbb{Z})\backslash H$ 上で正則かつ $z = i\infty$ でも正則であることから, 複素関数論の Liouville の定理(最大値の原理あるいはコンパクト領域上の複素関数論)によって $f(z)$ は定数となる. 一方, 先に計算したように

$$f(z) = \frac{(T(p)\Delta)(z)}{\Delta(z)} = \frac{\tau(p)q + (q^2 \text{以上の項})}{q - 24q^2 + \cdots} = \frac{\tau(p) + (q \text{以上の項})}{1 - 24q + \cdots}$$

だから $z \to i\infty$ $(q \to 0)$ として $f(z) \to \tau(p)$, つまり $f(z) = \tau(p)$ となって, (2) がわかる.

さて, $\Delta(z)$ は変換公式

$$\Delta\left(\frac{az+b}{cz+d}\right) = (cz+d)^{12}\Delta(z)$$

をみたす(これは §9.2 で証明する)ので, (1)を示すには, $T(p)\Delta$ が同じ変

換公式をみたすことを言えばよい.これには $SL_2(\mathbb{Z})$ の生成元 $\begin{pmatrix} 1 & 1 \\ 0 & 1 \end{pmatrix}$ と $\begin{pmatrix} 0 & -1 \\ 1 & 0 \end{pmatrix}$ についてたしかめれば十分である. $\begin{pmatrix} 1 & 1 \\ 0 & 1 \end{pmatrix}$ については Fourier 展開から

$$(T(p)\Delta)(z+1) = (T(p)\Delta)(z)$$

となるのでよく, $\begin{pmatrix} 0 & -1 \\ 1 & 0 \end{pmatrix}$ については次のようにしてわかる.まず

$$(T(p)\Delta)\left(-\frac{1}{z}\right) = \frac{1}{p}\Delta\left(-\frac{1}{pz}\right) + p^{11}\Delta\left(-\frac{p}{z}\right) + \frac{1}{p}\sum_{l=1}^{p-1}\Delta\left(\frac{-\frac{1}{z}+l}{p}\right)$$

$$= \frac{1}{p}(pz)^{12}\Delta(pz) + p^{11}\left(\frac{z}{p}\right)^{12}\Delta\left(\frac{z}{p}\right) + \frac{1}{p}\sum_{l=1}^{p-1}\Delta\left(\frac{lz-1}{pz}\right)$$

である.いま,$l=1,\cdots,p-1$ に対して $l'=1,\cdots,p-1$ を $ll' \equiv -1 \bmod p$ となるようにとる(一意的に存在).すると

$$\begin{pmatrix} l & b \\ p & -l' \end{pmatrix} \in SL_2(\mathbb{Z})$$

となる b が存在する.そのとき,$z' = \dfrac{z+l'}{p}$ に対して

$$\begin{cases} \dfrac{lz'+b}{pz'-l'} = \dfrac{lz-1}{pz} \\ pz'-l' = z \end{cases}$$

だから

$$\Delta\left(\frac{lz-1}{pz}\right) = z^{12}\Delta\left(\frac{z+l'}{p}\right)$$

をみたす.したがって

$$(T(p)\Delta)\left(-\frac{1}{z}\right) = p^{11}z^{12}\Delta(pz) + \frac{1}{p}z^{12}\Delta\left(\frac{z}{p}\right) + \frac{1}{p}\sum_{l'=1}^{p-1}z^{12}\Delta\left(\frac{z+l'}{p}\right)$$

$$= z^{12}(T(p)\Delta)(z)$$

が得られる.このようにして定理 9.1 が証明された.

(b) Ramanujan の合同式

ここでは Ramanujan の合同式 ③ の証明を行なう．

定理 9.2（Ramanujan） 素数 p に対して
$$\tau(p) \equiv 1 + p^{11} \bmod 691$$
が成り立つ．

［証明］ より一般的に，自然数 n に対して
$$\tau(n) \equiv \sigma_{11}(n) \bmod 691$$
が得られる．ただし，$\sigma_k(n) = \sum_{d|n} d^k$．

そのために，**Eisenstein 級数**（Eisenstein series）$E_k(z)$ を用いる．（$E_k(z)$ の性質の証明は §9.2 で行なう．）k が 4 以上の偶数のとき
$$E_k(z) = \frac{1}{2} \sum_{(c,d)=1} \frac{1}{(cz+d)^k}$$
は絶対収束し，その Fourier 展開は
$$E_k(z) = 1 - \frac{2k}{B_k} \sum_{n=1}^{\infty} \sigma_{k-1}(n) q^n \qquad (q = e^{2\pi i z})$$
となる．ここで，$c, d \in \mathbb{Z}$ は互いに素な整数の組をわたり，B_k は Bernoulli 数
$$\frac{t}{e^t - 1} = \sum_{k=0}^{\infty} \frac{B_k}{k!} t^k$$
である．さらに $E_k(z)$ は変換公式
$$E_k\left(\frac{az+b}{cz+d}\right) = (cz+d)^k E_k(z)$$
をすべての $\begin{pmatrix} a & b \\ c & d \end{pmatrix} \in SL_2(\mathbb{Z})$ に対してみたす（重さ k の保型性）．$E_k(z)$ のはじめの方は
$$E_4(z) = 1 + 240 \sum_{n=1}^{\infty} \sigma_3(n) q^n$$
$$E_6(z) = 1 - 504 \sum_{n=1}^{\infty} \sigma_5(n) q^n$$

$$E_8(z) = 1 + 480 \sum_{n=1}^{\infty} \sigma_7(n) q^n$$

$$E_{10}(z) = 1 - 264 \sum_{n=1}^{\infty} \sigma_9(n) q^n$$

$$E_{12}(z) = 1 + \frac{65520}{691} \sum_{n=1}^{\infty} \sigma_{11}(n) q^n$$

$$E_{14}(z) = 1 - 24 \sum_{n=1}^{\infty} \sigma_{13}(n) q^n$$

となっている．
さて

(9.7) $$E_{12} - E_6^2 = \frac{c}{691} \Delta$$

となる整数 $c \equiv 65520 \bmod 691$ が存在することがわかる．それは前項(a)の $T(p)\Delta = \tau(p)\Delta$ の証明とまったく同様に

$$\frac{E_{12} - E_6^2}{\Delta} = \frac{\left(\frac{65520}{691} + 1008\right) q + (q^2 \text{以上})}{q + (q^2 \text{以上})} = \frac{\left(\frac{65520}{691} + 1008\right) + (q \text{以上})}{1 + (q \text{以上})}$$

が $SL_2(\mathbb{Z})$ 不変であるということからでる．とくに

$$c = 65520 + 1008 \cdot 691 = 1008 \cdot 756$$

である．そこで(9.7)に 691 をかけて q^n の項の係数の $\bmod 691$ を比較すれば

$$\sigma_{11}(n) \equiv \tau(n) \bmod 691$$

となっている．なお，(9.7)の q^n の係数を求めて比較すると

(9.8)
$$\tau(n) = \frac{65}{756} \sigma_{11}(n) + \frac{691}{756} \sigma_5(n) - \frac{691}{3} \sum_{m=1}^{n-1} \sigma_5(m) \sigma_5(n-m)$$

$$= \sigma_{11}(n) + \frac{691}{756} \left(-\sigma_{11}(n) + \sigma_5(n) - 252 \sum_{m=1}^{n-1} \sigma_5(m) \sigma_5(n-m) \right)$$

という $\tau(n)$ の公式がでる．もちろん，これからも

$$\tau(n) \equiv \sigma_{11}(n) \bmod 691$$

は一目でわかる．

(c) Ramanujan の等式と Lambert 級数

次の形の級数を Lambert 級数といい，保型形式の表示に便利である：

$$\sum_{n=1}^{\infty} \frac{a(n)q^n}{1-q^n}.$$

これは

$$\sum_{n=1}^{\infty} \frac{a(n)q^n}{1-q^n} = \sum_{n=1}^{\infty} a(n)\left(\sum_{m=1}^{\infty} q^{mn}\right) = \sum_{n,m=1}^{\infty} a(n)q^{mn}$$
$$= \sum_{l=1}^{\infty} \left(\sum_{n|l} a(n)\right) q^l$$

と Fourier 級数(q のベキ級数)に変形できる(最後の等式では mn を l とおきかえ，それに応じて条件 $n|l$ がついている).

代表的なものには Eisenstein 級数 $E_k(z)$ の Fourier 展開にでてくる

$$\sum_{n=1}^{\infty} \frac{n^{k-1}q^n}{1-q^n} = \sum_{n=1}^{\infty} \sigma_{k-1}(n)q^n$$

がある．したがって

(9.9) $$E_k(z) = 1 - \frac{2k}{B_k} \sum_{n=1}^{\infty} \frac{n^{k-1}q^n}{1-q^n}$$

である．また，Euler 関数 $\varphi(n)$ や Möbius 関数 $\mu(n)$ のときには

$$\sum_{n=1}^{\infty} \frac{\varphi(n)q^n}{1-q^n} = \sum_{n=1}^{\infty} nq^n = \frac{q}{(1-q)^2},$$
$$\sum_{n=1}^{\infty} \frac{\mu(n)q^n}{1-q^n} = q$$

とかんたんになり，それぞれ

$$\sum_{m|n} \varphi(m) = n,$$
$$\sum_{m|n} \mu(m) = \begin{cases} 1 & n=1 \\ 0 & n \geq 2 \end{cases}$$

を意味している．一方，Fourier 級数が与えられれば

$$\sum_{n=1}^{\infty} A(n)q^n = \sum_{n=1}^{\infty}\left(\sum_{m|n}\mu\left(\frac{n}{m}\right)A(m)\right)\frac{q^n}{1-q^n}$$

と Lambert 級数に直すこともできる．この変換は Möbius の(逆)変換である：

$$A(n) = \sum_{m|n} a(m) \iff a(n) = \sum_{m|n}\mu\left(\frac{n}{m}\right)A(m).$$

Ramanujan は計算の名人であったが，Lambert 級数の値を求めることをとりわけ好み数多くの計算を手稿(自筆のノートのファクシミリ版が出版されている)に書き遺している．そのうちのいくつかをあげる．

定理 9.3（Ramanujan の等式）

(1) $\displaystyle\sum_{n=1}^{\infty}\frac{n^5}{e^{2\pi n}-1} = \frac{1}{504}$.

(2) $\displaystyle\sum_{n=1}^{\infty}\frac{n}{e^{2\pi n}-1} = \frac{1}{24} - \frac{1}{8\pi}$.

(3) $\displaystyle\sum_{n=1}^{\infty}\frac{n^3}{e^{2\pi n}-1} = \frac{\Gamma\left(\frac{1}{4}\right)^8}{5120\pi^6} - \frac{1}{240} = \frac{1}{80}\left(\frac{\varpi}{\pi}\right)^4 - \frac{1}{240}$.

［証明］ (1) $E_6(z)$ の変換公式より

$$E_6\left(-\frac{1}{z}\right) = z^6 E_6(z)$$

であるから，$z=i$ を代入すると

$$E_6(i) = i^6 E_6(i) = -E_6(i)$$

となり，$E_6(i)=0$ がわかる．一方，Fourier 展開より

$$E_6(i) = 1 - 504\sum_{n=1}^{\infty}\sigma_5(n)e^{-2\pi n} = 1 - 504\sum_{n=1}^{\infty}\frac{n^5 e^{-2\pi n}}{1-e^{-2\pi n}}$$
$$= 1 - 504\sum_{n=1}^{\infty}\frac{n^5}{e^{2\pi n}-1}$$

だから(1)を得る．(2), (3)の証明は後ほど行なう(§9.5)． ∎

(d) Ramanujan の手稿

Ramanujan は，(未発表の)手稿——1916 年頃と推測される——において，

$L(s, \Delta)$ だけでなく

$$F(z) = q \prod_{n=1}^{\infty} (1-q^n)^2 (1-q^{11n})^2$$
$$= \sum_{n=1}^{\infty} c(n) q^n$$

の場合の

$$L(s, F) = \sum_{n=1}^{\infty} c(n) n^{-s}$$

を考え

$$L(s, F) = (1-c(11)11^{-s})^{-1} \times \prod_{p \neq 11} (1-c(p)p^{-s}+p^{1-2s})^{-1}$$

を予想している. ここで, $c(11) = 1$ である. この L 関数は11の成分が1次式となっている点が $L(s, \Delta)$ と異なる. それは, $F(z)$ は $SL_2(\mathbb{Z})$ の保型形式ではなく, $SL_2(\mathbb{Z})$ の部分群

$$\Gamma_0(11) = \left\{ \begin{pmatrix} a & b \\ c & d \end{pmatrix} \in SL_2(\mathbb{Z}) \,\middle|\, c \equiv 0 \bmod 11 \right\}$$

に関して

$$F\left(\frac{az+b}{cz+d}\right) = (cz+d)^2 F(z)$$

という変換公式をもつ重さ2の保型形式になっているためである.

40年ほどたって Eichler(1954)は, $L(s, F)$ が $\mathbb{Q}$ 上の楕円曲線

$$E: y^2 + y = x^3 - x^2$$

の L 関数 $L(s, E)$ と一致することを証明した. これは, 半世紀後の Fermat 予想の証明(Wiles, 1995)に至る大きなステップであった. Wiles の証明は $L(s, E) = L(s, F)$ という形の等式が十分たくさんの楕円曲線 E に対して成立するという結果から導かれる(第12章参照).

さて, Ramanujan は, 合同式

(9.10) $$\tau(p) \equiv c(p) \bmod 11$$

を証明している. この合同式は F と Δ を $\mathbb{Z}$ 係数の q の形式ベキ級数(つま

り $\mathbb{Z}[[q]]$ の元)とみなし,mod 11 することによって

$$F = q \prod_{n=1}^{\infty} (1-q^n)^2 \cdot [(1-q^{11n})]^2$$

$$\equiv q \prod_{n=1}^{\infty} (1-q^n)^2 \cdot [(1-q^n)^{11}]^2$$

$$= \Delta \bmod 11$$

となることからわかる.定理 9.2 の合同式は重さ 12 という同じ重さの保型形式 Δ と E_{12} との間の合同式であったが,Δ と F のように重さの異なる保型形式間の合同も大切なものである.

(e) Ramanujan 予想の後にくるもの

Ramanujan 予想(1916)

$$|\tau(p)| < 2p^{\frac{11}{2}}$$

の証明は,Grothendieck による代数幾何学の革新(1960 年代)を経て,1974 年に Deligne によって完成された.したがって,各素数 p に対して

$$\tau(p) = 2p^{\frac{11}{2}} \cos\theta_p$$

となる $0<\theta_p<\pi$ がただ一つに存在することは確定している.

Ramanujan 予想の後にくるものとしては,θ_p の詳しい分析がある.(これは,Riemann 予想が証明されたあとには,零点の虚部の詳しい分析が問題となるだろう,ということと平行している.Ramanujan 予想は Riemann 予想の類似なのである.)この方向では 1962 年頃に佐藤幹夫により提出され J. Tate によって代数幾何的に解釈された佐藤–Tate 予想がある.(その頃はまだ Ramanujan 予想は証明されていなかったが,佐藤の研究は Ramanujan 予想が Riemann 予想の類似であることを明確にし,下の予想に至った.)

佐藤–Tate 予想 $0 \leq \alpha < \beta \leq \pi$ となる α, β に対して

$$\lim_{x \to \infty} \frac{\#\{p \leq x \mid \alpha \leq \theta_p \leq \beta\}}{\pi(x)} = \frac{2}{\pi} \int_\alpha^\beta \sin^2\theta\, d\theta.$$

この予想は,θ_p は $\pi/2$ 付近に密集しているだろうと言っている.$\pi(x)$ は

x 以下の素数の個数で，予想の右辺は θ_p が $[\alpha, \beta]$ に入ると期待される確率を表している．もちろん

$$\frac{2}{\pi}\int_0^\pi \sin^2\theta d\theta = 1$$

である(図 9.2)．

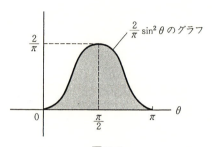

図 9.2

佐藤–Tate 予想は，Δ に対する "素数定理の類似" と考えられる基本的な予想であるが，現在までのところ証明されていない．しかし，その研究の過程で，

$$L(s, \Delta) = \prod_p (1-\tau(p)p^{-s}+p^{11-2s})^{-1}$$
$$= \prod_p [(1-\alpha_p p^{-s})(1-\beta_p p^{-s})]^{-1}$$

のみではなく，$m = 1, 2, 3, \cdots$ に対する

$$L(s, \mathrm{Sym}^m \Delta)$$
$$= \prod_p [(1-\alpha_p^m p^{-s})(1-\alpha_p^{m-1}\beta_p p^{-s})\cdots(1-\alpha_p\beta_p^{m-1}p^{-s})(1-\beta_p^m p^{-s})]^{-1}$$

という $m+1$ 次の Euler 積(m 次対称積)の解析的性質がわかれば，佐藤–Tate 予想を証明できることが知られている．必要な解析的性質は保型形式の ζ に関する一般的な予想である Langlands 予想に含まれており，間違いなく成立するものと期待されているが，今までのところ小さい m ($m=1,2,3,4$) の場合しかわかっていない．$m=1$ の場合は §9.3(a)，$m=2$ の場合は §9.4(c) を参照．

§9.2 Ramanujan の Δ と正則 Eisenstein 級数

(a) Ramanujan の Δ

ここでは Δ の変換公式を示そう.

定理 9.4 $\begin{pmatrix} a & b \\ c & d \end{pmatrix} \in SL_2(\mathbb{Z})$ に対して

$$\Delta\left(\frac{az+b}{cz+d}\right) = (cz+d)^{12}\Delta(z)$$

が成り立つ.

[証明] 重要な事実なので4通りの証明法を紹介する. いずれも背景を異にしていて, Δ が保型形式論の中心にあることと, 保型形式の多彩さがわかる.

方法 1(Dedekind, 1880 頃)

$$\eta(z) = e^{\frac{\pi i z}{12}} \prod_{n=1}^{\infty}(1-e^{2\pi i n z})$$
$$= q^{\frac{1}{24}} \prod_{n=1}^{\infty}(1-q^n) \qquad (q=e^{2\pi i z})$$

として定義される Dedekind η 関数が, Euler の五角数定理(初等的に証明できる)から

$$(9.11) \qquad \eta(z) = q^{\frac{1}{24}} \sum_{m=-\infty}^{\infty}(-1)^m q^{\frac{m(3m-1)}{2}}$$
$$= \sum_{m=-\infty}^{\infty}(-1)^m q^{\frac{(6m-1)^2}{24}}$$
$$= \sum_{n=1}^{\infty}\chi(n) q^{\frac{n^2}{24}}$$

という右辺の ϑ と呼ばれる保型形式になることを用いる.

χ は mod 12 の偶指標(原始的)で

$$\chi(n) = \begin{cases} 1 & n \equiv \pm 1 \bmod 12 \\ -1 & n \equiv \pm 5 \bmod 12 \\ 0 & \text{その他} \end{cases}$$

と定義され,その Gauss 和は $G(\chi) = 2\sqrt{3}$ となる.§7.2(b)の記号では,$\eta(iy) = \psi_\chi(y)$ となっていて Poisson 和公式(§11.2 参照)から導かれる $\psi_\chi(y)$ の変換公式

$$\psi_\chi\left(\frac{1}{y}\right) = \sqrt{y}\,\psi_\chi(y)$$

から

$$\eta\left(i\frac{1}{y}\right) = \sqrt{y}\,\eta(iy)$$

がでる.したがって

$$\eta\left(-\frac{1}{z}\right) = \sqrt{\frac{z}{i}}\,\eta(z)$$

が成り立つ(この両辺は上半平面上で正則であり,虚軸上で一致しているため,上半平面全体で一致する).よって,24乗して

$$\Delta\left(-\frac{1}{z}\right) = z^{12}\Delta(z)$$

を得る.これは $\begin{pmatrix} 0 & -1 \\ 1 & 0 \end{pmatrix} \in SL_2(\mathbb{Z})$ に対する変換であり,$SL_2(\mathbb{Z})$ の生成元のもう一つ $\begin{pmatrix} 1 & 1 \\ 0 & 1 \end{pmatrix}$ に対する変換

$$\Delta(z+1) = \Delta(z)$$

は明らかであるから,すべての $\begin{pmatrix} a & b \\ c & d \end{pmatrix} \in SL_2(\mathbb{Z})$ に対して

$$\Delta\left(\frac{az+b}{cz+d}\right) = (cz+d)^{12}\Delta(z)$$

が成り立つ.

方法 2(Kronecker,1890 頃)

Kronecker の極限公式(§9.5 で証明される)より $\mathrm{Im}(z)^6|\Delta(z)| = y^6|\Delta(z)|$

が $SL_2(\mathbb{Z})$ 不変であることがわかる (§9.5(d)). とくに

$$y^6|\Delta(iy)| = \left(\frac{1}{y}\right)^6 \left|\Delta\left(i\frac{1}{y}\right)\right|$$

となる. この絶対値の中はともに正の実数だから

$$y^6\Delta(iy) = y^{-6}\Delta\left(i\frac{1}{y}\right)$$

すなわち

$$\Delta\left(-\frac{1}{iy}\right) = (iy)^{12}\Delta(iy)$$

が得られる. これから

$$\Delta\left(-\frac{1}{z}\right) = z^{12}\Delta(z)$$

が出る.

方法 3 (Siegel, 1954)

$t > 0$ に対して

$$\eta\left(i\frac{1}{t}\right) = \sqrt{t}\,\eta(it)$$

を示して両辺の 24 乗をとればよい. これは, 両辺の対数をとると

$$\log\eta\left(i\frac{1}{t}\right) = \frac{1}{2}\log t + \log\eta(it)$$

つまり

$$(9.12) \quad -\frac{\pi t - \pi t^{-1}}{12} + \frac{1}{2}\log t = \sum_{k=1}^{\infty}\frac{1}{k}\left(\frac{1}{e^{2\pi kt}-1} - \frac{1}{e^{2\pi kt^{-1}}-1}\right)$$

と同値である. いま $n = 0, 1, 2, \cdots$ に対して $\nu = \left(n + \frac{1}{2}\right)\pi$ とおき, 関数

$$f_\nu(z) = \frac{1}{z}\cot(\nu z)\cot\left(\frac{\nu z}{it}\right)$$

に対して, 留数計算

$$\frac{1}{2\pi i}\int_C f_\nu(z)dz = \sum_{z\,:\,C\text{ の内部の極}} \text{Res}_z(f_\nu)$$

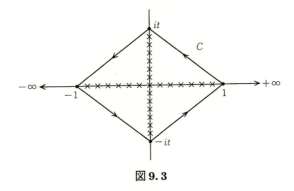

図 9.3

をする．ただし，C は図 9.3 のひし形（× は極）である．

極と留数は次のとおり：

$$\begin{cases} z = \pm\dfrac{\pi k}{\nu} \ (k=1,\cdots,n): \text{位数 1 の極で } \mathrm{Res}_z(f_\nu) = \dfrac{1}{\pi k} \cot\left(\dfrac{\pi k}{it}\right) \\ z = \pm i\dfrac{\pi k t}{\nu} \ (k=1,\cdots,n): \text{位数 1 の極で } \mathrm{Res}_z(f_\nu) = \dfrac{1}{\pi k} \cot(i\pi kt) \\ z = 0: \text{位数 3 の極で } \mathrm{Res}_0(f_\nu) = -\dfrac{1}{3}\left(it + \dfrac{1}{it}\right). \end{cases}$$

したがって

$$-\frac{\pi t - \pi t^{-1}}{12} + \frac{1}{8}\int_C f_\nu(z)dz = \frac{i}{2}\sum_{k=1}^n \frac{1}{k}\left(\cot(\pi ikt) + \cot\left(\frac{\pi k}{it}\right)\right)$$

$$= \sum_{k=1}^n \frac{1}{k}\left(\frac{1}{e^{2\pi kt}-1} - \frac{1}{e^{2\pi kt^{-1}}-1}\right)$$

を得る．ここで $n \to \infty$ とすると

$$\text{左辺} \to -\frac{\pi t - \pi t^{-1}}{12} + \left(\int_1^{it} - \int_{it}^{-1} + \int_{-1}^{-it} - \int_{-it}^1\right)\frac{dz}{8z}$$

$$= -\frac{\pi t - \pi t^{-1}}{12} + \frac{1}{2}\log t,$$

$$\text{右辺} \to \sum_{k=1}^\infty \frac{1}{k}\left(\frac{1}{e^{2\pi kt}-1} - \frac{1}{e^{2\pi kt^{-1}}-1}\right)$$

となって(9.12)が得られ，したがって η の変換公式が出る．

方法4(Weil, 1968)

これは
$$\log \eta(z) = \log\left(q^{\frac{1}{24}}\right) + \sum_{n=1}^{\infty} c(n) q^n$$

に対して
$$\sum_{n=1}^{\infty} c(n) n^{-s} = -\zeta(s)\zeta(s+1)$$

の関数等式 $s \leftrightarrow -s$ から $\log \eta(z)$ の変換公式を得る方法であり「$\zeta \leftrightarrow$ 保型形式」の対応の1例である($\S 9.3$(b)参照)．

注意 第5の方法として，条件収束級数 "$E_2(z)$" を用いる Hurwitz の方法がある($\S 9.5$(e)参照)．

なお，第1の方法は逆に用いると，Euler の五角数定理の保型形式論的な証明になる．つまり，η と ϑ に対して変換公式を示しておけば，(9.11)の右辺(ϑ)を左辺(η)で割った関数 $F(z)$ が $z \to z+1$ と $z \mapsto -1/z$ の変換で不変なことと，$SL_2(\mathbb{Z}) \backslash H \cup \{i\infty\}$ で正則なことを用いると，$F(z)=1$ がわかるのである．

(b) 正則 Eisenstein 級数

$$E_k(z) = \frac{1}{2} \sum_{(c,d)=1} \frac{1}{(cz+d)^k}$$

の基本性質を証明しよう．k は4以上の偶数とする．まず
$$E_k(z+1) = E_k(z)$$

と
$$E_k\left(-\frac{1}{z}\right) = z^k E_k(z)$$

は代入してみるとすぐわかる：
$$E_k(z+1) = \frac{1}{2} \sum_{(c,d)=1} \frac{1}{(c(z+1)+d)^k} = \frac{1}{2} \sum_{(c,d)=1} \frac{1}{(cz+(c+d))^k}$$
$$= E_k(z),$$

$$E_k\left(-\frac{1}{z}\right) = \frac{1}{2} \sum_{(c,d)=1} \frac{1}{\left(-c\dfrac{1}{z}+d\right)^k} = \frac{1}{2} \sum_{(c,d)=1} \frac{z^k}{(dz-c)^k}$$

$$= z^k E_k(z).$$

したがって, $\begin{pmatrix} a & b \\ c & d \end{pmatrix} \in SL_2(\mathbb{Z})$ に対して

$$E_k\left(\frac{az+b}{cz+d}\right) = (cz+d)^k E_k(z)$$

をみたす(直接代入してもわかる). 次に, Fourier 展開を計算しよう.

$$\sin(\pi z) = \pi z \prod_{n=1}^{\infty}\left(1-\frac{z^2}{n^2}\right)$$

から出発する. この両辺の対数微分(対数をとって微分する)をつくると

$$\pi \cot(\pi z) = \frac{1}{z} + \sum_{n=1}^{\infty} \frac{2z}{z^2-n^2} = \frac{1}{z} + \sum_{n=1}^{\infty}\left(\frac{1}{z-n}+\frac{1}{z+n}\right)$$

となる. いま, $\mathrm{Im}(z) > 0$ として, $q = e^{2\pi i z}$ とおくと

$$\pi \cot(\pi z) = \pi \frac{\cos(\pi z)}{\sin(\pi z)} = \pi \frac{\left(\dfrac{e^{i\pi z}+e^{-i\pi z}}{2}\right)}{\left(\dfrac{e^{i\pi z}-e^{-i\pi z}}{2i}\right)}$$

$$= i\pi \frac{q+1}{q-1} = i\pi\left(1+\frac{2}{q-1}\right)$$

だから

(9.13) $\quad -i\pi - 2i\pi \sum_{n=1}^{\infty} q^n = i\pi\left(1+\dfrac{2}{q-1}\right)$

$$= \frac{1}{z} + \sum_{n=1}^{\infty}\left(\frac{1}{z+n}+\frac{1}{z-n}\right).$$

この両辺を $k-1$ 回微分すると

$$-(2\pi i)^k \sum_{n=1}^{\infty} n^{k-1} q^n = (-1)^{k-1}(k-1)! \sum_{n=-\infty}^{\infty} (z-n)^{-k}$$

すなわち

§9.2 Ramanujan の Δ と正則 Eisenstein 級数 ―― 403

(9.14) $$\sum_{n=-\infty}^{\infty}(z-n)^{-k}=\frac{(-2\pi i)^k}{(k-1)!}\sum_{n=1}^{\infty}n^{k-1}q^n$$

が得られる．（これは Lipschitz の公式と呼ばれ，Poisson の和公式を適用しても得られる：§11.2 参照．）ところで

$$\sum_{\substack{m,n=-\infty\\(m,n)\neq(0,0)}}^{\infty}(mz+n)^{-k}=\sum_{l=1}^{\infty}\sum_{(c,d)=1}(lcz+ld)^{-k}$$
$$=\sum_{l=1}^{\infty}l^{-k}\sum_{(c,d)=1}(cz+d)^{-k}$$

だから

$$\begin{aligned}E_k(z)&=\frac{1}{2\zeta(k)}\sum_{\substack{m,n=-\infty\\(m,n)\neq(0,0)}}^{\infty}(mz+n)^{-k}\\&=\frac{1}{2\zeta(k)}\sum_{\substack{n=-\infty\\n\neq 0}}^{\infty}n^{-k}+\frac{1}{\zeta(k)}\sum_{m=1}^{\infty}\sum_{n=-\infty}^{\infty}(mz+n)^{-k}\\&=1+\frac{1}{\zeta(k)}\sum_{m=1}^{\infty}\left(\sum_{n=-\infty}^{\infty}(mz+n)^{-k}\right)\\&\underset{(9.14)}{=}1+\frac{1}{\zeta(k)}\sum_{m=1}^{\infty}\frac{(2\pi i)^k}{(k-1)!}\sum_{n=1}^{\infty}n^{k-1}q^{mn}\\&=1+\frac{1}{\zeta(k)}\sum_{n=1}^{\infty}\frac{(2\pi i)^k}{(k-1)!}\sigma_{k-1}(n)q^n\end{aligned}$$

となる．ここで

(9.15) $$\zeta(k)=-\frac{(2\pi i)^k}{2\cdot k!}B_k$$

がわかるので

$$E_k(z)=1-\frac{2k}{B_k}\sum_{n=1}^{\infty}\sigma_{k-1}(n)q^n$$

を得る．同時に第3章の系 3.22 から

$$\zeta(1-k)=-\frac{B_k}{k}$$

を用いると

$$(9.16) \qquad E_k(z) = 1 + \frac{2}{\zeta(1-k)} \sum_{n=1}^{\infty} \sigma_{k-1}(n) q^n$$

とも書けることに注意しておこう．なお，(9.15)は $\zeta(1-k)$ の式に関数等式 $\zeta(k) \leftrightarrow \zeta(1-k)$（第7章の定理7.1）を使うとわかるが，(9.13)からすぐにでるので書いておこう：

$$\pi i \left(1 + \frac{2}{q-1}\right) = \frac{1}{z} + \sum_{n=1}^{\infty} \frac{2z}{z^2 - n^2}$$

$$= \frac{1}{z} - \sum_{n=1}^{\infty} \frac{\frac{2z}{n^2}}{1 - \frac{z^2}{n^2}} = \frac{1}{z} - \frac{2}{z} \sum_{n=1}^{\infty} \frac{\frac{z^2}{n^2}}{1 - \frac{z^2}{n^2}}$$

$$= \frac{1}{z} - \frac{2}{z} \sum_{n=1}^{\infty} \sum_{l=1}^{\infty} \left(\frac{z^2}{n^2}\right)^l = \frac{1}{z} - \frac{2}{z} \sum_{l=1}^{\infty} \zeta(2l) z^{2l}$$

となるが，Bernoulli 数の定義より

$$\pi i \left(1 + \frac{2}{q-1}\right) = \pi i + \frac{2\pi i}{e^{2\pi i z} - 1}$$

$$= \pi i + \frac{1}{z} \sum_{l=0}^{\infty} \frac{B_l}{l!} (2\pi i z)^l$$

であるから

$$-\zeta(2l) = \frac{1}{2} \frac{B_{2l}(2\pi i)^{2l}}{(2l)!}$$

が得られる．

(c) Δ と正則 Eisenstein 級数との関係

定理 9.5

$$\Delta = \frac{E_4^3 - E_6^2}{1728}.$$

[証明]

$$f(z) = \frac{E_4(z)^3 - E_6(z)^2}{\Delta(z)}$$

$$= \frac{1728q + (q\,\text{の 2 次以上})}{q + (q\,\text{の 2 次以上})} = \frac{1728 + (q\,\text{の 1 次以上})}{1 + (q\,\text{の 1 次以上})}$$

としたとき，$f(z)$ が定数関数であることさえ言えれば $z \to i\infty\,(q \to 0)$ とすることにより $f(z) = 1728$ となることがわかる．

定数関数であることは §9.1(a),(b) とまったく同様であり，$f(z)$ が $SL_2(\mathbb{Z})$ 不変なことから従う． ∎

系 9.6
$$E_4(i) = 12\Delta(i)^{\frac{1}{3}}.$$

[証明] 定理 9.5 で $z=i$ を代入すると，$E_6(i)=0$ であることから

$$E_4(i)^3 = 1728\Delta(i) = 1728 e^{-2\pi} \prod_{n=1}^{\infty}(1-e^{-2\pi n})^{24} > 0$$

となる．この 3 乗根をとればよい． ∎

§9.3 保型性と ζ の関数等式

(a) Wilton の結果

Wilton(1929) は，Δ から構成された ζ 関数 $L(s,\Delta)$：

$$L(s,\Delta) = \prod_p (1-\tau(p)p^{-s}+p^{11-2s})^{-1}$$

$$= \sum_{n=1}^{\infty} \tau(n)n^{-s}$$

の解析接続と関数等式を得た．

定理 9.7 (Wilton) $L(s,\Delta)$ は全複素 s 平面に正則に解析接続される．さらに

$$\widehat{L}(s,\Delta) = (2\pi)^{-s}\Gamma(s)L(s,\Delta)$$

は対称な関数等式

$$\widehat{L}(s,\Delta) = \widehat{L}(12-s,\Delta)$$

をみたす．

[証明] Γ 関数の定義

$$\Gamma(s) = \int_0^\infty e^{-x} x^{s-1} dx \qquad (\mathrm{Re}(s) > 0)$$

より, $n = 1, 2, 3, \cdots$ に対して

$$(2\pi)^{-s} \Gamma(s) n^{-s} = \int_0^\infty e^{-2\pi n y} y^{s-1} dy$$

となる. したがって,

$$\begin{aligned}
\widehat{L}(s, \Delta) &= \int_0^\infty \Big(\sum_{n=1}^\infty \tau(n) e^{-2\pi n y} \Big) y^{s-1} dy \\
&= \int_0^\infty \Delta(iy) y^{s-1} dy \\
&= \int_0^1 \Delta(iy) y^{s-1} dy + \int_1^\infty \Delta(iy) y^{s-1} dy \\
&= \int_1^\infty \Delta\Big(i\frac{1}{y} \Big) y^{-s-1} dy + \int_1^\infty \Delta(iy) y^{s-1} dy \\
&= \int_1^\infty (\Delta(iy) y^{12}) y^{-s-1} dy + \int_1^\infty \Delta(iy) y^{s-1} dy \\
&= \int_1^\infty \Delta(iy)(y^{12-s} + y^s) \frac{dy}{y}
\end{aligned}$$

となって, 全平面において正則なことと, 関数等式とが得られる. なお, $L(s, \Delta)$ が $\mathrm{Re}(s) > 7$ において絶対収束することは $\tau(n)$ の増大度についての結果

(9.17) $\qquad\qquad\qquad \tau(n) = O(n^6)$

からわかる. この証明は次のとおり. $y^6 |\Delta(z)|$ は $SL_2(\mathbb{Z}) \backslash H \cup \{i\infty\}$ で連続だから(コンパクト空間上の連続関数となり)有界であり

$$y^6 |\Delta(z)| \leq M$$

となる $M > 0$ が存在する. 一方

$$\int_{-\frac{1}{2}}^{\frac{1}{2}} \Delta(x+iy) e^{-2\pi i n x} dx = \tau(n) e^{-2\pi n y}$$

だから, $y = \dfrac{1}{n}$ とおくと

$$\tau(n) e^{-2\pi} = \int_{-\frac{1}{2}}^{\frac{1}{2}} \Delta\Big(x + i\frac{1}{n} \Big) e^{-2\pi i n x} dx .$$

よって
$$|\tau(n)| \leq e^{2\pi} \int_{-\frac{1}{2}}^{\frac{1}{2}} \left|\Delta\left(x+i\frac{1}{n}\right)\right| dx \leq M e^{2\pi} n^6$$
つまり
$$\tau(n) = O(n^6)$$
となる. ∎

注意 Wilton は, $L(s, \Delta)$ および $\widehat{L}(s, \Delta)$ が関数等式 $s \leftrightarrow 12-s$ の中心軸 $\text{Re}(s) = 6$ 上に無限個の零点をもつことも証明している. これは, この場合の Riemann 予想の対応物「$\widehat{L}(s, \Delta)$ の零点はすべて $\text{Re}(s) = 6$ 上にある」への接近であった.

(b) Heckeの逆定理

Hecke(1936)は, Wilton の定理の逆を考えた: $L(s, \Delta)$ は関数等式で特徴づけられるだろうか? 結果は肯定的である. そのために, Wilton の定理の証明から $\widehat{L}(s, \Delta)$ は各垂直領域 $\sigma_1 \leq \text{Re}(s) \leq \sigma_2$ において有界となることに注意しておこう(図9.4):

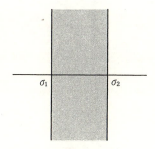

図 9.4

$$|\widehat{L}(s, \Delta)| \leq \int_1^\infty \Delta(iy)(y^{\text{Re}(s)} + y^{12-\text{Re}(s)}) \frac{dy}{y}$$
$$\leq \int_1^\infty \Delta(iy)(y^{\sigma_2} + y^{12-\sigma_1}) \frac{dy}{y}.$$

定理 9.8(Hecke) 複素数列 $a = (a(1), a(2), a(3), \cdots)$ に対して

$$L(s, \boldsymbol{a}) = \sum_{n=1}^{\infty} a(n) n^{-s},$$

$$\widehat{L}(s, \boldsymbol{a}) = (2\pi)^{-s} \Gamma(s) L(s, \boldsymbol{a})$$

とおく．このとき次の(A)と(B)は同値である：

(A)　$a(n) = \tau(n)$　$(n = 1, 2, 3, \cdots)$．

(B)　(1) $a(1) = 1$．

　　(2) ある $\gamma > 0$ に対して，$a(n) = O(n^{\gamma})$．

　　(3) $\widehat{L}(s, \boldsymbol{a})$ は全 s 平面で正則で，$\widehat{L}(12-s, \boldsymbol{a}) = \widehat{L}(s, \boldsymbol{a})$．

　　(4) $\widehat{L}(s, \boldsymbol{a})$ は各垂直領域で有界．

[証明]　(A) $\Longrightarrow$ (B)はすでに見たとおり．(B) $\Longrightarrow$ (A)を示そう．$\varphi(s) = L(s, \boldsymbol{a})$, $\Phi(s) = \widehat{L}(s, \boldsymbol{a})$ と略記しよう．$\varphi(s)$ は(B-2)より $\mathrm{Re}(s) > \gamma+1$ において絶対収束していることに注意する．いま

$$F(z) = \sum_{n=1}^{\infty} a(n) q^n$$

とおくと

$$\Phi(s) = \int_0^{\infty} F(iy) y^{s-1} dy$$

である．そこでFourier 逆変換(Mellin 逆変換)をすると

$$F(iy) = \frac{1}{2\pi i} \int_{\alpha - i\infty}^{\alpha + i\infty} \Phi(s) y^{-s} ds$$

が $\alpha > \gamma+1$ に対して成り立つ．実際

$$\Phi(\alpha+it) = \int_0^{\infty} F(iy) y^{\alpha+it} \frac{dy}{y}$$

において，$y = e^u$ とおきかえると

$$\Phi(\alpha+it) = \int_{-\infty}^{\infty} (F(ie^u) e^{\alpha u}) e^{itu} du$$

となり，通常の Fourier 逆変換によって

$$F(ie^u) e^{\alpha u} = \frac{1}{2\pi} \int_{-\infty}^{\infty} \Phi(\alpha+it) e^{-itu} dt$$

となるので

$$F(iy) = \frac{1}{2\pi i} \int_{\alpha-i\infty}^{\alpha+i\infty} \Phi(s) y^{-s} ds$$

が得られる．この積分路を図9.5のように移動して$T \to +\infty$とすると

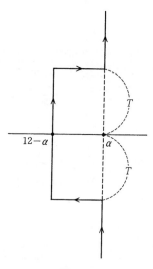

図 9.5

$$\begin{aligned}
F(iy) &\underset{\text{(B-4)}}{=} \frac{1}{2\pi i} \int_{12-\alpha-i\infty}^{12-\alpha+i\infty} \Phi(s) y^{-s} ds \\
&= \frac{1}{2\pi i} \int_{\alpha-i\infty}^{\alpha+i\infty} \Phi(12-s) y^{-(12-s)} ds \\
&\underset{\text{(B-3)}}{=} \frac{1}{2\pi i} \int_{\alpha-i\infty}^{\alpha+i\infty} \Phi(s) y^{s-12} ds \\
&= y^{-12} \frac{1}{2\pi i} \int_{\alpha-i\infty}^{\alpha+i\infty} \Phi(s) \left(\frac{1}{y}\right)^{-s} ds \\
&= y^{-12} F\left(i\frac{1}{y}\right)
\end{aligned}$$

となる．すなわち

$$F\left(i\frac{1}{y}\right) = y^{12} F(iy)$$

となっており，これから

$$F\left(-\frac{1}{z}\right) = z^{12} F(z)$$

が得られる．そこで，(B-1) より $a(1) = 1$ だから

$$\frac{F(z)}{\Delta(z)} = \frac{q + a(2)q^2 + \cdots}{q + \tau(2)q^2 + \cdots} = \frac{1 + a(2)q + \cdots}{1 + \tau(2)q + \cdots}$$

は $SL_2(\mathbb{Z})$ で不変であり，基本領域上で($i\infty$ を込めて)正則なので定数となる．その定数は $z \to i\infty$ とすることにより 1 とわかる．よって，$F(z) = \Delta(z)$ となり $a(n) = \tau(n)$ がでる．

なお，上記の積分路の平行移動において実軸に平行な部分の積分が $T \to +\infty$ において 0 に行くことを見る際の(B-4)の条件の使い方には注意が必要であり，次の 2 つの結果を用いている．

(PL) Phragmén–Lindelöf の定理：

$\sigma_1 \leqq \mathrm{Re}(s) \leqq \sigma_2$ において正則な関数 $\Phi(s)$ が，ある定数 μ に対して，$|\mathrm{Im}(s)| \to \infty$ のとき

$$\Phi(s) = O(e^{|\mathrm{Im}(s)|^\mu})$$

をみたし，$\mathrm{Re}(s) = \sigma_1, \sigma_2$ において，$|\mathrm{Im}(s)| \to \infty$ のとき

$$\Phi(s) = O(|\mathrm{Im}(s)|^M)$$

をみたす定数 M があるとする．このとき $\sigma_1 \leqq \mathrm{Re}(s) \leqq \sigma_2$ において

$$\Phi(s) = O(|\mathrm{Im}(s)|^M)$$

が成り立つ．

(S) Stirling の公式：

$|\mathrm{Im}(s)| \to \infty$ のとき

$$|\Gamma(s)| \sim e^{-\frac{\pi|\mathrm{Im}(s)|}{2}} \sqrt{2\pi} \, |\mathrm{Im}(s)|^{\mathrm{Re}(s)}.$$

(PL)は垂直領域において，ある関数が弱い条件をみたしているときに，境界において強い条件が成り立っていれば，垂直領域全体で強い条件が成り

立つ，という点が言いたいことである．この(PL)を $\sigma_1 = 12-\alpha$, $\sigma_2 = \alpha$ の場合に，はじめの $\Phi(s)$ に対して使うと，$\Phi(s)$ は有界だから $\mu = 0$ ととれて，$\mathrm{Re}(s) = \sigma_2 = \alpha$ 上では(B-2)より

$$|\varphi(s)| \leqq \sum_{n=1}^{\infty} \frac{|a(n)|}{n^\alpha} < \infty$$

だから(S)を用いると

$$\Phi(s) = O(|\mathrm{Im}(s)|^{-1})$$

(さらに $O(c^{-c|\mathrm{Im}(s)|})$ の形にもなる)となり，関数等式(B-3)から，この評価は $\mathrm{Re}(s) = \sigma_1 = 12-\alpha$ 上でも成り立つ．よって(PL)は $M = -1$ として使える．したがって，積分路の平行移動が可能である． ∎

この定理9.8の言っていることは，

$$F \text{ の保型性} \longleftrightarrow \Phi \text{ の関数等式}$$

という対応関係である．§7.2(a)で使われた

$$\vartheta(z) \longleftrightarrow \zeta(s)$$

という関係や §9.2(a) の方法4で使われた

$$\log \eta(z) \longleftrightarrow \zeta(s)\zeta(s+1)$$

なども，その類似例である．なお，上記の定理9.8では12という数は大事である．この12を，たとえば8におきかえると，(B-1)-(B-4)をみたすような $a(n)$ は存在しないことがわかる(§9.6(b)定理9.21参照)．

§9.4　実解析的 Eisenstein 級数

ここでは実解析的な Eisenstein 級数 $E(s,z)$ を導入し，その Fourier 展開を調べる．この結果は保型形式論だけでなく，2次形式論や Laplace 作用素論(2次元トーラスの場合)など多方面からの解釈が可能であり(それに応じて $E(s,z)$ は Epstein ζ 関数やスペクトル ζ 関数などとも呼ばれる)，現代数学の中心に位置している．応用として Riemann の ζ 関数 $\zeta(s)$ が $\mathrm{Re}(s) = 1$ 上に零点をもたないこと(§7.3(a)で見たように，それが素数定理証明の鍵だった)の別証明を与える．もう一つの応用として，ζ の解析接続法である

Rankin–Selberg の方法を述べる．Kronecker の極限公式への応用は§9.5 で見る．

(a) $E(s, z)$ の基本的性質

上半平面上の変数 z と $\mathrm{Re}(s) > 1$ をみたす複素数 s に対して

$$E(s, z) = \frac{1}{2} \sum_{(c,d)=1} \frac{\mathrm{Im}(z)^s}{|cz+d|^{2s}}$$

$$= \frac{1}{2} y^s \sum_{(c,d)=1} |cz+d|^{-2s}$$

を考える．これは絶対収束していて，z の実解析的関数になっている．$E(s, z)$ の基本的性質は次のようにまとめられる．

定理 9.9

（1）すべての $\begin{pmatrix} a & b \\ c & d \end{pmatrix} \in SL_2(\mathbb{Z})$ に対して

$$E\left(s, \frac{az+b}{cz+d}\right) = E(s, z)$$

が成り立つ．

（2）Fourier 展開

$$E(s, z) = y^s + \frac{\widehat{\zeta}(2s-1)}{\widehat{\zeta}(2s)} y^{1-s}$$

$$+ \frac{4}{\widehat{\zeta}(2s)} \sum_{m=1}^{\infty} m^{s-\frac{1}{2}} \sigma_{1-2s}(m) \sqrt{y} K_{s-\frac{1}{2}}(2\pi my) \cos(2\pi mx)$$

をもつ．ここで，

$$\widehat{\zeta}(s) = \pi^{-\frac{s}{2}} \Gamma\left(\frac{s}{2}\right) \zeta(s),$$

$$\sigma_s(m) = \sum_{d|m} d^s,$$

$$K_s(z) = \frac{1}{2} \int_0^{\infty} \exp\left(-\frac{z}{2}\left(u + \frac{1}{u}\right)\right) u^{s-1} du$$

$$\sim \sqrt{\frac{\pi}{2z}} e^{-z} \quad (z \to +\infty) \qquad \text{(変形 Bessel 関数)}$$

である．とくに，$E(s,z)$ はすべての $s\in\mathbb{C}$ に対して有理型に解析接続できる．

（3） $\widehat{E}(s,z) = \widehat{\zeta}(2s)E(s,z)$ とおくと，関数等式
$$\widehat{E}(s,z) = \widehat{E}(1-s,z)$$
をみたす．

（4） $E(s,z)$ は上半平面上の Laplace 作用素の固有関数である：
$$-y^2\left(\frac{\partial^2}{\partial x^2} + \frac{\partial^2}{\partial y^2}\right)E(s,z) = s(1-s)E(s,z).$$

[証明] （1）は $SL_2(\mathbb{Z})$ の生成元
$$\begin{pmatrix} a & b \\ c & d \end{pmatrix} = \begin{pmatrix} 1 & 1 \\ 0 & 1 \end{pmatrix}, \quad \begin{pmatrix} 0 & -1 \\ 1 & 0 \end{pmatrix}$$
に対して確かめればよい．$\begin{pmatrix} 1 & 1 \\ 0 & 1 \end{pmatrix}$ のときは
$$E(s,z+1) = \frac{1}{2}\sum_{(c,d)=1}\frac{y^s}{|cz+(c+d)|^{2s}} = E(s,z)$$
となり，$\begin{pmatrix} 0 & -1 \\ 1 & 0 \end{pmatrix}$ のときは
$$E\!\left(s,-\frac{1}{z}\right) = \frac{1}{2}\sum_{(c,d)=1}\frac{\mathrm{Im}\!\left(-\frac{1}{z}\right)^s}{\left|-\frac{c}{z}+d\right|^{2s}}$$
であるが，
$$\mathrm{Im}\!\left(-\frac{1}{z}\right) = \mathrm{Im}\!\left(-\frac{\bar{z}}{z\bar{z}}\right) = -\frac{\mathrm{Im}(\bar{z})}{|z|^2} = \frac{\mathrm{Im}(z)}{|z|^2}$$
を用いて
$$E\!\left(s,-\frac{1}{z}\right) = \frac{1}{2}\sum_{(c,d)=1}\frac{y^s}{|dz-c|^{2s}} = E(s,z)$$
となる．

（4）は偏微分を計算するだけでわかる．

（3）は（2）を用いる：
$$\widehat{E}(s,z) = \widehat{\zeta}(2s)y^s + \widehat{\zeta}(2s-1)y^{1-s}$$
$$+ 4\sum_{m=1}^{\infty} m^{s-\frac{1}{2}}\sigma_{1-2s}(m)\sqrt{y}\,K_{s-\frac{1}{2}}(2\pi my)\cos(2\pi mx)$$

より
$$\widehat{E}(1-s,z) = \widehat{\zeta}(2-2s)y^{1-s} + \widehat{\zeta}(1-2s)y^s$$
$$+4\sum_{m=1}^{\infty} m^{\frac{1}{2}-s}\sigma_{2s-1}(m)\sqrt{y}K_{\frac{1}{2}-s}(2\pi my)\cos(2\pi mx)$$

となる.そこで,$\zeta(s)$ の関数等式 $\widehat{\zeta}(s) = \widehat{\zeta}(1-s)$ と

① $\quad m^{s-\frac{1}{2}}\sigma_{1-2s}(m) = m^{\frac{1}{2}-s}\sigma_{2s-1}(m),$

② $\quad K_{s-\frac{1}{2}}(2\pi my) = K_{\frac{1}{2}-s}(2\pi my)$

とを使えば,$\widehat{E}(1-s,z) = \widehat{E}(s,z)$ がわかる.①のためには,一般に
$$\sigma_t(m) = m^t \sigma_{-t}(m)$$
が言えればよいが
$$\sigma_t(m) = \sum_{d|m} d^t = \sum_{d|m}\left(\frac{m}{d}\right)^t = m^t \sum_{d|m} d^{-t} = m^t \sigma_{-t}(m)$$
となりわかる.次に②は
$$K_{-s}(z) = \frac{1}{2}\int_0^\infty \exp\left(-\frac{z}{2}\left(u+\frac{1}{u}\right)\right)u^{-s}\frac{du}{u}$$
において,変数変換 $v = \dfrac{1}{u}$ をすると
$$K_{-s}(z) = \frac{1}{2}\int_0^\infty \exp\left(-\frac{z}{2}\left(\frac{1}{v}+v\right)\right)v^s\frac{dv}{v} = K_s(z)$$
となって成り立つ.

(2)を証明する.基本的には $E(s,x+iy)$ が $x \to x+1$ で不変なこと(周期性)から
$$E(s,z) = \sum_{m=-\infty}^{\infty} a_m(y) e^{2\pi i mx}$$
と Fourier 展開できるので
$$a_m(y) = \int_{-\frac{1}{2}}^{\frac{1}{2}} E(s,x+iy) e^{-2\pi i mx} dx$$
を計算すればよい(§11.2(a)参照)が,ここでは積分計算の少し楽な方法を使う.まず,

§9.4 実解析的 Eisenstein 級数

$$\widehat{E}(s,z) = \pi^{-s}\Gamma(s)\zeta(2s) \cdot \frac{1}{2} \sum_{(c,d)=1} \frac{y^s}{|cz+d|^{2s}}$$

$$= \pi^{-s}\Gamma(s) \cdot \frac{1}{2} \sum_{m,n=-\infty}^{\infty}{}' \frac{y^s}{|mz+n|^{2s}}$$

$$= \boxed{m=0 \text{ の項}} + \boxed{m \neq 0 \text{ の項}}$$

と分ける. ただし, m,n についての和のところのダッシュの記号は $(m,n) \neq (0,0)$ を意味している. ここで

$$\boxed{m=0 \text{ の項}} = \pi^{-s}\Gamma(s) \cdot \frac{1}{2} \sum_{n=-\infty}^{\infty}{}' \frac{y^s}{|n|^{2s}}$$

$$= \pi^{-s}\Gamma(s) y^s \sum_{n=1}^{\infty} n^{-2s}$$

$$= \pi^{-s}\Gamma(s) y^s \zeta(2s) = \widehat{\zeta}(2s) y^s$$

となって, 求める第1項がでた (n についての和のところのダッシュの記号も $n \neq 0$ を意味している). 次に

$$\boxed{m \neq 0 \text{ の項}} = \pi^{-s}\Gamma(s) \sum_{m=1}^{\infty} \sum_{n=-\infty}^{\infty} \frac{y^s}{|mz+n|^{2s}}$$

$$= \pi^{-s}\Gamma(s) y^s \sum_{m=1}^{\infty} \sum_{n=-\infty}^{\infty} ((mx+n)^2 + m^2 y^2)^{-s}$$

を考える. ここで, $a > 0$ に対して

$$\int_0^{\infty} e^{-au} u^s \frac{du}{u} = a^{-s}\Gamma(s)$$

であることを用いると

$$\boxed{m \neq 0 \text{ の項}} = y^s \sum_{m=1}^{\infty} \sum_{n=-\infty}^{\infty} \int_0^{\infty} e^{-\pi\{(mx+n)^2 + m^2 y^2\}u} u^s \frac{du}{u}$$

となる. さらに Poisson 和公式から得られる

$$\sum_{n=-\infty}^{\infty} e^{-\pi(mx+n)^2 u} = \frac{1}{\sqrt{u}} \sum_{n=-\infty}^{\infty} e^{2\pi i mnx} e^{-\frac{\pi n^2}{u}}$$

を使って

$$\boxed{m \neq 0 \text{ の項}} = y^s \sum_{m=1}^{\infty} \sum_{n=-\infty}^{\infty} \left(\int_0^{\infty} e^{-\left(\pi m^2 y^2 u + \frac{\pi n^2}{u}\right)} u^{s-\frac{1}{2}} \frac{du}{u} \right) e^{2\pi i m n x}$$

$$= y^s \sum_{m=1}^{\infty} \int_0^{\infty} e^{-\pi m^2 y^2 u} u^{s-\frac{1}{2}} \frac{du}{u}$$

$$+ 2y^s \sum_{m=1}^{\infty} \sum_{n=1}^{\infty} \left(\int_0^{\infty} e^{-\left(\pi m^2 y^2 u + \frac{\pi n^2}{u}\right)} u^{s-\frac{1}{2}} \frac{du}{u} \right) \cos(2\pi m n x)$$

がわかる．このうちの前の項は

$$y^s \sum_{m=1}^{\infty} (\pi m^2 y^2)^{-\left(s-\frac{1}{2}\right)} \Gamma\left(s-\frac{1}{2}\right) = y^{1-s} \pi^{-\left(s-\frac{1}{2}\right)} \Gamma\left(s-\frac{1}{2}\right) \zeta(2s-1)$$

$$= y^{1-s} \widehat{\zeta}(2s-1)$$

となり，後の項の積分は $v = \dfrac{n}{my} u$ とおきかえると

$$\int_0^{\infty} e^{-\left(\pi m^2 y^2 u + \frac{\pi n^2}{u}\right)} u^{s-\frac{1}{2}} \frac{du}{u} = \int_0^{\infty} e^{-\pi m n y\left(v + \frac{1}{v}\right)} v^{s-\frac{1}{2}} \frac{dv}{v} \cdot \left(\frac{n}{my}\right)^{s-\frac{1}{2}}$$

$$= \left(\frac{n}{my}\right)^{s-\frac{1}{2}} \cdot 2 \cdot K_{s-\frac{1}{2}}(2\pi m n y)$$

となる．したがって，

$$\boxed{m \neq 0 \text{ の項}} = \widehat{\zeta}(2s-1) y^{1-s}$$

$$+ 2y^s \sum_{m=1}^{\infty} \sum_{n=1}^{\infty} \left(\frac{n}{my}\right)^{s-\frac{1}{2}} \cdot 2 \cdot K_{s-\frac{1}{2}}(2\pi m n y) \cos(2\pi m n x)$$

$$= \widehat{\zeta}(2s-1) y^{1-s}$$

$$+ 4 \sum_{m=1}^{\infty} \sum_{n=1}^{\infty} m^{1-2s} (mn)^{s-\frac{1}{2}} \sqrt{y} K_{s-\frac{1}{2}}(2\pi m n y) \cos(2\pi m n x)$$

$$= \widehat{\zeta}(2s-1) y^{1-s}$$

$$+ 4 \sum_{n=1}^{\infty} n^{s-\frac{1}{2}} \sigma_{1-2s}(n) \sqrt{y} K_{s-\frac{1}{2}}(2\pi n y) \cos(2\pi n x)$$

となることがわかる．ただし，最後の変形では，mn を新たに n とおきかえている．以上をまとめると

$$\widehat{E}(s,z) = \widehat{\zeta}(2s)y^s + \widehat{\zeta}(2s-1)y^{1-s}$$
$$+ 4\sum_{m=1}^{\infty} m^{s-\frac{1}{2}} \sigma_{1-2s}(m)\sqrt{y} K_{s-\frac{1}{2}}(2\pi my)\cos(2\pi mx)$$

となり，(2)を得る．$E(s,z)$ がすべての $s \in \mathbb{C}$ へ解析接続できることは各 Fourier 係数が解析的であることと，積分表示から $K_s(y) = O(e^{-y})$ ($y \to +\infty$) となることよりわかる(§11.2(b)参照)．なお，(2)の Fourier 展開は

$$E(s,z) = \sum_{m=-\infty}^{\infty} a_m(y) e^{2\pi i m x}$$

としたとき(この係数は Riemann 予想の類似をみたす)

$$a_m(y) = \begin{cases} y^s + \dfrac{\widehat{\zeta}(2s-1)}{\widehat{\zeta}(2s)} y^{1-s} & m = 0 \\ 2|m|^{s-\frac{1}{2}} \sigma_{1-2s}(|m|)\sqrt{y} K_{s-\frac{1}{2}}(2\pi|m|y) & m \neq 0 \end{cases}$$

とも書ける．このうち $a_0(y)$ を実解析的 Eisenstein 級数 $E(s,z)$ の "定数項"(正確には，x についての定数項を意味している)と呼ぶならわしである．∎

(b) 実解析的 Eisenstein 級数の応用($GL(2)$ から $GL(1)$ へ)

素数定理(第7章，定理7.5)

$$\pi(x) \sim \frac{x}{\log x} \qquad (x \to \infty)$$

の証明の鍵は

$$\zeta(s) \text{ は } \operatorname{Re}(s) \geq 1 \text{ に零点をもたない}$$

という重要な事実(定理7.3；証明は Hadamard と de la Vallée-Poussin, 1896 年による)であった．この事実は Riemann 予想との関連においても重要である．Riemann 予想は

$$\zeta(s) \text{ は } \operatorname{Re}(s) > \frac{1}{2} \text{ に零点をもたない}$$

と同値である($0 < \operatorname{Re}(s) < \frac{1}{2}$ に零点がないことは，$1 > \operatorname{Re}(s) > \frac{1}{2}$ に零点がないということがわかれば関数等式 $\zeta(s) \leftrightarrow \zeta(1-s)$ からでる)．したがって，

$\frac{1}{2} < \alpha < 1$ に対して
$$\zeta(s) \text{ は } \text{Re}(s) \geq \alpha \text{ に零点をもたない}$$
という結果が切望されるが,Hadamard と de la Vallée-Poussin 以後 100 年経ったが,彼らの $\alpha=1$ とした結果を $\alpha<1$ にすることは($\alpha=0.999999999$ でも)できていない.この観点からすると,$\zeta(s)$ が $\text{Re}(s) \geq 1$ に零点をもたないという結果における "1" は現在まで最良である.

このような状況であるから,$\zeta(s)$ が $\text{Re}(s)=1$ 上に零点をもたないということの新たなる証明($\text{Re}(s)>1$ に零点をもたないことは Euler 積からすぐわかることで問題ではない)が与えられれば大変興味深いものといえる.そのような一つの証明が実解析的 Eisenstein 級数を用いて与えられる.

[$\text{Re}(s)=1$ 上で $\zeta(s) \neq 0$ の別証明] $\zeta(1+it_0)=0$ と仮定する($t_0 \neq 0$).$s_0 = \frac{1+it_0}{2}$ とおくと
$$\widehat{E}(s_0, z) = \widehat{\zeta}(2s_0)y^{s_0} + \widehat{\zeta}(2s_0-1)y^{1-s_0}$$
$$+ 4\sum_{m=1}^{\infty} m^{s_0-\frac{1}{2}} \sigma_{1-2s_0}(m)\sqrt{y} K_{s_0-\frac{1}{2}}(2\pi my)\cos(2\pi mx)$$
において
$$\widehat{\zeta}(2s_0) = \widehat{\zeta}(1+it_0) = 0,$$
$$\widehat{\zeta}(2s_0-1) = \widehat{\zeta}(it_0) = \widehat{\zeta}(1-it_0) = \overline{\widehat{\zeta}(1+it_0)} = 0$$
である.ここで,$\widehat{\zeta}(s)$ の関数等式と鏡像の原理を使っている.したがって
$$\widehat{E}(s_0, z) = 4\sum_{m=1}^{\infty} m^{s_0-\frac{1}{2}} \sigma_{1-2s_0}(m)\sqrt{y} K_{s_0-\frac{1}{2}}(2\pi my)\cos(2\pi mx)$$
となり,$\widehat{E}(s_0, z)$ には "定数項"($m=0$ の項)がないため $\text{Im}\,z \to \infty$ において急減少関数になっている.

さて,
$$F(z) = \overline{\widehat{E}(s_0, z)}$$
とおこう.すると $F(z)$ は $\Gamma = SL_2(\mathbb{Z})$ に関して不変であり,$\text{Im}\,z \to \infty$ で急減少である.いま,$\text{Re}(s)>1$ に対して,$z=x+iy$ を上半平面の変数として

§9.4 実解析的 Eisenstein 級数

$$\Phi(s) = \int_{-\frac{1}{2}}^{\frac{1}{2}} dx \int_0^\infty dy\, F(z)(\operatorname{Im} z)^{s-2}$$

を考える．この積分領域は図 9.6 の陰影部のところであり，Γ の部分群

$$\Gamma_\infty = \left\{ \pm \begin{pmatrix} 1 & n \\ 0 & 1 \end{pmatrix} \middle| n \in \mathbb{Z} \right\}$$

に対する基本領域 $\Gamma_\infty \backslash H$ となっている：

$$\Phi(s) = \int_{\Gamma_\infty \backslash H} F(z)(\operatorname{Im} z)^s \frac{dxdy}{y^2}.$$

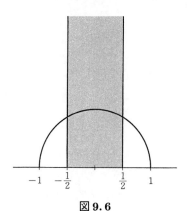

図 9.6

この基本領域を

$$\Gamma_\infty \backslash H = \bigsqcup_{\gamma \in \Gamma_\infty \backslash \Gamma} \gamma(\Gamma \backslash H)$$

と分解する．ただし，γ は $\Gamma_\infty \backslash \Gamma$ の代表系を動く．簡単な計算で $\Gamma_\infty \backslash \Gamma$ の代表系の元 $\gamma = \begin{pmatrix} * & * \\ c & d \end{pmatrix}$ に $(c,d) = 1$ を対応させる写像は 1 対 1 であることがわかる．したがって，$\dfrac{dxdy}{y^2}$ が Γ 不変である(さらに $SL_2(\mathbb{R})$ 不変である)ことを用いると

$$\Phi(s) = \sum_{\gamma \in \Gamma_\infty \backslash \Gamma} \left(\int_{\gamma(\Gamma \backslash H)} F(z)(\operatorname{Im} z)^s \frac{dxdy}{y^2} \right)$$

$$= \sum_{\gamma \in \Gamma_\infty \backslash \Gamma} \int_{\Gamma \backslash H} F(\gamma z)(\operatorname{Im} \gamma z)^s \frac{dxdy}{y^2}$$

$$= \int_{\Gamma \backslash H} F(z) \left(\sum_{\gamma \in \Gamma_\infty \backslash \Gamma} (\operatorname{Im} \gamma z)^s \right) \frac{dxdy}{y^2}$$

$$= \int_{\Gamma \backslash H} F(z) E(s,z) \frac{dxdy}{y^2}$$

となる.ただし,$\gamma = \begin{pmatrix} a & b \\ c & d \end{pmatrix} \in \Gamma$ に対して

$$\gamma z = \frac{az+b}{cz+d}$$

であり

$$\operatorname{Im} \gamma z = \frac{\operatorname{Im} z}{|cz+d|^2}$$

を用いている.

このようにして等式

$$\int_{\Gamma \backslash H} F(z) E(s,z) \frac{dxdy}{y^2} = \int_0^\infty \left(\int_{-\frac{1}{2}}^{\frac{1}{2}} F(z) dx \right) y^{s-2} dy$$

が,$\operatorname{Re}(s) > 1$ に対して成り立つことがわかる.ところが,この右辺において $F(z)$ の Fourier 展開には "定数項" がないため

$$\int_{-\frac{1}{2}}^{\frac{1}{2}} F(z) dx = 0$$

となってしまう.よって

$$\int_{\Gamma \backslash H} F(z) E(s,z) \frac{dxdy}{y^2} = 0$$

と,さらに $\widehat{\zeta}(2s)$ をかけた

$$\int_{\Gamma \backslash H} F(z) \widehat{E}(s,z) \frac{dxdy}{y^2} = 0$$

が,$\operatorname{Re}(s) > 1$ に対して成り立つ.したがって,解析接続により,この等式はすべての複素数 s に対して成立する.そこで $s = s_0$ とおく.すると

$$F(z) = \overline{\widehat{E}(s_0, z)}$$

であるから

$$\int_{\Gamma\backslash H}|F(z)|^2\frac{dxdy}{y^2}=0$$

となる.よって $F(z)$ は恒等的に 0 になる.したがって,$F(z)$ のすべての Fourier 係数は 0 となるはずであるが,これは,たとえば,第 $1\,(m=1)$ の Fourier 係数

$$K_{s_0-\frac{1}{2}}(2\pi y)=K_{\frac{it_0}{2}}(2\pi y)\sim\frac{1}{2\sqrt{y}}e^{-2\pi y}\quad(y\to+\infty)$$

が y について恒等的には 0 とならないことに矛盾する.したがって,$\zeta(s)$ は $\mathrm{Re}(s)=1$ 上に零点をもたない. ∎

方法論的な注意

この証明は,Eisenstein 級数 $E(s,z)$ という一般線形群 $GL(2)$ の保型形式から Riemann の ζ 関数 $\zeta(s)$ という $GL(1)$ の保型形式の ζ への応用である.Wiles による Fermat 予想の証明も同じように $GL(2)$ から $GL(1)$ への応用である(§12.2(d)で述べるように,$GL(2)$ の Sym^2 を用いることからすると $GL(3)$ から $GL(2)$ への応用も入っている).これはちょうど 2 階から見ると 1 階の様子がよくわかる,という状況である.$E(s,z)$ を s について解析接続する方法は,ここで使った Fourier 係数の解析接続を用いる方法以外にもいくつもの証明が Selberg によって与えられている.それらによれば,逆に Fourier 係数の解析接続がわかる.たとえば

$$\varphi(s)=\frac{\widehat{\zeta}(2s-1)}{\widehat{\zeta}(2s)}$$

が全平面で有理型であることがわかる.ここで,$\mathrm{Re}(s)>\frac{1}{2}$ においては分母は絶対収束だから正則,したがって $\widehat{\zeta}(s)$ は $\mathrm{Re}(s)>0$ で有理型であることが,分子を見ることでわかる.これをくりかえすと $\widehat{\zeta}(s)$ が $\mathrm{Re}(s)>-1$, $\mathrm{Re}(s)>-2$, … において有理型であることがわかり,全平面で有理型になる.さらに $\varphi(s)\varphi(1-s)=1$ が Selberg の方法(Selberg 跡公式の一環)でわかるので $\widehat{\zeta}(s)$ の関数等式もわかる(ただし,正則性はわかりにくい).このようなことは,さらに一般の群の保型形式の場合にも拡張される.たとえば,$GL(n)$ の保型

形式の L 関数の場合にも "$\text{Re}(s) \geqq 1$ に零点がない" という事実が証明されているが，その方法は $GL(n+1)$ の Eisenstein 級数を用いるものしか知られていない．（第 11 章参照；定理 7.3 の証明のような Euler 積だけを使う方法は高次の Euler 積の場合には使えない．）

（c） Rankin–Selberg の方法

$E(s, z)$ の応用に保型形式の ζ の一つの解析接続法がある．§9.3 では，Δ の保型性を Fourier 変換（Mellin 変換）して，$L(s, \Delta)$ の解析接続と関数等式を証明したが，ここでは

$$L(s, \Delta) = \prod_p (1 - \tau(p)p^{-s} + p^{11-2s})^{-1}$$
$$= \prod_p [(1 - \alpha_p p^{-s})(1 - \beta_p p^{-s})]^{-1}$$

からテンソル積で構成される 2 種類の 4 次の Euler 積

$$L(s, \Delta \otimes \Delta) = \prod_p [(1 - \alpha_p^2 p^{-s})(1 - \alpha_p \beta_p p^{-s})(1 - \beta_p \alpha_p p^{-s})(1 - \beta_p^2 p^{-s})]^{-1}$$
$$= \zeta(s - 11) L(s, \text{Sym}^2 \Delta)$$

および

$$L(s, \Delta \otimes E_{12}) = \prod_p [(1 - \alpha_p p^{-s})(1 - \alpha_p p^{11} p^{-s})(1 - \beta_p p^{-s})(1 - \beta_p p^{11} p^{-s})]^{-1}$$
$$= L(s, \Delta) L(s - 11, \Delta)$$

の解析接続と関数等式を（少し一般化して）証明する．後者は $L(s, \Delta)$ の解析接続の別証明を与えていることに注意しよう．この手法は 1939 年前後に Rankin と Selberg によって発見された手法であり，**Rankin–Selberg の方法** と呼ばれ，様々に拡張されて使われてきている．

定理 9.10（Rankin–Selberg）

$$f(z) = \sum_{n=1}^{\infty} a(n) q^n,$$
$$g(z) = \sum_{n=0}^{\infty} b(n) q^n$$

が与えられていて，整数 $k>0$ に対して条件(i), (ii)をみたすとする：

（i） すべての $\begin{pmatrix} a & b \\ c & d \end{pmatrix} \in \Gamma = SL_2(\mathbb{Z})$ に対して

$$f\left(\frac{az+b}{cz+d}\right) = (cz+d)^k f(z),$$

$$g\left(\frac{az+b}{cz+d}\right) = (cz+d)^k g(z).$$

（ii） $a(1)=b(1)=1$ で，$a(n), b(n)$ はある定数 C に対して $O(n^C)$ とおさえられる実数であり

$$L(s,f) = \sum_{n=1}^{\infty} a(n)n^{-s},$$

$$L(s,g) = \sum_{n=1}^{\infty} b(n)n^{-s}$$

とおくと

$$L(s,f) = \prod_p (1-a(p)p^{-s}+p^{k-1-2s})^{-1}$$
$$= \prod_p [(1-\alpha_1(p)p^{-s})(1-\alpha_2(p)p^{-s})]^{-1},$$
$$L(s,g) = \prod_p (1-b(p)p^{-s}+p^{k-1-2s})^{-1}$$
$$= \prod_p [(1-\beta_1(p)p^{-s})(1-\beta_2(p)p^{-s})]^{-1}.$$

このとき

$$L(s,f\otimes g) = \prod_p [(1-\alpha_1(p)\beta_1(p)p^{-s})(1-\alpha_1(p)\beta_2(p)p^{-s})$$
$$\times (1-\alpha_2(p)\beta_1(p)p^{-s})(1-\alpha_2(p)\beta_2(p)p^{-s})]^{-1}$$

とおくと，次が成り立つ．

（1） $L(s,f\otimes g) = \zeta(2s-2k+2) \sum_{n=1}^{\infty} a(n)b(n)n^{-s}$.

（2） $L(s,f\otimes g)$ は全 s 平面で有理型の関数に解析接続され，

$$\widehat{L}(s,f\otimes g) = \Gamma_{\mathbb{C}}(s)\Gamma_{\mathbb{C}}(s-k+1)L(s,f\otimes g)$$

は関数等式

$$\widehat{L}(s,f\otimes g) = \widehat{L}(2k-1-s, f\otimes g)$$

をみたす.ただし,$\Gamma_{\mathbb{C}}(s)=2(2\pi)^{-s}\Gamma(s)$ である.

[証明] (1)を証明する.条件(ii)より $a(n),b(n)$ は乗法的であることがわかるので,
$$\sum_{n=1}^{\infty}a(n)b(n)n^{-s}=\prod_p\Bigl(\sum_{l=0}^{\infty}a(p^l)b(p^l)p^{-ls}\Bigr)$$
となる.さらに条件(ii)より
$$\sum_{l=0}^{\infty}a(p^l)u^l=\frac{1}{1-a(p)u+p^{k-1}u^2}$$
$$=\frac{1}{(1-\alpha_1(p)u)(1-\alpha_2(p)u)}$$
$$=(1+\alpha_1(p)u+\alpha_1(p)^2u^2+\cdots)(1+\alpha_2(p)u+\alpha_2(p)^2u^2+\cdots)$$
となるから
$$a(p^l)=\alpha_1(p)^l+\alpha_1(p)^{l-1}\alpha_2(p)+\cdots+\alpha_1(p)\alpha_2(p)^{l-1}+\alpha_2(p)^l$$
$$=\frac{\alpha_1(p)^{l+1}-\alpha_2(p)^{l+1}}{\alpha_1(p)-\alpha_2(p)}$$
がわかる($\alpha_1(p)=\alpha_2(p)$ のときは,よりかんたんに計算できる).同じく
$$b(p^l)=\frac{\beta_1(p)^{l+1}-\beta_2(p)^{l+1}}{\beta_1(p)-\beta_2(p)}$$
となり,ベキ級数の計算をすると
$$\sum_{l=0}^{\infty}a(p^l)b(p^l)u^l=\sum_{l=0}^{\infty}\left(\frac{\alpha_1(p)^{l+1}-\alpha_2(p)^{l+1}}{\alpha_1(p)-\alpha_2(p)}\right)\left(\frac{\beta_1(p)^{l+1}-\beta_2(p)^{l+1}}{\beta_1(p)-\beta_2(p)}\right)u^l$$
$$=\frac{1}{(\alpha_1(p)-\alpha_2(p))(\beta_1(p)-\beta_2(p))}\left\{\frac{\alpha_1(p)\beta_1(p)}{1-\alpha_1(p)\beta_1(p)u}+\frac{\alpha_2(p)\beta_2(p)}{1-\alpha_2(p)\beta_2(p)u}\right.$$
$$\left.-\frac{\alpha_1(p)\beta_2(p)}{1-\alpha_1(p)\beta_2(p)u}-\frac{\alpha_2(p)\beta_1(p)}{1-\alpha_2(p)\beta_1(p)u}\right\}$$
$$=\frac{1-\alpha_1(p)\alpha_2(p)\beta_1(p)\beta_2(p)u^2}{(1-\alpha_1(p)\beta_1(p)u)(1-\alpha_1(p)\beta_2(p)u)(1-\alpha_2(p)\beta_1(p)u)(1-\alpha_2(p)\beta_2(p)u)}$$
となるが
$$\alpha_1(p)\alpha_2(p)\beta_1(p)\beta_2(p)=p^{2k-2}$$

§9.4 実解析的 Eisenstein 級数

だから(1)がわかる.

次に(2)を証明する. まず

$$\int_{-\frac{1}{2}}^{\frac{1}{2}} f(z)\overline{g(z)}dx = \sum_{n,m=1}^{\infty} a(n)b(m)\left(\int_{-\frac{1}{2}}^{\frac{1}{2}} e^{2\pi i(n-m)x}dx\right)e^{-2\pi(n+m)y}$$

$$= \sum_{n=1}^{\infty} a(n)b(n)e^{-4\pi ny}$$

であるから

$$\int_0^\infty \left(\int_{-\frac{1}{2}}^{\frac{1}{2}} f(z)\overline{g(z)}dx\right) y^{s-1}dy = (4\pi)^{-s}\Gamma(s)\sum_{n=1}^{\infty} a(n)b(n)n^{-s}$$

$$\underset{(1)}{=} (4\pi)^{-s}\Gamma(s)\frac{L(s, f\otimes g)}{\zeta(2s-2k+2)}$$

となることに注意する. ここからは §9.4(b) の方法と類似しており, そこの記号を用いると

$$(4\pi)^{-s}\Gamma(s)L(s, f\otimes g)$$

$$= \zeta(2s-2k+2)\int_0^\infty \left(\int_{-\frac{1}{2}}^{\frac{1}{2}} f(z)\overline{g(z)}dx\right) y^{s-1}dy$$

$$= \zeta(2s-2k+2)\int_{\Gamma_\infty\backslash H} f(z)\overline{g(z)}y^{s+1}\frac{dxdy}{y^2}$$

$$= \zeta(2s-2k+2)\sum_{\gamma\in\Gamma_\infty\backslash\Gamma}\left(\int_{\gamma(\Gamma\backslash H)} (f(z)\overline{g(z)}y^k)y^{s-k+1}\frac{dxdy}{y^2}\right)$$

$$= \zeta(2s-2k+2)\sum_{\gamma\in\Gamma_\infty\backslash\Gamma}\left(\int_{\Gamma\backslash H} (f(z)\overline{g(z)}y^k)(\operatorname{Im}\gamma z)^{s-k+1}\frac{dxdy}{y^2}\right)$$

$$= \zeta(2s-2k+2)\int_{\Gamma\backslash H} f(z)\overline{g(z)}y^k\left(\sum_{\gamma\in\Gamma_\infty\backslash\Gamma}(\operatorname{Im}\gamma z)^{s-k+1}\right)\frac{dxdy}{y^2}$$

$$= \zeta(2s-2k+2)\int_{\Gamma\backslash H} f(z)\overline{g(z)}y^k E(s-k+1, z)\frac{dxdy}{y^2}$$

となる. ただし, $f(z)\overline{g(z)}y^k$ が条件(i)より Γ 不変となることを使っている. このようにして得られた積分の内部は s の有理型関数であるから積分の収束性を見ると $L(s, f\otimes g)$ は有理型関数であることがわかる. 関数等式は

$$\widehat{L}(s, f\otimes g) = 2^{k+1}\int_{\Gamma\backslash H} f(z)\overline{g(z)}y^k \widehat{E}(s-k+1,z)\frac{dxdy}{y^2}$$

となることからわかる.

この定理において

$$g = -\frac{B_k}{2k}E_k$$
$$= -\frac{B_k}{2k} + \sum_{n=1}^{\infty}\sigma_{k-1}(n)q^n$$

とおくと(定数倍することはあまり重要でない), $\sigma_{k-1}(n)$ は乗法的だから

$$L(s, g) = \sum_{n=1}^{\infty}\sigma_{k-1}(n)n^{-s} = \prod_p\Big(\sum_{l=0}^{\infty}\sigma_{k-1}(p^l)p^{-ls}\Big)$$

となり

$$\sigma_{k-1}(p^l) = 1 + p^{k-1} + \cdots + (p^l)^{k-1} = \frac{1-p^{(l+1)(k-1)}}{1-p^{k-1}}$$

から得られる

$$\sum_{l=0}^{\infty}\sigma_{k-1}(p^l)u^l = \frac{1}{(1-u)(1-p^{k-1}u)}$$

を用いると

$$L(s, g) = \zeta(s)\zeta(s-k+1)$$

となり

$$L(s, f\otimes g) = L(s, f)L(s-k+1, f)$$

がわかる. したがって, $L(s, f)$ や $L(s, \Delta)$ の解析接続も出る(これは "$GL(4)$ から $GL(2)$ への応用" とみなせる). 関数等式の形も定理9.7と合っている.

なお, Rankin(1939)は, 上記の定理を

$$L(s, \Delta\otimes\Delta) = \zeta(2s-22)\sum_{n=1}^{\infty}\tau(n)^2 n^{-s}$$

に用いて, これが $s=12$ に1位の極をもつ様子をくわしくしらべて

$$\tau(n) = O\Big(n^{\frac{29}{5}}\Big)$$

という評価を得ていた．これは定理 9.7 のところで記した評価
$$\tau(n) = O(n^6)$$
の 6 を $\frac{1}{5}$ 改良（小さく）したものであり，Ramanujan 予想（$\tau(n) = O\left(n^{\frac{11}{2}+\varepsilon}\right)$と同値である；演習問題 9.5 参照）の方向へ一歩をすすめた結果であった．Deligne による Ramanujan 予想の証明方針は，この Rankin の方法に示唆されたものであり，素朴には

$$\sum_{n=1}^{\infty} \tau(n)^m n^{-s}$$

をどんどん高いベキ m に対して考えればよいだろう，というものである（Deligne の方法はこれを，より代数幾何的に扱いやすい形に定式化している）．

§9.5　Kronecker の極限公式と正規積

Kronecker の極限公式と正規積の定式化を項(a)–(c)でおこない，その応用を項(d)–(f)に述べる．

(a)　Kronecker の極限公式

定理 9.11（Kronecker の極限公式）

$$\frac{\partial}{\partial s} E(0, z) = \frac{1}{6} \log(y^6 |\Delta(z)|).$$

[証明]

$$E(s, z) = y^s + \frac{\pi^{s-1} \Gamma(1-s) \zeta(2-2s)}{\pi^{-s} \Gamma(s) \zeta(2s)} y^{1-s}$$
$$+ \frac{4}{\pi^{-s} \Gamma(s) \zeta(2s)} \sum_{m=1}^{\infty} m^{s-\frac{1}{2}} \sigma_{1-2s}(m) \sqrt{y} K_{s-\frac{1}{2}}(2\pi m y) \cos(2\pi m x)$$

に，$s=0$ における Taylor 展開

$$\frac{\pi^{s-1} \Gamma(1-s) \zeta(2-2s)}{\pi^{-s} \Gamma(s) \zeta(2s)} = \pi^{-1} \frac{\zeta(2)}{\zeta(0)} s + [s \text{ の } 2 \text{ 次以上の項}],$$

$$\frac{4}{\pi^{-s}\Gamma(s)\zeta(2s)} = \frac{4}{\zeta(0)}s + [s \text{ の 2 次以上の項}]$$

を用いることにより

$$E(0,z) = 1$$

と

$$\frac{\partial}{\partial s}E(0,z) = \log y + \frac{\pi^{-1}\zeta(2)}{\zeta(0)}y$$
$$+ \frac{4}{\zeta(0)} \sum_{m=1}^{\infty} m^{-\frac{1}{2}} \sigma_1(m) \sqrt{y} K_{\frac{1}{2}}(2\pi my)\cos(2\pi mx)$$

がわかる. ここで $\sigma_1(m) = \sum_{d|m} d$ は単に $\sigma(m)$ と書かれるものであり,

$$K_{\frac{1}{2}}(z) = \sqrt{\frac{\pi}{2z}}\, e^{-z}$$

となっている(Eulerの計算). 実際に

$$K_{\frac{1}{2}}(z) = \frac{1}{2}\int_0^\infty \exp\!\left(-\frac{z}{2}\left(u + \frac{1}{u}\right)\right) u^{-\frac{1}{2}} \frac{du}{u}$$

において, $v = \frac{z}{2}u$ とおきかえると

$$K_{\frac{1}{2}}(z) = \frac{1}{\sqrt{2z}} \int_0^\infty \exp\!\left(-\left(v + \frac{z^2}{4v}\right)\right) v^{\frac{1}{2}} \frac{dv}{v}$$

となる. したがって

$$\frac{d}{dz}\left(\sqrt{2z}\, K_{\frac{1}{2}}(z)\right) = -\frac{z}{2}\int_0^\infty \exp\!\left(-\left(v + \frac{z^2}{4v}\right)\right) v^{-\frac{1}{2}} \frac{dv}{v}$$

において, $w = \frac{z^2}{4v}$ とおきかえて

$$\frac{d}{dz}\left(\sqrt{2z}\, K_{\frac{1}{2}}(z)\right) = -\int_0^\infty \exp\!\left(-\left(w + \frac{z^2}{4w}\right)\right) w^{\frac{1}{2}} \frac{dw}{w}$$
$$= -\left(\sqrt{2z}\, K_{\frac{1}{2}}(z)\right)$$

となる. これから

$$\sqrt{2z}\, K_{\frac{1}{2}}(z) = C e^{-z},$$

$$C = \int_0^\infty e^{-v} v^{-\frac{1}{2}} dv = \Gamma\left(\frac{1}{2}\right) = \sqrt{\pi}$$

とわかる.

このようにして

$$\frac{\partial}{\partial s}E(0,z) = \log y - \frac{\pi}{3}y - 4\sum_{m=1}^\infty \frac{\sigma(m)}{m} e^{-2\pi my} \cos(2\pi mx)$$

となる. 一方

$$\begin{aligned}
\log(y^6|\Delta(z)|) &= 6\log y + \log|\Delta(z)| \\
&= 6\log y + \mathrm{Re}(\log \Delta(z)) \\
&= 6\log y - 2\pi y - 24 \cdot \mathrm{Re}\Big(\sum_{n=1}^\infty \sum_{m=1}^\infty \frac{1}{m} q^{mn}\Big) \\
&= 6\log y - 2\pi y - 24 \sum_{n=1}^\infty \sum_{m=1}^\infty \frac{1}{m} e^{-2\pi mny} \cos(2\pi mnx) \\
&= 6\log y - 2\pi y - 24 \sum_{m=1}^\infty \frac{\sigma(m)}{m} e^{-2\pi my} \cos(2\pi mx)
\end{aligned}$$

であるから, 求める等式が得られる. ∎

"Kronecker の極限公式" とは, もともとは

$$\lim_{s \to 1}\Big(\zeta(2s)E(s,z) - \frac{\pi}{2} \cdot \frac{1}{s-1}\Big) = \pi\Big\{\gamma - \log 2 - \log\Big(y^{\frac{1}{2}}|\Delta(z)|^{\frac{1}{12}}\Big)\Big\}$$

の形で述べられていたことにちなんでいる. ここで

$$\gamma = \lim_{n \to \infty}\Big(1 + \frac{1}{2} + \cdots + \frac{1}{n} - \log n\Big) = 0.577\cdots$$

は Euler 定数. この結果は, 関数等式 $\widehat{E}(1-s,z) = \widehat{E}(s,z)$ から上記の定理と同値になっている. 一般に $s=0$ における微分の形の方が簡明な表示になる.

(b) 正 規 積

数列 $\boldsymbol{a} = (a_1, a_2, a_3, \cdots)$ に対して, その ζ を

$$\zeta_a(s) = \sum_{n=1}^\infty a_n^{-s}$$

とし，それが $s=0$ の近傍で正則な関数に解析接続できているときには，$a_1, a_2, a_3, \cdots$ の**正規積**(normalized product)を

$$\prod_{n=1}^{\infty} a_n = \exp(-\zeta_a'(0))$$

と定義する．このアイディアは，有限数列 $\boldsymbol{a}=(a_1,\cdots,a_N)$ のときには

$$\zeta_a(s) = \sum_{n=1}^{N} a_n^{-s}$$

より

$$\zeta_a'(0) = -\sum_{n=1}^{N} \log(a_n) = -\log\Big(\prod_{n=1}^{N} a_n\Big).$$

したがって

$$\exp(-\zeta_a'(0)) = \prod_{n=1}^{N} a_n$$

となっているところからきている．無限数列のときに正規積として意味深いものがたくさん得られることは想像以上である．そのいくつかをこれから見てゆきたいが，そのような無限積の最初の例は，Riemann(1859)による

$$\prod_{n=1}^{\infty} n = \sqrt{2\pi}$$

であった．これは，$\boldsymbol{a}=(1,2,3,\cdots)$ であるから $\zeta_a(s)$ は Riemann の ζ 関数

$$\zeta(s) = \sum_{n=1}^{\infty} n^{-s}$$

となり，求める値は

$$\zeta'(0) = -\frac{1}{2}\log(2\pi)$$

ということに他ならない．Riemann はこの計算を $\zeta(s)$ の関数等式を用いておこなったが(§7.3(d)参照)，ここでは Lerch(1894)によって一般化された形で証明しよう．Hurwitz ζ の定義を思い出しておこう：

$$\zeta(s,x) = \sum_{n=0}^{\infty} (n+x)^{-s}.$$

これは $\mathrm{Re}(s)>1$ において絶対収束し，全 s 平面に有理型に解析接続される（§3.3 参照）．

定理 9.12（Lerch の公式）

$$\prod_{n=0}^{\infty}(n+x) = \frac{\sqrt{2\pi}}{\Gamma(x)}$$

すなわち

$$\frac{\partial}{\partial s}\zeta(0,x) = \log\frac{\Gamma(x)}{\sqrt{2\pi}}.$$

［証明］ $\quad f(x) = \dfrac{\partial}{\partial s}\zeta(0,x) - \log\Gamma(x)$

とおいて

$$f(x) = -\frac{1}{2}\log(2\pi)$$

となることを，次の順番で示す：

(i) $f''(x)=0$. したがって，$f(x)=ax+b$ と書ける．
(ii) $f(x+1)=f(x)$. したがって，$f(x)=b$.
(iii) $f\left(\dfrac{1}{2}\right)=-\dfrac{1}{2}\log(2\pi)$. したがって，$f(x)=-\dfrac{1}{2}\log(2\pi)$.

(i) を証明する．

$$f''(x) = \frac{\partial^3}{\partial x^2 \partial s}\zeta(0,x) - \frac{d^2}{dx^2}\log\Gamma(x)$$

に注意する．まず，

$$\zeta(s,x) = \sum_{n=0}^{\infty}(n+x)^{-s} \qquad (\mathrm{Re}(s)>1)$$

より

$$\frac{\partial^2}{\partial x^2}\zeta(s,x) = \sum_{n=0}^{\infty} s(s+1)(n+x)^{-s-2}$$

だから

$$\frac{\partial^3}{\partial s \partial x^2}\zeta(0,x) = \sum_{n=0}^{\infty}(n+x)^{-2}$$

となる.一方,Γ 関数の積表示
$$\frac{1}{\Gamma(x)} = xe^{\gamma x} \prod_{n=1}^{\infty} \left(1+\frac{x}{n}\right) e^{-\frac{x}{n}}$$
($\gamma = 0.577\cdots$ は Euler 定数)から
$$-\log \Gamma(x) = \log x + \gamma x + \sum_{n=1}^{\infty} \left(\log\left(1+\frac{x}{n}\right) - \frac{x}{n}\right)$$
となり
$$-\frac{d^2}{dx^2}\log \Gamma(x) = -\frac{1}{x^2} - \sum_{n=1}^{\infty} \frac{1}{(n+x)^2} = -\sum_{n=0}^{\infty} (n+x)^{-2}$$
がわかる.したがって,$f''(x)=0$ を得る.

(ii)を証明する.
$$\zeta(s, x+1) = \sum_{n=0}^{\infty} (n+(x+1))^{-s} = \sum_{n=0}^{\infty} ((n+1)+x)^{-s}$$
$$= \zeta(s,x) - x^{-s}$$
だから
$$\frac{\partial}{\partial s}\zeta(0, x+1) = \frac{\partial}{\partial s}\zeta(0,x) + \log x.$$
一方
$$\Gamma(x+1) = x\Gamma(x)$$
から
$$\log \Gamma(x+1) = \log \Gamma(x) + \log x.$$
したがって,$f(x+1)=f(x)$ がわかる.

さらに(iii)を証明する.
$$f\left(\frac{1}{2}\right) = \frac{\partial}{\partial s}\zeta\left(0, \frac{1}{2}\right) - \log \Gamma\left(\frac{1}{2}\right)$$
を計算しよう.
$$\zeta\left(s, \frac{1}{2}\right) = \sum_{n=0}^{\infty}\left(n+\frac{1}{2}\right)^{-s} = 2^s \sum_{n=0}^{\infty}(2n+1)^{-s}$$
$$= (2^s-1)\zeta(s)$$

より

$$\frac{\partial}{\partial s}\zeta\left(0,\frac{1}{2}\right) = (\log 2)\zeta(0) = -\frac{1}{2}\log 2.$$

そこで

$$\Gamma\left(\frac{1}{2}\right) = \int_0^\infty e^{-u} u^{-\frac{1}{2}} du \qquad (u = x^2)$$
$$= 2\int_0^\infty e^{-x^2} dx = \sqrt{\pi}$$

を用いると, $f\left(\dfrac{1}{2}\right) = -\dfrac{1}{2}\log(2\pi)$ が得られる. ∎

系 9.13(Riemann)

$$\prod_{n=1}^\infty n = \sqrt{2\pi}.$$

[証明] 定理 9.12 で $x=1$ とおけばよい. (この結果は "∞!" $=\sqrt{2\pi}$ と解釈できる.) ∎

さて, Kronecker の極限公式(定理 9.11)は正規積を使うと次のように書き換えられる.

定理 9.14(Kronecker の極限公式)

(1) $\displaystyle\prod_{(c,d)=1} \frac{|cz+d|}{\sqrt{y}} = (y^6|\Delta(z)|)^{-\frac{1}{6}}.$

(2) $\displaystyle\prod_{m,n=-\infty}^{\infty}{}' \frac{|mz+n|}{\sqrt{y}} = 2\pi(y^6|\Delta(z)|)^{\frac{1}{12}}.$

[証明] (1)を証明する.

$$\varphi_1(s) = \sum_{(c,d)=1}\left(\frac{|cz+d|}{\sqrt{y}}\right)^{-s}$$

とおくと

$$\varphi_1(s) = 2E\left(\frac{s}{2}, z\right)$$

だから

$$\varphi_1'(0) = \frac{\partial}{\partial s}E(0,z) = \frac{1}{6}\log(y^6|\Delta(z)|)$$

となる.

次に(2)を証明する.

$$\varphi_2(s) = \sum_{m,n=-\infty}^{\infty}\left(\frac{|mz+n|}{\sqrt{y}}\right)^{-s}$$

とおくと

$$\varphi_2(s) = 2\zeta(s)E\left(\frac{s}{2}, z\right)$$

だから

$$\varphi_2'(0) = -\frac{1}{2}\frac{\partial}{\partial s}E(0,z) - \log(2\pi)\cdot E(0,z)$$

となり, $E(0,z) = 1$ と

$$\frac{\partial}{\partial s}E(0,z) = \frac{1}{6}\log(y^6|\Delta(z)|)$$

を用いればよい. ∎

正規積の存在しない例

正規積 $\prod_{n=1}^{\infty} a_n$ は存在するとは限らない.

① $a_n = 2^n\ (n=1,2,\cdots)$:

このとき

$$\zeta_a(s) = \sum_{n=1}^{\infty} 2^{-ns} = \frac{1}{2^s - 1}$$

であり, $s=0$ は極となっている. したがって $\prod_{n=1}^{\infty} 2^n$ は存在しない.

② $a_n = p_n\ (n=1,2,\cdots)$ が n 番目の素数:

このとき

$$\zeta_a(s) = \sum_{n=1}^{\infty} p_n^{-s}$$

は $\mathrm{Re}(s) > 0$ において解析的な関数(極とは限らない特異点をもつ)であるが,

$\mathrm{Re}(s)=0$ は自然境界になっている(Landau–Walfisz, 1919). とくに, $s=0$ は真性特異点になっている. よって $\prod_{n=1}^{\infty} p_n$ は存在しない.

(c) 行列式表示

Lerch の公式は行列式表示とも解釈できる:

$$\prod_{n=0}^{\infty}(n+x) = \mathrm{Det}(D+x) = \frac{\sqrt{2\pi}}{\Gamma(x)}.$$

ただし,

$$D = t\frac{d}{dt} : \mathbb{C}[t] \to \mathbb{C}[t]$$

とする. このとき D の固有値は $n=0,1,2,\cdots$ であり, そのときの固有関数は t^n ($Dt^n = nt^n$ である)となっている. なお, 行列式 Det は "正規行列式" であって, 行列 A (作用素)に対して

$$\mathrm{Det}\, A = \prod_{\lambda\,:\,A\,の固有値} \lambda$$

と定義する.

ところで, 第7章で見たように, (アデールの観点からすると) Γ 関数は ζ の "無限成分" であり, ζ の仲間(コンパニオン)と考えるのが自然である. さらに, $\Gamma(s)$ の場合の "Riemann 予想の類似物" は「$\Gamma(s)$ の極はすべて実軸 $\mathrm{Im}(s)=0$ にのっている」であると考えられる. そのように見ると, Lerch の公式は「ζ は適切な作用素の行列式("固有多項式")」となっているだろう:

$$\boxed{\mathrm{Zet}} = \boxed{\mathrm{Det}}$$

という一般的な予想——それは 1915 年に Riemann ζ に対して Hilbert と Pólya によって提案された——の一環とみなすことができる. このような行列式表示の確認されている ζ には

(1) 合同 ζ: 有限体上の代数多様体の ζ (§7.4 参照),
(2) Selberg ζ: Riemann 多様体の ζ (第11章参照),
(3) p 進 ζ (p 進 L 関数): 岩澤主予想に当たる(第10章参照)

などがあり, それぞれ大変重要な事実を示している. とくに, (1)と(2)の場

合にはこれらの行列式表示から ζ の零点や極が固有値として解釈でき,その結果 Riemann 予想の類似が成り立つことが導かれる.

また,(1)と(2)において出てくる作用素は,Frobenius 作用素(の対数)と Laplace 作用素(の平方根)となっていて各理論において中心的な役割をはたしている.(3)では "岩澤作用素" と言うべきものがでてくる(§10.0(e)参照).このように ζ の行列式表示には理論の核心が現れている.行列式表示の残されている ζ は Riemann ζ や Dedekind ζ などもともとの数論的 ζ であり,解明が待たれる.

(d) Δ の変換公式

Kronecker の極限公式(定理 9.14)は $\Delta(z)$ の変換公式の証明に使える.これは §9.2 の定理 9.4 において方法 2 として述べたものである.少し補足しておこう.定理 9.14 において,$z=iy$ とおくと

$$\prod_{m,n=-\infty}^{\infty}{}' \sqrt{\frac{m^2y^2+n^2}{y}} = 2\pi y^{\frac{1}{2}} \Delta(iy)^{\frac{1}{12}}.$$

したがって

$$2\pi\left(\frac{1}{y}\right)^{\frac{1}{2}}\Delta\left(i\frac{1}{y}\right)^{\frac{1}{12}} = \prod_{m,n=-\infty}^{\infty}{}' \sqrt{\frac{m^2\frac{1}{y^2}+n^2}{\frac{1}{y}}} = \prod_{m,n=-\infty}^{\infty}{}' \sqrt{\frac{n^2y^2+m^2}{y}}$$

となり

$$2\pi y^{\frac{1}{2}}\Delta(iy)^{\frac{1}{12}} = 2\pi\left(\frac{1}{y}\right)^{\frac{1}{2}}\Delta\left(i\frac{1}{y}\right)^{\frac{1}{12}}$$

がわかる.よって

$$\Delta\left(i\frac{1}{y}\right) = y^{12}\Delta(iy)$$

がでる．このようにして $\Delta\left(-\frac{1}{z}\right) = z^{12}\Delta(z)$ がわかり，$\Delta(z)$ の変換公式がでる．

(e) E_2 の変換公式

$$E_2(z) = 1 - 24 \sum_{n=1}^{\infty} \sigma(n) q^n$$

とおく．ここで，$\sigma(n) = \sigma_1(n) = \sum_{d|n} d$．これは "重さ 2 の Eisenstein 級数" のような性質をもつ．ただし，§9.6 で証明するように，$SL_2(\mathbb{Z})$ の場合，重さ 2 の正則保型形式は 0 しかなく，正確な意味の重さ 2 の Eisenstein 級数は存在しない．

定理 9.15

(1) $E_2\left(-\frac{1}{z}\right) = z^2 E_2(z) + \frac{6z}{\pi i}$.

(2) $E_2(i) = \frac{3}{\pi}$.

(3) $\sum_{n=1}^{\infty} \frac{n}{e^{2\pi n} - 1} = \frac{1}{24} - \frac{1}{8\pi}$.

[証明] (1) $\Delta\left(-\frac{1}{z}\right) = z^{12}\Delta(z)$ の両辺の対数微分を計算する．

$$\log\left(\Delta\left(-\frac{1}{z}\right)\right) = -\frac{2\pi i}{z} - 24 \sum_{n=1}^{\infty} \frac{\sigma(n)}{n} e^{-\frac{2\pi i n}{z}}$$

だから

$$\frac{1}{2\pi i} \frac{d}{dz} \log\left(\Delta\left(-\frac{1}{z}\right)\right) = \frac{1}{z^2} - 24 \frac{1}{z^2} \sum_{n=1}^{\infty} \sigma(n) e^{-\frac{2\pi i n}{z}}.$$

一方

$$\log(z^{12}\Delta(z)) = 12 \log z + 2\pi i z - 24 \sum_{n=1}^{\infty} \frac{\sigma(n)}{n} e^{2\pi i n z}$$

だから

$$\frac{1}{2\pi i} \frac{d}{dz} \log(z^{12}\Delta(z)) = \frac{6}{\pi i z} + 1 - 24 \sum_{n=1}^{\infty} \sigma(n) e^{2\pi i n z}.$$

したがって

$$\frac{1}{z^2} - 24\frac{1}{z^2}\sum_{n=1}^{\infty}\sigma(n)e^{-\frac{2\pi i n}{z}} = \frac{6}{\pi i z} + 1 - 24\sum_{n=1}^{\infty}\sigma(n)e^{2\pi i n z}.$$

これは

$$\frac{1}{z^2}E_2\left(-\frac{1}{z}\right) = \frac{6}{\pi i z} + E_2(z)$$

に他ならない.

(2) (1)で $z=i$ とおけば

$$E_2(i) = -E_2(i) + \frac{6}{\pi}.$$

したがって

$$E_2(i) = \frac{3}{\pi}.$$

(3) (2)より

$$\sum_{n=1}^{\infty}\sigma(n)e^{-2\pi n} = \frac{1}{24} - \frac{1}{8\pi}$$

であり,左辺は Lambert 級数に直すと

$$\sum_{n=1}^{\infty}\frac{n}{e^{2\pi n}-1}$$

である. ∎

注意 (1)の証明より

$$\frac{1}{2\pi i}\frac{\Delta'}{\Delta}(z) = \frac{1}{2\pi i}\frac{d}{dz}(\log \Delta)(z) = 1 - 24\sum_{n=1}^{\infty}\sigma(n)q^n = E_2(z)$$

であるから,もし

$$E_2\left(-\frac{1}{z}\right) = z^2 E_2(z) + \frac{6z}{\pi i}$$

が直接証明できれば,逆に Δ の変換公式が導かれる:

$$\frac{d}{dz}\log\left(\Delta\left(-\frac{1}{z}\right)\Big/\Delta(z)\right) = \frac{1}{z^2}\frac{\Delta'}{\Delta}\left(-\frac{1}{z}\right) - \frac{\Delta'}{\Delta}(z)$$

$$= \frac{2\pi i}{z^2}E_2\left(-\frac{1}{z}\right) - 2\pi i E_2(z)$$

$$= \frac{2\pi i}{z^2}\left(E_2\left(-\frac{1}{z}\right) - z^2 E_2(z)\right)$$
$$= \frac{2\pi i}{z^2} \cdot \frac{6z}{\pi i} = \frac{12}{z}$$

となるので

$$\Delta\left(-\frac{1}{z}\right) = \Delta(z) C z^{12}$$

となる定数 C が存在し, $z=i$ とおくことにより $C=1$ がでる. $E_2(z)$ の変換公式の "直接証明" は Hurwitz(1904) が, 条件収束級数表示

$$E_2(z) = \sum_{n=-\infty}^{\infty}\left(\sum_{\substack{m=-\infty \\ (m,n)\neq(0,0)}}^{\infty} \frac{1}{(mz+n)^2}\right)$$

を用いて与えた(J.-P. Serre『数論講義』(岩波書店, 1979 年)参照). なお, $E_2(z)$ の $\begin{pmatrix} a & b \\ c & d \end{pmatrix} \in SL_2(\mathbb{Z})$ に対する変換公式は

$$\Delta\left(\frac{az+b}{cz+d}\right) = (cz+d)^{12}\Delta(z)$$

の対数微分をとると

$$E_2\left(\frac{az+b}{cz+d}\right) = (cz+d)^2 E_2(z) + \frac{6c(cz+d)}{\pi i}$$

とわかる.

(f) $\Delta(i)$ と $E_4(i)$ の計算

$$\varpi = 2\int_0^1 \frac{dr}{\sqrt{1-r^4}} = 2.62205\cdots$$

とおく. これはレムニスケート $x^2+y^2 = \sqrt{x^2-y^2}$ の半周である: 極座標表示 $r^2 = \cos(2\theta)$ で計算するとよい(図 9.7). Γ 関数を用いると

$$\varpi = 2^{-\frac{3}{2}}\pi^{-\frac{1}{2}}\Gamma\left(\frac{1}{4}\right)^2$$

となる. これは次のように計算すればわかる: 積分において $r=u^{\frac{1}{4}}$ とおきかえると

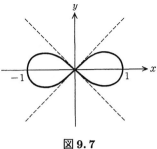

図 9.7

$$\varpi = \frac{1}{2}\int_0^1 u^{-\frac{3}{4}}(1-u)^{-\frac{1}{2}}du$$
$$= \frac{1}{2}B\left(\frac{1}{4},\frac{1}{2}\right).$$

ただし，$a,b>0$ に対して

$$B(a,b) = \int_0^1 u^{a-1}(1-u)^{b-1}du$$

は β 関数であり，

$$B(a,b) = \frac{\Gamma(a)\Gamma(b)}{\Gamma(a+b)}$$

である．その証明は，

$$\Gamma(a) = \int_0^\infty x^{a-1}e^{-x}dx, \quad \Gamma(b) = \int_0^\infty y^{b-1}e^{-y}dy$$

から得られる

$$\Gamma(a)\Gamma(b) = \int_0^\infty \int_0^\infty x^{a-1}y^{b-1}e^{-(x+y)}dxdy$$

において

$$\begin{cases} x = ut \\ y = (1-u)t \end{cases} \quad u \text{ は } 0 \to 1, \ t \text{ は } 0 \to +\infty$$

におきかえると

$$\Gamma(a)\Gamma(b) = \int_0^1 du \int_0^\infty tdt \cdot u^{a-1}(1-u)^{b-1}t^{a+b-2}e^{-t}$$
$$= B(a,b)\Gamma(a+b).$$

したがって

$$\varpi = \frac{1}{2}\frac{\Gamma\left(\frac{1}{4}\right)\Gamma\left(\frac{1}{2}\right)}{\Gamma\left(\frac{3}{4}\right)} = \frac{1}{2}\pi^{\frac{1}{2}}\Gamma\left(\frac{1}{4}\right)^2\frac{1}{\Gamma\left(\frac{1}{4}\right)\Gamma\left(\frac{3}{4}\right)}$$

となるが, 公式

$$\Gamma(x)\Gamma(1-x) = \frac{\pi}{\sin \pi x}$$

より

$$\varpi = \frac{1}{2}\pi^{\frac{1}{2}}\Gamma\left(\frac{1}{4}\right)^2\frac{\sin\frac{\pi}{4}}{\pi} = 2^{-\frac{3}{2}}\pi^{-\frac{1}{2}}\Gamma\left(\frac{1}{4}\right)^2$$

と求まる.

定理 9.16

(1) $\displaystyle\prod_{m,n=-\infty}^{\infty}{}' (m^2+n^2) = 4\pi^2\Delta(i)^{\frac{1}{6}} = 4\pi^2 e^{-\frac{\pi}{3}}\prod_{n=1}^{\infty}(1-e^{-2\pi n})^4.$

(2) $\displaystyle\prod_{m,n=-\infty}^{\infty}{}' (m^2+n^2) = 2\varpi^2 = \frac{\Gamma\left(\frac{1}{4}\right)^4}{4\pi}.$

(3) $\displaystyle\Delta(i) = e^{-2\pi}\prod_{n=1}^{\infty}(1-e^{-2\pi n})^{24} = \left(\frac{\varpi}{\sqrt{2}\pi}\right)^{12} = \frac{\Gamma\left(\frac{1}{4}\right)^{24}}{2^{24}\pi^{18}}.$

(4) $\displaystyle E_4(i) = 3\left(\frac{\varpi}{\pi}\right)^4 = \frac{3\Gamma\left(\frac{1}{4}\right)^8}{64\pi^6}.$

(5) $\displaystyle\sum_{m,n=-\infty}^{\infty}{}' \frac{1}{(mi+n)^4} = \frac{\varpi^4}{15} = \frac{\Gamma\left(\frac{1}{4}\right)^8}{960\pi^2}.$

(6) $\displaystyle\sum_{n=1}^{\infty}\frac{n^3}{e^{2\pi n}-1} = \frac{1}{80}\left(\frac{\varpi}{\pi}\right)^4 - \frac{1}{240} = \frac{\Gamma\left(\frac{1}{4}\right)^8}{5120\pi^6} - \frac{1}{240}.$

[証明] (1)は, Kroneckerの極限公式(定理9.14)において$z=i$としたものを平方して得られる. ただし, 平方するときには, 正規積に関しては,

$c>0$ ならば
$$\prod_{n=1}^{\infty}(a_n^c) = \left(\prod_{n=1}^{\infty} a_n\right)^c$$
が成り立つ(定義からすぐわかる)ことを使う.

(2)には,第7章§7.5で示した Dedekind ζ の分解
$$\zeta_{\mathbb{Q}(\sqrt{-1})}(s) = \zeta(s)L(s),$$
$$L(s) = L(s,\chi_{-1}) = \sum_{n:\text{奇数}} (-1)^{\frac{n-1}{2}} n^{-s}$$
を用いる.第7章で見たように
$$\zeta_{\mathbb{Q}(\sqrt{-1})}(s) = \frac{1}{4} \sideset{}{'}\sum_{m,n=-\infty}^{\infty} (m^2+n^2)^{-s}$$
であるから
$$\sideset{}{'}\prod_{m,n=-\infty}^{\infty} (m^2+n^2) = \exp(-4\zeta'_{\mathbb{Q}(\sqrt{-1})}(0))$$
となる.そこで
$$\zeta'_{\mathbb{Q}(\sqrt{-1})}(0) = \zeta'(0)L(0) + \zeta(0)L'(0)$$
を計算する.第3章§3.3で
$$\zeta(0) = -\frac{1}{2}, \quad L(0) = \frac{1}{2}$$
はわかっていて,
$$\zeta'(0) = -\frac{1}{2}\log(2\pi)$$
は系9.13である.したがって,残っているのは $L'(0)$ の計算である.これは
$$L(s) = \sum_{m=0}^{\infty}(4m+1)^{-s} - \sum_{m=0}^{\infty}(4m+3)^{-s}$$
$$= 4^{-s}\sum_{m=0}^{\infty}\left(m+\frac{1}{4}\right)^{-s} - 4^{-s}\sum_{m=0}^{\infty}\left(m+\frac{3}{4}\right)^{-s}$$
$$= 4^{-s}\zeta\left(s,\frac{1}{4}\right) - 4^{-s}\zeta\left(s,\frac{3}{4}\right)$$
を用いて

$$L'(0) = \zeta'\left(0, \frac{1}{4}\right) - \zeta'\left(0, \frac{3}{4}\right) - \log 4 \left(\zeta\left(0, \frac{1}{4}\right) - \zeta\left(0, \frac{3}{4}\right)\right)$$

として，Lerch の公式(定理 9.12)を使えば(なお，$L(0) = \zeta\left(0, \frac{1}{4}\right) - \zeta\left(0, \frac{3}{4}\right)$
$= \frac{1}{2}$ である)

$$L'(0) = \log \frac{\Gamma\left(\frac{1}{4}\right)}{\sqrt{2\pi}} - \log \frac{\Gamma\left(\frac{3}{4}\right)}{\sqrt{2\pi}} - (\log 4)\frac{1}{2} = \log \frac{\Gamma\left(\frac{1}{4}\right)}{\Gamma\left(\frac{3}{4}\right)} - \log 2$$

となり，公式

$$\frac{1}{\Gamma(x)\Gamma(1-x)} = \frac{\sin \pi x}{\pi}$$

によって

$$L'(0) = \log \left(\Gamma\left(\frac{1}{4}\right)^2 \frac{\sin \frac{\pi}{4}}{\pi} \right) - \log 2 = \log \left(\Gamma\left(\frac{1}{4}\right)^2 2^{-\frac{3}{2}} \pi^{-1} \right)$$

とわかる．よって

$$\zeta'_{\mathbb{Q}(\sqrt{-1})}(0) = -\frac{1}{4} \log \left(\frac{\Gamma\left(\frac{1}{4}\right)^4}{4\pi} \right)$$

と求まる．したがって，(2)のガンマによる表示の部分が得られ，ϖ による表示もわかる．

(3)は，(1)と(2)からでる．(この式は Lerch によって 1897 年に発見され，Chowla-Selberg により 1950 年頃に再発見された．)

(4)は，$E_4(i) = 12\Delta(i)^{\frac{1}{3}}$ (§9.2(c), 系 9.6)からわかる．

(5)は，

$$\sum_{m,n=-\infty}^{\infty}{'} \frac{1}{(mi+n)^4} = 2\zeta(4)E_4(i) = \frac{\pi^4}{45} E_4(i)$$

から得られる． ■

第9章 保型形式とは

補足1 ここの等式を

$$\sum_{m,n=-\infty}^{\infty}{}' \frac{1}{(mi+n)^4} = \sum_{m,n=-\infty}^{\infty}{}' \frac{m^4+n^4-6m^2n^2}{(m^2+n^2)^4}$$

を中心にまとめると次のようになる：

$$\sum_{m,n=-\infty}^{\infty}{}' \frac{1}{(mi+n)^4} \underset{**}{=} \frac{\pi^4}{45}\left(1+240\sum_{n=1}^{\infty}\frac{n^3}{e^{2\pi n}-1}\right)$$

$$\underset{***}{=} \frac{4\pi^4}{15} e^{-\frac{2\pi}{3}} \prod_{n=1}^{\infty}(1-e^{-2\pi n})^8$$

$$\underset{****}{=} \frac{\Gamma\left(\frac{1}{4}\right)^8}{960\pi^2}$$

$$\underset{*}{=} \frac{1}{15}\varpi^4$$

となっている．ここで，*の数はむずかしさの度合いを示している．ふりかえっていただきたい．

補足2

$$\sum_{m,n=-\infty}^{\infty}{}' \frac{1}{(m+ni)^{4k}} \qquad (k=1,2,\cdots)$$

も $E_8=E_4^2$ などを使うと同様に求まる（演習問題 9.3 参照）が，Hurwitz(1899) は，楕円曲線 $y^2=4x^3-4x$ を用いた別の方法を展開した．かんたんに紹介しよう（同じ結果がいくつかの別ルートで導かれることは数論ではしばしばおこり，それらの等価性は深い事実を示唆する）．楕円曲線については第12章参照のこと．今考えるのは，楕円曲線の方程式

$$y^2 = 4x^3 - g_2 x - g_3$$

において $g_2=4, g_3=0$ の場合である．このとき $\wp$ 関数

$$\wp(u) = \frac{1}{u^2} + \sum_{m,n=-\infty}^{\infty}{}' \left\{\frac{1}{(u-(m+ni)\varpi)^2} - \frac{1}{((m+ni)\varpi)^2}\right\}$$

は微分方程式

$$\wp'(u)^2 = 4\wp(u)^3 - 4\wp(u)$$

をみたす．さらに $u=0$ のところで Laurent 展開すると

$$\wp(u) = \frac{1}{u^2} + \sum_{k=1}^{\infty}(4k-1)\left(\sum_{m,n=-\infty}^{\infty}{}' \frac{1}{((m+ni)\varpi)^{4k}}\right) u^{4k-2}$$

となる．よって
$$\sum_{m,n=-\infty}^{\infty} \frac{1}{(m+ni)^{4k}} = \frac{(2\varpi)^{4k}}{(4k)!} e_k$$
とおく(これは $\mathbb{Q}(\sqrt{-1})$ の L 関数の特殊値でもある)と，
$$\wp(u) = \frac{1}{u^2} + \sum_{k=1}^{\infty} \frac{2^{4k} e_k}{4k} \cdot \frac{u^{4k-2}}{(4k-2)!} = \frac{1}{u^2} + 2e_1 u^2 + \frac{2e_2}{45} u^6 + \cdots,$$
$$\wp''(u) = \frac{6}{u^4} + \sum_{k=1}^{\infty} \frac{2^{4k} e_k}{4k} \cdot \frac{u^{4k-4}}{(4k-4)!} = \frac{6}{u^4} + 4e_1 + \frac{4}{3} e_2 u^4 + \cdots$$
であるから，微分方程式
$$\wp''(u) = 6\wp(u)^2 - 2$$
を用いると漸化式
$$e_1 = \frac{1}{10},$$
$$(2k-3)(4k-1)(4k+1)e_k = 3 \sum_{l=1}^{k-1} (4l-1)(4k-4l-1) \binom{4k}{4l} e_l e_{k-l}$$
が得られる．これらは，たとえば
$$4e_1 = 24e_1 - 2, \quad \frac{4}{3} e_2 = 24e_1^2 + \frac{8}{15} e_2, \quad \cdots$$
からわかる．よって
$$e_1 = \frac{1}{10}, \quad e_2 = \frac{3}{10}, \quad e_3 = \frac{567}{130},$$
$$e_4 = \frac{43659}{170}, \quad e_5 = \frac{392931}{10}, \quad \cdots$$
と求まる．したがって
$$\sideset{}{'}\sum_{m,n=-\infty}^{\infty} \frac{1}{(m+ni)^4} = \frac{\varpi^4}{15}$$
などの値が求まる．e_k は Hurwitz 数と呼ばれており，Bernoulli 数 B_k と同じように深い数論的意味があることがわかっている(Coates–Wiles, 1977)．

補足3 ϖ(パイ)は，Gauss(1799)が算術幾何平均の研究から発見に至った量であり，保型形式論・楕円関数論のはじまりとなった記念すべきものである．歴史的意味から ϖ と算術幾何平均との関係を紹介しておこう．

正の数 $a \geq b$ が与えられたとき,数列 $\{a_n\}$, $\{b_n\}$ を $a_0 = a$, $b_0 = b$ と漸化式

$$\begin{cases} a_{n+1} = \dfrac{a_n + b_n}{2} & （算術平均）\\ b_{n+1} = \sqrt{a_n b_n} & （幾何平均）\end{cases}$$

によって定めると,$a_0 \geq a_1 \geq a_2 \geq \cdots \geq b_2 \geq b_1 \geq b_0$ と

$$|a_n - b_n| \leq \frac{a_0 - b_0}{2^n}$$

が成り立ち,$\lim_{n \to \infty} a_n = \lim_{n \to \infty} b_n$ であることがわかる.この極限値を**算術幾何平均**(arithmetico-geometric mean)といい,AGM(a, b) と書く.

Gauss の発見したことは

$$\mathrm{AGM}(\sqrt{2}, 1) = \frac{\pi}{\varpi}$$

という等式である.より一般に Gauss は AGM(a, b) の公式を得た.

定理 9.17(Gauss)

$$\mathrm{AGM}(a, b) = \frac{\dfrac{\pi}{2}}{\displaystyle\int_0^{\frac{\pi}{2}} \frac{d\theta}{\sqrt{a^2 \cos^2 \theta + b^2 \sin^2 \theta}}}.$$

[証明] 右辺の逆数を $F(a, b)$ とおく.$x = b \tan \theta$ とおきかえると,

$$F(a, b) = \frac{2}{\pi} \int_0^\infty \frac{dx}{\sqrt{(a^2 + x^2)(b^2 + x^2)}} = \frac{1}{\pi} \int_{-\infty}^\infty \frac{dx}{\sqrt{(a^2 + x^2)(b^2 + x^2)}}$$

となる.さらに $y = \dfrac{1}{2}\left(x - \dfrac{ab}{x}\right)$ とおきかえると

$$F(a, b) = \frac{1}{\pi} \int_{-\infty}^\infty \frac{dy}{\sqrt{\left(\left(\dfrac{a+b}{2}\right)^2 + y^2\right)(ab + y^2)}} = F\left(\frac{a+b}{2}, \sqrt{ab}\right)$$

がわかる.よって

$$F(a, b) = F(a_1, b_1) = F(a_2, b_2) = \cdots = F(a_n, b_n)$$

となる.したがって,AGM$(a, b) = \alpha$ とおくと

$$F(a, b) = \lim_{n \to \infty} F(a_n, b_n) = F(\alpha, \alpha)$$

$$= \frac{2}{\pi} \int_0^{\frac{\pi}{2}} \frac{d\theta}{\sqrt{\alpha^2 \cos^2\theta + \alpha^2 \sin^2\theta}} = \frac{1}{\alpha}$$

となり，$\mathrm{AGM}(a,b) = F(a,b)^{-1}$ がわかる． ∎

とくに

$$\mathrm{AGM}(\sqrt{2},1)^{-1} = \frac{2}{\pi} \int_0^{\frac{\pi}{2}} \frac{d\theta}{\sqrt{1+\cos^2\theta}} = \frac{2}{\pi} \int_0^1 \frac{du}{\sqrt{1-u^4}} \quad (u=\cos\theta)$$
$$= \frac{\varpi}{\pi}$$

となる．なお，$F(a,b) = F\left(\frac{a+b}{2}, \sqrt{ab}\right)$ という式は楕円関数の「加法公式」の一つである．

§9.6 $SL_2(\mathbb{Z})$ の保型形式

モジュラー群(modular group) $\Gamma = SL_2(\mathbb{Z})$ の基本的性質と保型形式についてまとめておこう．保型形式には正則なものと実解析的なものの二つがあり数論にとってどちらも大切である．

(a) $SL_2(\mathbb{Z})$ の基本的性質

定理 9.18

$$SL_2(\mathbb{Z}) = \left\langle \begin{pmatrix} 1 & 1 \\ 0 & 1 \end{pmatrix}, \begin{pmatrix} 0 & -1 \\ 1 & 0 \end{pmatrix} \right\rangle.$$

[証明] $\gamma = \begin{pmatrix} a & b \\ c & d \end{pmatrix} \in SL_2(\mathbb{Z})$ をとる．

(1) $c=0$ のとき：$a=d=\pm 1$ であり

$$\gamma = \begin{pmatrix} 1 & b \\ 0 & 1 \end{pmatrix} = \begin{pmatrix} 1 & 1 \\ 0 & 1 \end{pmatrix}^b,$$

$$\gamma = \begin{pmatrix} -1 & b \\ 0 & -1 \end{pmatrix} = \begin{pmatrix} 1 & -b \\ 0 & 1 \end{pmatrix} \begin{pmatrix} 0 & -1 \\ 1 & 0 \end{pmatrix}^2$$

$$= \begin{pmatrix} 1 & 1 \\ 0 & 1 \end{pmatrix}^{-b} \begin{pmatrix} 0 & -1 \\ 1 & 0 \end{pmatrix}^2$$

となりよい.

(2) $c \geq 1$ のとき: c についての帰納法を使う. $c=1$ なら

$$\gamma = \begin{pmatrix} a & ad-1 \\ 1 & d \end{pmatrix} = \begin{pmatrix} 1 & a \\ 0 & 1 \end{pmatrix}\begin{pmatrix} 0 & -1 \\ 1 & 0 \end{pmatrix}\begin{pmatrix} 1 & d \\ 0 & 1 \end{pmatrix}$$

$$= \begin{pmatrix} 1 & 1 \\ 0 & 1 \end{pmatrix}^a \begin{pmatrix} 0 & -1 \\ 1 & 0 \end{pmatrix}\begin{pmatrix} 1 & 1 \\ 0 & 1 \end{pmatrix}^d$$

と書ける.

$c \geq 2$ なら, $(c,d)=1$ より, $d=cq+r$, $1 \leq r \leq c-1$ と表せて

$$\gamma = \begin{pmatrix} a & b \\ c & d \end{pmatrix}\begin{pmatrix} 1 & 1 \\ 0 & 1 \end{pmatrix}^{-q}\begin{pmatrix} 0 & -1 \\ 1 & 0 \end{pmatrix}\begin{pmatrix} 0 & -1 \\ 1 & 0 \end{pmatrix}^{-1}\begin{pmatrix} 1 & 1 \\ 0 & 1 \end{pmatrix}^q$$

$$= \begin{pmatrix} a & b \\ c & d \end{pmatrix}\begin{pmatrix} 1 & -q \\ 0 & 1 \end{pmatrix}\begin{pmatrix} 0 & -1 \\ 1 & 0 \end{pmatrix}\begin{pmatrix} 0 & -1 \\ 1 & 0 \end{pmatrix}^{-1}\begin{pmatrix} 1 & 1 \\ 0 & 1 \end{pmatrix}^q$$

$$= \begin{pmatrix} -aq+b & -q \\ r & -c \end{pmatrix}\begin{pmatrix} 0 & -1 \\ 1 & 0 \end{pmatrix}^{-1}\begin{pmatrix} 1 & 1 \\ 0 & 1 \end{pmatrix}^q$$

となり帰納法の仮定から, $\gamma \in \left\langle \begin{pmatrix} 1 & 1 \\ 0 & 1 \end{pmatrix}, \begin{pmatrix} 0 & -1 \\ 1 & 0 \end{pmatrix} \right\rangle$ がわかる.

(3) $c \leq -1$ のとき: このときは

$$\gamma = \begin{pmatrix} -a & -b \\ -c & -d \end{pmatrix}\begin{pmatrix} 0 & -1 \\ 1 & 0 \end{pmatrix}^2$$

で $-c \geq 1$ だから(2)が使える. ∎

定理 9.19

$$D = \left\{ x+iy \,\middle|\, -\frac{1}{2} < x < \frac{1}{2},\ y > \sqrt{1-x^2} \right\}$$

$$\sqcup \left\{ -\frac{1}{2}+iy \,\middle|\, y > \frac{\sqrt{3}}{2} \right\} \sqcup \left\{ x+i\sqrt{1-x^2} \,\middle|\, -\frac{1}{2} \leq x \leq 0 \right\}$$

とおくと

$$SL_2(\mathbb{Z}) \backslash H = D.$$

[証明] $\gamma = \begin{pmatrix} a & b \\ c & d \end{pmatrix} \in \Gamma$ と $z \in H$ に対して, $\gamma z = \dfrac{az+b}{cz+d}$ とおく. 次の(1), (2) を証明すればよい.

(1) $z \in H$ に対して $\gamma z \in D$ となる $\gamma \in \Gamma$ が存在する.

(2) $z, \gamma z \in D$ ならば, $z = \gamma z$ である.（つまり, $z_1, z_2 \in D$ に対して $\gamma z_1 = z_2$ なら $z_1 = z_2$ である.）

(1)の証明: $z \in H$ を固定する. $\gamma = \begin{pmatrix} a & b \\ c & d \end{pmatrix}$ に対して
$$\mathrm{Im}(\gamma z) = \frac{\mathrm{Im}(z)}{|cz+d|^2}$$
であり
$$|cz+d|^2 = (cx+d)^2 + (cy)^2$$
であるから, ある $\gamma_1 \in \Gamma$ を $\mathrm{Im}(\gamma_1 z)$ が最大になるようにとれる. さらに, $\begin{pmatrix} 1 & 1 \\ 0 & 1 \end{pmatrix}^n \gamma_1 z$ の実部が $\left[-\frac{1}{2}, \frac{1}{2}\right)$ に入るように $n \in \mathbb{Z}$ がえらべる. すると,
$$\gamma = \begin{pmatrix} 1 & 1 \\ 0 & 1 \end{pmatrix}^n \gamma_1$$
が求める γ となる. それを示すには, $|\gamma z| \geq 1$ を言えばよいが, もし $|\gamma z| < 1$ なら
$$\mathrm{Im}\left(\begin{pmatrix} 0 & -1 \\ 1 & 0 \end{pmatrix} \gamma z\right) = \mathrm{Im}\left(-\frac{1}{\gamma z}\right) = \frac{\mathrm{Im}(\gamma z)}{|\gamma z|^2}$$
$$> \mathrm{Im}(\gamma z) = \mathrm{Im}(\gamma_1 z)$$
であって, γ_1 のとり方に矛盾する.

(2)の証明: $\mathrm{Im}(\gamma z) \geq \mathrm{Im}(z)$ としてよい（そうでなければ, $\gamma^{-1} z$ と z の組を考えることにする）. したがって, $\gamma = \begin{pmatrix} a & b \\ c & d \end{pmatrix}$ とすると $|cz+d| \leq 1$ となる. ところが, $x^2 + y^2 \geq 1$, $-\frac{1}{2} \leq x < \frac{1}{2}$ だから
$$|cz+d|^2 = c^2(x^2+y^2) + 2cdx + d^2$$
$$\geq c^2 - |cd| + d^2 = \left(|d| - \frac{|c|}{2}\right)^2 + \frac{3c^2}{4} \geq \frac{3c^2}{4}$$
より $c = 0, \pm 1$ となる.

(i) $c = 0$ のとき: このときは, $\gamma = \pm \begin{pmatrix} 1 & 1 \\ 0 & 1 \end{pmatrix}^n$ で $\gamma z = z + n$ だから, 実部をみれば $n = 0$ でなければならない. よって, $\gamma = \pm \begin{pmatrix} 1 & 0 \\ 0 & 1 \end{pmatrix}$ であり $\gamma z = z$.

(ii) $c=1$ のとき：このときは，$|z+d|\leq 1$ であるが，そうなる d と z は図9.1をみるとわかるように

$$\begin{cases} d=0 \text{ で,} \ |z|=1 \quad (\text{したがって,} \ -\frac{1}{2} \leq x \leq 0) \\ d \neq 0 \text{ なら } d=1 \text{ で,} \ z=\rho=\dfrac{-1+\sqrt{3}i}{2} \end{cases}$$

しかない．上の場合は $\gamma = \begin{pmatrix} a & -1 \\ 1 & 0 \end{pmatrix}$ であり

$$\gamma z = \frac{az-1}{z} = a - \frac{1}{z} = a - \bar{z}$$

が D に属するのは $z=i, a=0$ あるいは $z=\rho, a=-1$ のときのみ．そのとき $\gamma = \begin{pmatrix} 0 & -1 \\ 1 & 0 \end{pmatrix}$ で $z=i$，あるいは $\gamma = \begin{pmatrix} -1 & -1 \\ 1 & 0 \end{pmatrix}$ で $z=\rho$ となり $\gamma z = z$．下の場合は $\gamma = \begin{pmatrix} a & b \\ 1 & 1 \end{pmatrix}$ より $a-b=1$ であり

$$\gamma \rho = \frac{a\rho+b}{\rho+1} = -\rho(a\rho+b) = -a\rho^2 - b\rho$$
$$= a(\rho+1) - b\rho = (a-b)\rho + a$$
$$= \rho + a$$

が D に属するのは $a=0$ のみ．したがって，このとき $\gamma = \begin{pmatrix} 0 & -1 \\ 1 & 1 \end{pmatrix}$，$z=\rho$ で $\gamma z = z$．

(iii) $c=-1$ のとき：このときは，$-\gamma$ を考えれば(ii)に帰着する．■

(b) 正則保型形式

かんたんのため，$\gamma = \begin{pmatrix} a & b \\ c & d \end{pmatrix} \in \Gamma$ と $z \in H$ に対して，$j(\gamma, z) = cz+d$ とおく．

整数 $k \geq 0$ に対して，2つの $\mathbb{C}$ ベクトル空間を

§9.6　$SL_2(\mathbb{Z})$ の保型形式 —— 451

$$M_k(\Gamma) = \left\{ f: H \to \mathbb{C} \text{ 正則} \;\middle|\; \begin{array}{l} (1)\; f(\gamma z) = j(\gamma,z)^k f(z) \text{ がすべての } \gamma \in \Gamma \\ \text{に対して成り立つ.} \\ (2)\; \text{Fourier 展開 } f(z) = \sum_{n=0}^{\infty} a(n,f) q^n \text{ をもつ.} \end{array} \right\}$$

$\cup$

$$S_k(\Gamma) = \left\{ f: H \to \mathbb{C} \text{ 正則} \;\middle|\; \begin{array}{l} (1)\; f(\gamma z) = j(\gamma,z)^k f(z) \text{ がすべての } \gamma \in \Gamma \\ \text{に対して成り立つ.} \\ (2)\; \text{Fourier 展開 } f(z) = \sum_{n=1}^{\infty} a(n,f) q^n \text{ をもつ.} \end{array} \right\}$$

とおき, $M_k(\Gamma)$ の元を重さ k の**正則保型形式**(holomorphic modular form), $S_k(\Gamma)$ の元を重さ k の**正則カスプ形式**(holomorphic cusp form) という.「カスプ形式」とは, カスプ $i\infty$ で消える "$f(i\infty) = a(0,f) = 0$" ということを指している(「カスプ」は「尖点」とも書かれることがある). k が奇数のときは, $\gamma = \begin{pmatrix} -1 & 0 \\ 0 & -1 \end{pmatrix}$ を作用させると $f(z) = (-1)^k f(z) = -f(z)$ となり $f = 0$ がわかるので, 以下 $k \geq 0$ は偶数とする.

保型形式の変換公式の条件は, Γ の生成元 $\begin{pmatrix} 1 & 1 \\ 0 & 1 \end{pmatrix}$, $\begin{pmatrix} 0 & -1 \\ 1 & 0 \end{pmatrix}$ のみで十分なこと, つまり

$$\begin{cases} f(z+1) = f(z) \\ f\left(-\dfrac{1}{z}\right) = z^k f(z) \end{cases}$$

が成り立てばよいことがわかる. このうち $f(z+1) = f(z)$ は Fourier 展開の条件に含まれているので, 結局

$$M_k(\Gamma) = \left\{ f: H \to \mathbb{C} \;\middle|\; \begin{array}{l} (1)\; f\left(-\dfrac{1}{z}\right) = z^k f(z) \\ (2)\; f(z) = \sum_{n=0}^{\infty} a(n,f) q^n \end{array} \right\}$$

$\cup$

$$S_k(\Gamma) = \left\{ f: H \to \mathbb{C} \;\middle|\; \begin{array}{l} (1)\; f\left(-\dfrac{1}{z}\right) = z^k f(z) \\ (2)\; f(z) = \sum_{n=1}^{\infty} a(n,f) q^n \end{array} \right\}$$

となることがわかる.なお,生成元のみでよいことは,一般に $\gamma_1, \gamma_2 \in \Gamma$ が与えられたとき

$$\begin{cases} f(\gamma_1 z) = f(z) j(\gamma_1, z)^k \\ f(\gamma_2 z) = f(z) j(\gamma_2, z)^k \end{cases}$$

ならば

$$f((\gamma_1 \gamma_2) z) = f(z) j(\gamma_1 \gamma_2, z)^k$$

となることをみればよいが,これは具体的に計算してみると

$$\begin{cases} (\gamma_1 \gamma_2) z = \gamma_1(\gamma_2 z) \\ j(\gamma_1 \gamma_2, z) = j(\gamma_1, \gamma_2 z) j(\gamma_2, z) \end{cases}$$

となって確かめられる.

定理 9.20 $k \geq 0$ は偶数とする.

(1)
$$M_k(\Gamma) = \bigoplus_{\substack{4a+6b=k \\ a,b \geq 0}} \mathbb{C} E_4^a E_6^b.$$

(2) $k \geq 4$ に対して

$$M_k(\Gamma) = \mathbb{C} \cdot E_k \oplus S_k(\Gamma)$$

であり,$k \geq 12$ ならば

$$M_k(\Gamma) = \mathbb{C} \cdot E_k \oplus \Delta \cdot M_{k-12}(\Gamma).$$

(3)

$$\dim_{\mathbb{C}} M_k(\Gamma) = \begin{cases} \left[\dfrac{k}{12}\right] + 1 & k \not\equiv 2 \mod 12 \\ \left[\dfrac{k}{12}\right] & k \equiv 2 \mod 12. \end{cases}$$

[証明] かんたんのため $\Gamma = SL_2(\mathbb{Z})$ をはぶいて,M_k や S_k と書くことにする.次の(i)–(vi)の順序で証明する:

(i) $k < 12$ のとき,$S_k = 0$,

(ii) $k \geq 12$ のとき,$S_k = \Delta \cdot M_{k-12}$,

(iii) (2)が成り立つ,

(iv) $k<12$ のとき(1)が成り立つ,

(v) (3)が成り立つ,

(vi) (1)が成り立つ.

(i) $f \in S_k$ に対して, $F = \dfrac{f^{12}}{\Delta^k}$ を考える. すると, これは $\Gamma \backslash H \cup \{i\infty\}$ で正則で, $k<12$ だから $i\infty$ で 0. したがって, $F=0$. よって $f=0$.

(ii) $f \in S_k$ に対して, $h = \dfrac{f}{\Delta}$ を考えると $h \in M_{k-12}$ となる.

(iii) $k \geq 4$ のとき, $f \in M_k$ をとると $h = f - a(0,f)E_k \in S_k$. よって $f = a(0,f)E_k + h$, $h \in S_k$ と書ける. 直和であることは定数項をみるとわかる. (2)の後半は(ii)で済んでいる.

(iv) $M_0 = \mathbb{C}$, $M_2 = 0$, $M_4 = \mathbb{C}E_4$, $M_6 = \mathbb{C}E_6$, $M_8 = \mathbb{C}E_8 = \mathbb{C}E_4^2$, $M_{10} = \mathbb{C}E_{10} = \mathbb{C}E_4E_6$ を言おう. まず, $k=4,6,8,10$ のとき $f \in M_k$ とすると, $f - a(0,f)E_k \in S_k = 0$ だから $f = a(0,f)E_k$. さらに, $E_8 = E_4^2$, $E_{10} = E_4E_6$ はそれぞれ $E_8 - E_4^2 \in S_8 = 0$, $E_{10} - E_4E_6 \in S_{10} = 0$ からわかる. M_0 の元は $\Gamma \backslash H \cup \{i\infty\}$ で正則な関数であり定数のみ. $M_2 = 0$ を示そう. $f \in M_2$ をとる. そのとき $fE_4 \in M_6 = \mathbb{C}E_6$ だから $fE_4 = cE_6$. ここで $z = \rho = \dfrac{-1+\sqrt{3}i}{2}$ とおくと, $f(\rho)E_4(\rho) = c \cdot E_6(\rho)$ となるが, $E_4(\rho) = 0$, $E_6(\rho) \neq 0$ なので $c=0$. よって $f=0$ となる. ($E_k(\rho)$ の計算は $E_k(i)$ の計算と同様である; 演習問題 9.4 参照.)

(v) $k<12$ のとき, (3)は(iv)よりわかる. あとは(ii)((2)の後半)から, $k \geq 12$ のとき

$$\dim M_k = \dim M_{k-12} + 1$$

となるので, (3)が一般にわかる.

(vi) $\mathbb{C}E_4^a E_6^b$ たちの和が直和であることは, $c(a_i, b_i) \neq 0$ $(i=1,\cdots,r)$ によって

$$c(a_1,b_1)E_4^{a_1}E_6^{b_1} + \cdots + c(a_r,b_r)E_4^{a_r}E_6^{b_r} = 0,$$
$$a_1 > a_2 > \cdots > a_r$$

となったとすれば, $E_6^{b_1}$ で割った

$$c(a_1,b_1)E_4^{a_1} + c(a_2,b_2)E_4^{a_2}E_6^{b_2-b_1} + \cdots + c(a_r,b_r)E_4^{a_r}E_6^{b_r-b_1} = 0$$

に $z=i$ を代入すれば，$c(a_1,b_1)=0$ となり矛盾が生じることからわかる．また

$$M_k \subset \bigoplus_{\substack{4a+6b=k \\ a,b \geqq 0}} \mathbb{C} E_4^a E_6^b$$

は(2)の作り方と $\Delta = \dfrac{E_4^3 - E_6^2}{1728}$ であることを用いればわかる． ∎

注意 この証明をふりかえってみると

$$\sharp\left\{(a,b) \,\middle|\, \begin{matrix} a,b \geqq 0 \\ 4a+6b=k \end{matrix}\right\} = \begin{cases} \left[\dfrac{k}{12}\right]+1 & k \not\equiv 2 \mod 12 \\ \left[\dfrac{k}{12}\right] & k \equiv 2 \mod 12 \end{cases}$$

も導かれていることがわかる．

重さ k の保型形式に対しても Δ や E_k に関して述べたことが拡張できる．証明もほとんど変らない．要点を概観しよう．まず $m \geqq 1$ に対して，Mordell 作用素 $T(p)$ を拡張した **Hecke 作用素**(Hecke operator)

$$T_k(m) \colon M_k(\Gamma) \to M_k(\Gamma)$$

が

$$\begin{aligned}
(T_k(m)f)(z) &= m^{k-1} \sum_{ad=m} \sum_{b=0}^{d-1} d^{-k} f\left(\frac{az+b}{d}\right) \\
&= \sum_{n=0}^{\infty} \left(\sum_{d \mid (m,n)} d^{k-1} a\left(\frac{mn}{d^2}, f\right) \right) q^n \\
&= \sigma_{k-1}(m) a(0,f) + \sum_{n=1}^{\infty} \left(\sum_{d \mid (m,n)} d^{k-1} a\left(\frac{mn}{d^2}, f\right) \right) q^n
\end{aligned}$$

と定義される．

$$\mathbb{T}_k = \mathbb{C}[T_k(m) \mid m=1,2,\cdots] \subset \mathrm{End}_{\mathbb{C}}(M_k(\Gamma))$$

を **Hecke 環**という．関係式

$$T_k(m)T_k(n) = T_k(n)T_k(m) = \sum_{d \mid (m,n)} d^{k-1} T_k\left(\frac{mn}{d^2}\right)$$

から $\mathbb{T}_k$ は可換な $\mathbb{C}$ 代数である．（なお，Hecke 環には $S_k(\Gamma)$ への制限や局

§9.6 $SL_2(\mathbb{Z})$ の保型形式 —— 455

所的な類似などいろいろな意味のものがある.) $f \in M_k(\Gamma)$ が $T_k(m)$ ($m = 1, 2, \cdots$) の同時固有関数

$$T_k(m)f = \lambda(m, f)f$$

となっているとき

$$L(s, f) = \sum_{m=1}^{\infty} \lambda(m, f)m^{-s} = \prod_p (1 - \lambda(p, f)p^{-s} + p^{k-1-2s})^{-1}$$

が f の L 関数と呼ばれる. $f = E_k$ のときは $T_k(m)E_k = \sigma_{k-1}(m)E_k$ であり, $L(s, E_k) = \zeta(s)\zeta(s-k+1)$ となっている. f が零でないカスプ形式のときは, $a(m, f) = \lambda(m, f)a(1, f)$ となることを用いると, 積分表示

$$\widehat{L}(s, f) = (2\pi)^{-s}\Gamma(s)L(s, f)$$
$$= a(1, f)^{-1}\int_1^{\infty} f(iy)(y^s + (-1)^{\frac{k}{2}}y^{k-s})\frac{dy}{y}$$

が成り立ち, 全平面で正則なことと, $s \leftrightarrow k-s$ という関数等式

$$\widehat{L}(s, f) = (-1)^{\frac{k}{2}}\widehat{L}(k-s, f)$$

が得られる. カスプ形式の空間 $S_k(\Gamma)$ は **Petersson 内積**(Petersson inner product)

$$\langle f, g \rangle = \text{vol}(\Gamma \backslash H)^{-1}\int_{\Gamma \backslash H} f(z)\overline{g(z)}y^k \frac{dxdy}{y^2}$$

をもつ(§9.4(c)の Rankin–Selberg の方法に使われていたことを注意しよう). ここで

$$\text{vol}(\Gamma \backslash H) = \int_{\Gamma \backslash H} \frac{dxdy}{y^2}$$
$$= \int_{-\frac{1}{2}}^{\frac{1}{2}} \left(\int_{\sqrt{1-x^2}}^{\infty} \frac{dy}{y^2}\right)dx = \int_{-\frac{1}{2}}^{\frac{1}{2}} \frac{dx}{\sqrt{1-x^2}} = \frac{\pi}{3}.$$

この内積に関して $T_k(m)$ は Hermite 作用素になっている: $\langle T_k(m)f, g \rangle = \langle f, T_k(m)g \rangle$. したがって, $T_k(m)$ ($m = 1, 2, \cdots$) は互いに可換な Hermite 作用素であり, 同時固有関数からなる基底をもつ. また $T_k(m)$ の固有値は実数であるが, $S_k(\Gamma)(M_k(\Gamma))$ の整数基底 $E_4^a E_6^b \Delta^c$ (ただし, $k \equiv 0 \mod 4$ なら

$b=0$, $k \equiv 2 \mod 4$ なら $b=1$) がとれることから，その固有値は総実な代数的整数となる．

また，Hecke の逆定理 (§9.3(b), 定理 9.8) は次の形に一般化される．

定理 9.21 (Hecke) $k>0$ を偶数とする．複素数列 $a = (a(1), a(2), a(3), \cdots)$ に対して

$$f_a(z) = \sum_{n=1}^{\infty} a(n) q^n,$$

$$L(s, a) = \sum_{n=1}^{\infty} a(n) n^{-s},$$

$$\widehat{L}(s, a) = (2\pi)^{-s} \Gamma(s) L(s, a)$$

とおく．このとき次の (A) と (B) は同値である：

(A) $f_a \in S_k(\Gamma)$.

(B) (1) ある $\gamma > 0$ に対して， $a(n) = O(n^\gamma)$.

(2) $\widehat{L}(s, a)$ は全 s 平面で正則で， $\widehat{L}(k-s, a) = (-1)^{\frac{k}{2}} \widehat{L}(s, a)$.

(3) $\widehat{L}(s, a)$ は各垂直領域で有界．

[証明] 定理 9.8 の証明で 12 とあるところを k にすればよい．(なお，$f \in S_k(\Gamma)$ に対しては，$a(n, f) = O(n^{\frac{k}{2}})$ という評価ができる．) ∎

(c) 実解析的保型形式

$\Gamma = SL_2(\mathbb{Z})$ の保型形式には実解析的な Maass の**波動形式** (wave form) と言われるものがある．これは Maass(1949) が構成した理論である．波動形式の空間は，複素数 r に対して

$$W_r(\Gamma) = \left\{ f : H \to \mathbb{C} \text{ 実解析的} \left| \begin{array}{l} (1) \; f(\gamma z) = f(z) \text{ がすべての } \gamma \in \Gamma \\ \quad \text{に対して成り立つ．} \\ (2) \; \Delta_\Gamma f = \left(\dfrac{1}{4} + r^2 \right) f \\ (3) \; f(z) = O(y^c) \text{ が } y \to +\infty \text{ に対} \\ \quad \text{して成り立つ} (c \text{ は定数}). \end{array} \right. \right\}$$

と定義される．ここで，

$$\Delta_\Gamma = -y^2\left(\frac{\partial^2}{\partial x^2} + \frac{\partial^2}{\partial y^2}\right)$$

は Laplace 作用素である.（正則保型形式のときには，Cauchy-Riemann 方程式という微分方程式があると考えるとわかりやすい.）

このとき，(1)の $f(z+1)=f(z)$ と(3)の条件より Fourier 展開

$$f(z) = \sum_{m=-\infty}^{\infty} a(m,y) e^{2\pi i m x}$$

ができ，(2)の微分方程式を解くと，$a(m,y)$ の形が求まり

$$W_r(\Gamma) = \left\{ f: H \to \mathbb{C} \,\middle|\, \begin{array}{l} (1)\ f\left(-\dfrac{1}{z}\right) = f(z) \\ (2)\ f(z) = a y^{\frac{1}{2}+ir} + b y^{\frac{1}{2}-ir} \\ \qquad\qquad + \sum_{m=-\infty}^{\infty}{}' a(m)\sqrt{y} K_{ir}(2\pi|m|y) e^{2\pi i m x} \end{array} \right\}$$

となる. ただし, $r=0$ のときは(2)を

$$f(z) = a y^{\frac{1}{2}} + b y^{\frac{1}{2}} \log y + \sum_{m=-\infty}^{\infty}{}' a(m)\sqrt{y} K_0(2\pi|m|y) e^{2\pi i m x}$$

とする.（実際には，$SL_2(\mathbb{Z})$ のときは $r=0$ は起きないが，合同部分群では重要なところである.）$W_r(\Gamma)$ の中のカスプ形式から成る部分空間は

$$W_r^0(\Gamma) = \left\{ f: H \to \mathbb{C} \,\middle|\, \begin{array}{l} (1)\ f\left(-\dfrac{1}{z}\right) = f(z) \\ (2)\ f(z) = \sum_{m=-\infty}^{\infty}{}' a(m)\sqrt{y} K_{ir}(2\pi|m|y) e^{2\pi i m x} \end{array} \right\}$$

である. たとえば, $E\left(\dfrac{1}{2}+ir, z\right)$ は $W_r(\Gamma)$ の元である. また, $W_r^0(\Gamma) \neq 0$ となる $r \in \mathbb{C}$ ——それは $\dfrac{1}{4}+r^2$ が Laplace 作用素の固有値になるということに他ならない——はすべて純虚数で可算無限個あることはわかっている. さらに, Hecke 作用素 $T(n): W_r(\Gamma) \to W_r(\Gamma)$ が

$$(T(n)f)(z) = \frac{1}{\sqrt{n}} \sum_{ad=n} \sum_{b=0}^{d-1} f\left(\frac{az+b}{d}\right)$$

として定まり, **Petersson 内積**

$$\langle f, g \rangle = \int_{\Gamma \backslash H} f(z)\overline{g(z)} \frac{dxdy}{y^2}$$

に関して Hermite 作用素になっていて,それらの同時固有関数 f に対して,L 関数 $L(s, f)$ はよい解析的性質をもち,逆定理も成り立つ.たとえば,$L\left(s, E\left(\frac{1}{2} + ir, \cdot\right)\right) = \zeta(s+ir)\zeta(s-ir)$ である.これらはすべて Maass の結果である.なお,Ramanujan 予想の類似は成立するものと予想されているが,代数幾何学的手法が使えず,証明されていない.

§9.7 古典的保型形式

(a) 合同部分群の場合

$SL_2(\mathbb{Z})$ の部分群

$$\Gamma(N) = \left\{ \begin{pmatrix} a & b \\ c & d \end{pmatrix} \in SL_2(\mathbb{Z}) \middle| \begin{pmatrix} a & b \\ c & d \end{pmatrix} \equiv \begin{pmatrix} 1 & 0 \\ 0 & 1 \end{pmatrix} \mod N \right\}$$

をレベル N の主合同部分群という(合同は成分ごとに考える).$\Gamma(1) = SL_2(\mathbb{Z})$ であり,$\Gamma(N)$ は $SL_2(\mathbb{Z})$ の指数有限な正規部分群である.

一般に

$$SL_2(\mathbb{Z}) \supset \Gamma \supset \Gamma(N)$$

となる群 Γ を**合同部分群**(congruence subgroup)と呼ぶ.それらも有限生成の群である.$SL_2(\mathbb{Z}), \Gamma(N)$ の他に

$$\Gamma_0(N) = \left\{ \begin{pmatrix} a & b \\ c & d \end{pmatrix} \in SL_2(\mathbb{Z}) \middle| \begin{pmatrix} a & b \\ c & d \end{pmatrix} \equiv \begin{pmatrix} * & * \\ 0 & * \end{pmatrix} \mod N \right\} \supset \Gamma(N)$$

がよく使われる.このような合同部分群に対しても§9.6 に対応する保型形式の理論(正則なものも,実解析的なものも)があり,Hecke 作用素や L 関数が考えられる.ただし,Fourier 展開は $i\infty$ だけでなくカスプと呼ばれる $\Gamma \backslash (\mathbb{Q} \cup \{i\infty\})$ のすべての点(有限個)における展開を扱うことになる.なお,$SL_2(\mathbb{Z}) \backslash (\mathbb{Q} \cup \{i\infty\}) = \{i\infty\}$ であり,$SL_2(\mathbb{Z})$ のときのカスプは $i\infty$ のみである.Hecke 作用素や L 関数の因子は $p|N$ となる素数 p("悪い素数"と呼ばれる)に対して様子が変わる(Euler 積が 1 次以下の式に退化することがある)

が，他は $SL_2(\mathbb{Z})$ とほとんど同様である．

ここでは，ページ数の関係もあり，それらの理論を紹介するかわりに合同部分群の保型形式の例として典型的な ϑ(テータ)級数と，その応用として現れる Jacobi の四平方数定理とを見ることにしたい．

一般に自然数 k に対して
$$r_k(n) = \sharp\{(n_1, \cdots, n_k) \in \mathbb{Z}^k \mid n_1^2 + \cdots + n_k^2 = n\}$$
とおく．これは，n を k 個の平方数の和としてあらわす方法の総数（符号も付けている）であり，ϑ 級数
$$\vartheta(z) = \sum_{n=-\infty}^{\infty} e^{\pi i n^2 z} = \sum_{n=-\infty}^{\infty} q^{n^2/2} \qquad (q = e^{2\pi i z})$$
を用いると
$$\vartheta(z)^k = \left(\sum_{n=-\infty}^{\infty} q^{n^2/2}\right)^k$$
$$= \left(\sum_{n_1=-\infty}^{\infty} q^{n_1^2/2}\right) \cdot \cdots \cdot \left(\sum_{n_k=-\infty}^{\infty} q^{n_k^2/2}\right)$$
$$= \sum_{n_1, \cdots, n_k = -\infty}^{\infty} q^{(n_1^2 + \cdots + n_k^2)/2}$$
$$= \sum_{n=0}^{\infty} r_k(n) q^{n^2/2}$$
となるから，$r_k(n)$ を求める問題は重さ $\dfrac{k}{2}$ の保型形式 $\vartheta(z)^k$（レベル 2）を表示する問題になっている．

$k=2$ の場合は，§7.6 の Dedekind ζ の計算
$$\zeta_{\mathbb{Q}(\sqrt{-1})}(s) = \zeta(s) L(s, \chi_{-1})$$
から
$$r_2(n) = 4 \sum_{\substack{d \mid n \\ d\text{ は奇数}}} \chi_{-1}(d) = 4 \sum_{\substack{d \mid n \\ d\text{ は奇数}}} (-1)^{\frac{d-1}{2}}$$
とわかっている．この関係式は

$(*) \qquad \vartheta(z)^2 = \left(\sum_{n=-\infty}^{\infty} q^{n^2/2}\right)^2 = 1 + 4 \sum_{m=1}^{\infty} (-1)^{m-1} \dfrac{q^{(2m-1)/2}}{1 - q^{(2m-1)/2}}$

と書けることに注意しよう. これは「ϑ 級数=Eisenstein 級数」という等式である. (Eisenstein 級数は§9.1(c)でみたように Lambert 級数で書くとわかりやすい.) 実際,

$$\left(\sum_{n=-\infty}^{\infty} q^{n^2/2}\right)^2 = 1 + \sum_{n=1}^{\infty} r_2(n) q^{n/2}$$

$$= 1 + 4 \sum_{n=1}^{\infty} \left(\sum_{\substack{d|n \\ d \text{ は奇数}}} (-1)^{\frac{d-1}{2}}\right) q^{n/2}$$

$$= 1 + 4 \sum_{m=1}^{\infty} (-1)^{m-1} \sum_{n=1}^{\infty} q^{(2m-1)n/2}$$

$$= 1 + 4 \sum_{m=1}^{\infty} (-1)^{m-1} \frac{q^{(2m-1)/2}}{1-q^{(2m-1)/2}}$$

となる.

定理 9.22(Jacobi)

(1) $n \geqq 1$ に対して,

$$r_4(n) = 8 \sum_{\substack{d|n \\ d \not\equiv 0 \bmod 4}} d.$$

とくに $r_4(n) \geqq 8$.

(2)
$$\vartheta(z)^4 = \left(\sum_{n=-\infty}^{\infty} q^{n^2/2}\right)^4 = 1 + 8 \sum_{4 \nmid n} \frac{n q^{n/2}}{1-q^{n/2}}$$

$$= 1 + 8 \sum_{n=1}^{\infty} \frac{n q^{n/2}}{1-q^{n/2}} - 8 \sum_{n=1}^{\infty} \frac{4n q^{2n}}{1-q^{2n}}.$$

[証明] (2)$\Longrightarrow$(1)は

$$1 + 8 \sum_{4 \nmid d} \frac{d q^{d/2}}{1-q^{d/2}} = 1 + 8 \sum_{4 \nmid d} \sum_{m=1}^{\infty} d q^{dm/2} = 1 + 8 \sum_{n=1}^{\infty} \left(\sum_{\substack{d|n \\ 4 \nmid d}} d\right) q^{n/2}$$

からわかる. (2)の証明法としては, 両辺とも重さ2の保型形式であることを見て同一性を示す方法がある. たとえば

$$F(z) = \frac{\vartheta(z)^4 - \left(1 + 8\sum_{4\nmid n} \dfrac{nq^{n/2}}{1-q^{n/2}}\right)}{\eta(z)^4}$$

に対して $|F(z)|$ が

$$\Gamma = \left\langle \begin{pmatrix} 1 & 2 \\ 0 & 1 \end{pmatrix}, \begin{pmatrix} 0 & -1 \\ 1 & 0 \end{pmatrix} \right\rangle \subset SL_2(\mathbb{Z})$$

に関して不変であること，すべてのカスプ(今の場合3個)で0になることを言えばよいが，ここではやらない．以下にはRamanujan(1916)によって考えられた"初等的"な方法を紹介する(得られる等式は楕円関数論に属するものである)．先に$(*)$を見たので，

$$(**) \qquad \left(1 + 4\sum_{m=1}^{\infty} (-1)^{m-1} \frac{q^{(2m-1)/2}}{1-q^{(2m-1)/2}}\right)^2 = 1 + 8\sum_{4\nmid n} \frac{nq^{n/2}}{1-q^{n/2}}$$

を示せばよい．かんたんのため

$$u_r = \frac{q^{r/2}}{1-q^{r/2}}$$

とおき，実数 θ に対して

$$S(\theta) = \frac{1}{4}\cot\frac{\theta}{2} + u_1\sin\theta + u_2\sin 2\theta + \cdots,$$
$$T_1(\theta) = \left(\frac{1}{4}\cot\frac{\theta}{2}\right)^2 + u_1(1+u_1)\cos\theta + u_2(1+u_2)\cos 2\theta + \cdots,$$
$$T_2(\theta) = \frac{1}{2}\{u_1(1-\cos\theta) + 2u_2(1-\cos 2\theta) + 3u_3(1-\cos 3\theta) + \cdots\}$$

を考える．このとき，次が成り立つ．

$$(***) \qquad S(\theta)^2 = T_1(\theta) + T_2(\theta).$$

証明は後にまわし，$(***)$で，$\theta = \dfrac{\pi}{2}$ とおくと，$(**)$が得られることを先に見ておこう：

$$S\left(\frac{\pi}{2}\right) = \frac{1}{4} + u_1 - u_3 + u_5 - u_7 + \cdots,$$
$$T_1\left(\frac{\pi}{2}\right) = \frac{1}{16} + \sum_{m=1}^{\infty}(-1)^m u_{2m}(1+u_{2m})$$

$$= \frac{1}{16} + \sum_{m=1}^{\infty} (-1)^m \frac{q^m}{(1-q^m)^2}$$

$$= \frac{1}{16} + \sum_{m=1}^{\infty} (-1)^m \sum_{n=1}^{\infty} nq^{mn}$$

$$= \frac{1}{16} - \sum_{n=1}^{\infty} \frac{nq^n}{1+q^n}$$

$$= \frac{1}{16} - \sum_{n=1}^{\infty} \left(\frac{nq^n}{1-q^n} - \frac{2nq^{2n}}{1-q^{2n}} \right)$$

$$= \frac{1}{16} - \sum_{n:奇数} nu_{2n},$$

$$T_2\left(\frac{\pi}{2}\right) = \frac{1}{2}(u_1 + 3u_3 + 5u_5 + \cdots) + 2(1 \cdot u_2 + 3 \cdot u_6 + 5 \cdot u_{10} + \cdots)$$

であるから(**)が得られる.

(***)を証明しよう.

$$S(\theta)^2 = \left(\frac{1}{4}\cot\frac{\theta}{2}\right)^2 + \frac{1}{2}\cot\frac{\theta}{2}\sum_{m=1}^{\infty} u_m \sin m\theta + \left(\sum_{m=1}^{\infty} u_m \sin m\theta\right)^2$$

$$= \left(\frac{1}{4}\cot\frac{\theta}{2}\right)^2 + S_1(\theta) + S_2(\theta)$$

とおく. ここで,

$$S_1(\theta) = \frac{1}{2}\cot\frac{\theta}{2}\sum_{m=1}^{\infty} u_m \sin m\theta$$

は三角関数の積を和に直す公式により

$$\cot\frac{\theta}{2}\sin m\theta = 1 + 2\cos\theta + 2\cos 2\theta + \cdots + 2\cos(m-1)\theta + \cos m\theta$$

となるから

$$S_1(\theta) = \sum_{m=1}^{\infty} \left\{ \frac{1}{2} + \cos\theta + \cos 2\theta + \cdots + \cos(m-1)\theta + \frac{1}{2}\cos m\theta \right\} u_m$$

と書け,

$$S_2(\theta) = \sum_{m,n=1}^{\infty} u_m u_n \sin m\theta \sin n\theta$$

$$= \frac{1}{2} \sum_{m,n=1}^{\infty} u_m u_n \{\cos(m-n)\theta - \cos(m+n)\theta\}$$

となる．そこで

$$S_1(\theta) + S_2(\theta) = \sum_{k=0}^{\infty} C_k \cos k\theta$$

とまとめると，

$$C_0 = \left(\frac{1}{2}\sum_{m=1}^{\infty} u_m\right) + \left(\frac{1}{2}\sum_{m=1}^{\infty} u_m^2\right) = \frac{1}{2}\sum_{m=1}^{\infty} u_m(1+u_m)$$
$$= \frac{1}{2}\sum_{m=1}^{\infty} \frac{q^{m/2}}{(1-q^{m/2})^2} = \frac{1}{2}\sum_{m,n=1}^{\infty} nq^{mn/2}$$
$$= \frac{1}{2}\sum_{n=1}^{\infty} \frac{nq^{n/2}}{1-q^{n/2}} = \frac{1}{2}\sum_{n=1}^{\infty} nu_n$$

となる．$k \geq 1$ に対しては

$$C_k = \left(\frac{1}{2}u_k + \sum_{m=k+1}^{\infty} u_m\right)$$
$$+ \left(\frac{1}{2}\sum_{m-n=k} u_m u_n + \frac{1}{2}\sum_{n-m=k} u_m u_n - \frac{1}{2}\sum_{m+n=k} u_m u_n\right)$$
$$= \frac{1}{2}u_k + \sum_{l=1}^{\infty} u_{k+l} + \sum_{l=1}^{\infty} u_l u_{k+l} - \frac{1}{2}\sum_{l=1}^{k-1} u_l u_{k-l}$$

となるが

$$u_{k+l} + u_l u_{k+l} = u_{k+l}(1+u_l) = u_k(u_l - u_{k+l}),$$
$$u_k u_{k-l} = u_k(1 + u_l + u_{k-l})$$

を用いると

$$C_k = u_k\left\{\frac{1}{2} + \sum_{l=1}^{\infty}(u_l - u_{k+l}) - \frac{1}{2}\sum_{l=1}^{k-1}(1 + u_l + u_{k-l})\right\}$$
$$= u_k\left\{\frac{1}{2} + u_1 + \cdots + u_k - \frac{1}{2}(k-1) - (u_1 + u_2 + \cdots + u_{k-1})\right\}$$
$$= u_k\left(1 + u_k - \frac{k}{2}\right)$$

となる．したがって，

$$S(\theta)^2 = \left(\frac{1}{4}\cot\frac{\theta}{2}\right)^2 + \frac{1}{2}\sum_{n=1}^{\infty}nu_n + \sum_{k=1}^{\infty}u_k\left(1+u_k-\frac{k}{2}\right)\cos k\theta$$

$$= \left(\frac{1}{4}\cot\frac{\theta}{2}\right)^2 + \sum_{m=1}^{\infty}u_m(1+u_m)\cos m\theta + \frac{1}{2}\sum_{m=1}^{\infty}mu_m(1-\cos m\theta)$$

$$= T_1(\theta) + T_2(\theta)$$

が成り立つ. これで証明が終った. ∎

(b) Siegel 保型形式

多変数の保型形式の代表的な例として **Siegel 保型形式**(Siegel modular form)を紹介しよう. 自然数 $n \geq 1$ に対して, n 次の **Siegel モジュラー群** (Siegel modular group)

$$\Gamma_n = Sp_n(\mathbb{Z})$$
$$= \left\{ \begin{pmatrix} A & B \\ C & D \end{pmatrix} \in M_{2n}(\mathbb{Z}) \ \middle|\ \begin{array}{l} {}^tAC = {}^tCA,\ {}^tBD = {}^tDB, \\ {}^tAD - {}^tCB = I_n \end{array} \right\}$$

は有限生成群であって, n 次の **Siegel 上半空間**(Siegel upper half space)(複素 $\dfrac{n(n+1)}{2}$ 次元空間)

$$H_n = \{Z \in M_n(\mathbb{C}) \mid {}^tZ = Z,\ \mathrm{Im}\, Z \text{ は正定値}\}$$

に

$$\begin{array}{ccc} H_n & \longrightarrow & H_n \\ \cup\!\!\!| & & \cup\!\!\!| \\ Z & \longmapsto & (AZ+B)(CZ+D)^{-1} \end{array}$$

によって作用している(ただし, $\mathrm{Im}\, Z$ は Z の虚数部分を表す). $n=1$ のときは $\Gamma_1 = SL_2(\mathbb{Z})$, $H_1 = H$ という通常の場合になっている. なお, Γ_n の条件は

$$J_n = \begin{pmatrix} 0 & -I_n \\ I_n & 0 \end{pmatrix}$$

とおくと

$$\Gamma_n = \{M \in M_{2n}(\mathbb{Z}) \mid {}^tMJ_nM = J_n\} \subset SL_{2n}(\mathbb{Z})$$

と書けている. また, 一般の環 R に対して

$$Sp_n(R) = \{M \in M_{2n}(R) \mid {}^t M J_n M = J_n\}$$

である.

重さ k の正則保型形式の空間は, $n \geq 2$ に対しては

$$M_k(\Gamma_n)$$
$$= \left\{ f: H_n \to \mathbb{C} \text{ 正則} \;\middle|\; \begin{array}{l} f((AZ+B)(CZ+D)^{-1}) = \det(CZ+D)^k f(Z) \\ \text{がすべての} \begin{pmatrix} A & B \\ C & D \end{pmatrix} \in \Gamma_n \text{ に対して成り立つ.} \end{array} \right\}$$

である. $n \geq 2$ のときはカスプ "$i\infty$" における正則性の条件が自動的に出てしまう, という "Koecher 原理" が成り立っている. 保型性の条件は Γ_n の有限個の生成元に対する条件になっている. また, カスプ形式からなる部分空間は ($n \geq 2$ に対して)

$$S_k(\Gamma_n) = \mathrm{Ker}(\Phi: M_k(\Gamma_n) \to M_k(\Gamma_{n-1})),$$

$$(\Phi f)(Z') = \lim_{t \to +\infty} f \begin{pmatrix} Z' & \begin{matrix} 0 \\ \vdots \\ 0 \end{matrix} \\ 0 \cdots 0 & it \end{pmatrix}$$

と定義される ($M_k(\Gamma_0) = \mathbb{C}$ とみなせば $n = 1$ の場合も成り立っている). これらの $M_k(\Gamma_n)$, $S_k(\Gamma_n)$ はどちらも有限次元ベクトル空間である.

ここでも Hecke 作用素 $T(m)$ の理論が Maass(1951) によって構成されていて, 固有関数になっている $f \in M_k(\Gamma_n)$ に対する基本的な L 関数

$$L(s, f) = \prod_p H_p(p^{-s}, f)^{-1}$$

は

$$H_p(u, f) = 1 - \lambda(p, f) u + \cdots + p^{2^{n-1}\left(nk - \frac{n(n+1)}{2}\right)} u^{2^n}$$

という 2^n 次の Euler 積になる. ここで, $\lambda(m, f)$ は $T(m)$ の固有値を示している: $T(m)f = \lambda(m, f)f$.

一般に「$L(s, f)$ は全平面で有理型で $s \leftrightarrow n\left(k - \frac{n+1}{2}\right) + 1 - s$ という関数等式をもつだろう」と予想されている. これは, f がカスプ形式でないときには

$$L(s,f) = L(s,\Phi f)L(s-k+n,\Phi f)$$

という関係式により次数 $n-1$ の元 $\Phi f \in M_k(\Gamma_{n-1})$ に帰着するので，カスプ形式のときを考えればよい．$n=1$ のときは $L(s,f)$ は §9.6 の L 関数であり，わかっている．$n=2$ のときは Andrianov(1974)により(ほぼ)解決している．$n \geq 3$ では，f がカスプ形式のとき $L(s,f)$ の解析性は証明できていない．

次数2の場合を見てみよう．このときは

$$H_p(u,f) = 1 - \lambda(p,f)u + (\lambda(p,f)^2 - \lambda(p^2,f) - p^{2k-4})u^2$$
$$-p^{2k-3}\lambda(p,f)u^3 + p^{4k-6}u^4$$

であり，$L(s,f)$ は全 s 平面に有理型に解析接続され，関数等式

$$\widehat{L}(s,f) = (-1)^k \widehat{L}(2k-2-s,f)$$

をもつ．ただし，

$$\widehat{L}(s,f) = \Gamma_{\mathbb{C}}(s)\Gamma_{\mathbb{C}}(s-k+2)L(s,f).$$

証明には，$\widehat{L}(s,f)$ が f を H_2 の実3次元の部分空間$(SL_2(\mathbb{C})/SU(2)$ に同型)へ制限したものの積分変換となっていることを用いる．なお，$f \in S_k(\Gamma_2)$ に対しては

「$L(s,f)$ は正則であって，Ramanujan 予想の類似物

"$H_p(u,f) = (1-\alpha u)(1-\beta u)(1-\gamma u)(1-\delta u)$ としたとき

$$|\alpha| = |\beta| = |\gamma| = |\delta| = p^{k-\frac{3}{2}}$$ "

をみたすだろう」

と予想されていたが，これには反例があることがわかっている．たとえば，$S_{10}(\Gamma_2)$ は1次元であり，その元 χ_{10} に対しては

$$L(s,\chi_{10}) = \zeta(s-8)\zeta(s-9)L(s,\Delta E_6)$$

となっている．ここで，ΔE_6 は $S_{18}(\Gamma_1)$ (1次元)の元である．したがって，$L(s,\chi_{10})$ は $s=10$ に1位の極をもってしまい，さらに

$$H_p(u,\chi_{10}) = (1-p^8 u)(1-p^9 u)(1-\gamma u)(1-\delta u)$$

となってしまって(ΔE_6 は Ramanujan 予想をみたすので，$|\gamma| = |\delta| = p^{\frac{17}{2}}$ となっている)，Ramanujan 予想の類似もみたさない．このような"例外"は

$\Gamma_1 = SL_2(\mathbb{Z})$ に関する重さ $2k-2$ の保型形式に由来する(今の場合の χ_{10} は ΔE_6 に由来している)ことがわかっている．$n=2$ のときは Ramanujan の合同式

$$\lambda(m, \Delta) \equiv \lambda(m, E_{12}) \mod 691$$

の類似も知られている．

たとえば，重さ 10 のカスプ形式 χ_{10} と Eisenstein 級数 φ_{10} との合同式

$$\lambda(m, \chi_{10}) \equiv \lambda(m, \varphi_{10}) \mod 43867$$

や，重さ 20 の(3 番目の)カスプ形式 $\chi_{20}^{(3)}$ と Eisenstein 級数 $[\Delta E_8]$ (これは $\Delta E_8 \in S_{20}(\Gamma_1)$ から構成される Eisenstein 級数)との合同式

$$\lambda(m, \chi_{20}^{(3)}) \equiv \lambda(m, [\Delta E_8]) \mod 71^2$$

などがある．ただし，前者は Γ_1 の重さ 18 の保型形式間の合同式

$$\lambda(m, \Delta E_6) \equiv \lambda(m, E_{18}) \mod 43867$$

からきている(43867 は Bernoulli 数 B_{18} の分子——つまり $\zeta(18)$ の代数的部分の"分子"——にあらわれていることが本質的である)．また，後者の合同式は，Ramanujan の合同式の 691 の起源が $\zeta(12)$ の代数的部分の分子(B_{12} の分子)にあったこと(§10.3(e)参照)と同様に，71^2 が $L(38, \mathrm{Sym}^2(\Delta E_8))$ の代数的部分の分子にあらわれているということが背景にある．このように，保型形式の間の合同と ζ の特殊値とは深く関連している．

一般の次数 $n \geq 3$ に対しては，L 関数の性質は保型形式・保型表現(の関手性)についての Langlands 予想の一環であるが，状況はよくわかっていない．Siegel 保型形式の場合にも実解析的な保型形式とその L 関数の理論が研究されている．

《要 約》

9.1 保型形式の保型性は強い条件であり，保型形式は美しい性質をもっている．正則な保型形式間には代数的な関係式が存在する場合が多い．

9.2 保型形式から ζ が構成され，関数等式をもつ．その関数等式は保型性の言い換えであり，ある種の関数等式からは逆に保型性が導かれる．したがって，

保型形式と ζ 間に "1 対 1 対応" が存在する.

9.3 保型形式のうち Eisenstein 級数や Ramanujan の Δ はとくに基本的であり,付随してさまざまの興味深い等式が得られる.

9.4 保型形式には正則なものの他に実解析的なものがある.とくに実解析的 Eisenstein 級数は Kronecker の極限公式など広い応用をもつ.

──────── 演習問題 ────────

9.1 次の等式を証明せよ.ただし,$n \geq 1$ は整数.
(1) $\sigma_7(n) = \sigma_3(n) + 120 \sum_{m=1}^{n-1} \sigma_3(m)\sigma_3(n-m)$.
(2) $11\sigma_9(n) = 21\sigma_5(n) - 10\sigma_3(n) + 5040 \sum_{m=1}^{n-1} \sigma_3(m)\sigma_5(n-m)$.
(3) $36\tau(n) = 5\sigma_3(n) + 10\sigma_7(n) + 21\sigma_5(n)$
$\qquad + 2400 \sum_{m=1}^{n-1} \sigma_3(m)\sigma_7(n-m) - 5292 \sum_{m=1}^{n-1} \sigma_5(m)\sigma_5(n-m)$.

9.2 $k \geq 6$ が $k \equiv 2 \bmod 4$ をみたすとき
$$\sum_{n=1}^{\infty} \frac{n^{k-1}}{e^{2\pi n} - 1}$$
を求めよ.

9.3 次の等式を証明せよ.ただし
$$\varpi = 2\int_0^1 \frac{dx}{\sqrt{1-x^4}}$$
はレムニスケート周率とする.
(1) $\sum_{n=1}^{\infty} \frac{1}{n(e^{2\pi n}-1)} = -\frac{\pi}{12} - \frac{1}{2}\log\left(\frac{\varpi}{\sqrt{2\pi}}\right)$.
(2) $\sum_{m,n=-\infty}^{\infty}{}' \frac{1}{(m+ni)^8} = \frac{\varpi^8}{525}$.
(3) $\sum_{m,n=-\infty}^{\infty}{}' \frac{1}{(m+ni)^{12}} = \frac{2\varpi^{12}}{53625}$.

9.4
(1) $\rho = \frac{-1+\sqrt{3}i}{2}$ とするとき,$E_4(\rho) = 0$, $E_6(\rho) \neq 0$ を証明せよ.
(2) $k = 2, 4, 8$ に対して
$$\sum_{n=1}^{\infty} \frac{(-1)^{n-1}n^{k-1}}{e^{\sqrt{3}\pi n} + (-1)^{n-1}}$$

を求めよ.

9.5 次の4つの性質は同値であることを証明せよ.
(i) すべての素数 p に対して，$|\tau(p)| \leq 2p^{\frac{11}{2}}$ が成立する(Ramanujan 予想).
(ii) すべての素数 p に対して，$\tau(p) = 2p^{\frac{11}{2}} \cos\theta_p$ となる $0 \leq \theta_p \leq \pi$ が(ただ一つ)存在する.
(iii) すべての自然数 n に対して，$|\tau(n)| \leq n^{\frac{11}{2}} d(n)$ が成立する.
(iv) $\tau(n) = O(n^{\frac{11}{2} + \varepsilon})$ が任意の $\varepsilon > 0$ に対して成立する. (いいかえると，任意の $\varepsilon > 0$ に対して，$\dfrac{\tau(n)}{n^{\frac{11}{2} + \varepsilon}}$ は有界.)

9.6 代数体 K に対して，次の値を求めよ.
(1) Dedekind ζ 関数 $\zeta_K(s)$ の 0 における微分 $\zeta'_K(0)$.
(2) K の零でない整イデアル $\mathfrak{a}$ のノルム $N(\mathfrak{a})$ 全体の正規積 $\prod_{\mathfrak{a}} N(\mathfrak{a})$.

10 岩澤理論

　この章では岩澤理論を概説する．第3章に，第2のふしぎ，第3のふしぎとして述べたことは，この章で岩澤理論に昇華される．ζ関数，L関数の重要性については今までさまざまに述べてきたが，ここでとりあげるのは，ζ関数のp進的側面である．ζ(ゼータ)はKummerの円分体研究の際に，そのp進的横顔をわずかにのぞかせたが(第2のふしぎ，§3.3(e)参照)，p進連続関数としてのその姿を初めてとらえたのは，1960年代の久保田–Leopoldtであった．岩澤健吉は，このp進L関数がGalois群の群環の中に住むことを発見し，さらに次のような**岩澤主予想**(Iwasawa main conjecture)と呼ばれる関係

$$（解析的 p 進ゼータ）=（代数的 p 進ゼータ）$$

を定式化した．ここに，左辺の解析的p進ゼータとは，ζ関数の値のp進的性質から，p進世界の中で，p進解析的に定義される関数である．右辺の代数的p進ゼータとは，イデアル類群にかかわるある線形写像の行列式と言ってもよく，代数的に定義されるものである．ζ関数の理論においては，その行列式表示を追求することは重要な問題であるが(§9.5(c)参照)，今，上の等式を解析的p進ゼータの側から見れば，その行列式表示が得られたことを意味し，L関数の値のp進的性質の研究に大きな進歩をもたらす．逆にこの等式を代数的p進ゼータの側から見ると，イデアル類群という数論的に知りたくてたまらない対象の情報を，解析的p進ゼータが教えてくれることを意

味する．このように岩澤理論は，(p進)解析的対象と数論的対象との間の深くて美しい理論なのである．

この章では，ページ数の関係上，岩澤理論の中核をなす岩澤主予想に焦点をしぼって話を進めることにする．

岩澤健吉によって予想されたこの関係は，Mazur と Wiles によって 1984 年に(もっと一般的な場合は 1990 年に Wiles によって)解決された．また 1990 年代に入ると，Rubin, Greither は Kolyvagin の導入した Euler 系という概念を使った，まったく新しい証明を与えることに成功した．彼らの証明のアイディアについては§10.3 で少しだけ触れる．

§10.0 で岩澤理論への入門的解説を述べた後，§10.1 では上でいう解析的 p 進ゼータを研究する．§10.2 では上でいう代数的 p 進ゼータを扱う．ここでの主役はイデアル類群である．§10.3 では両者の関係である岩澤主予想を定式化し，その応用を述べる．

§10.0 岩澤理論とは

岩澤理論は ζ 関数の値の p 進的性質とイデアル類群の p 進的性質との間に存在する関係を調べる理論である．この§10.0 では岩澤理論によってどんなことがわかるのか，およびどのようにして岩澤理論という理論が考えられたのか，について述べていく．ここでは，イデアル類群を中心にして述べる．

(a) 円分体のイデアル類群

まず岩澤理論の故郷である円分体から始めよう．正の整数 $n>0$ に対し，μ_n で有理数体 $\mathbb{Q}$ の代数閉包 $\overline{\mathbb{Q}}$ の中の 1 の n 乗根全体のなす群を表し，$\mathbb{Q}(\mu_n)$ で $\mathbb{Q}$ に μ_n の元をすべてつけ加えて得られる体を表す．$\zeta_n \in \mu_n$ を 1 の原始 n 乗根とすると，$\mathbb{Q}(\mu_n) = \mathbb{Q}(\zeta_n)$ である．

§4.4(b) で述べたように，Kummer は 19 世紀の中頃，Kummer の判定法と現在呼ばれる，ζ 関数の値とイデアル類群の間の驚くべき関係を発見した．素数 p に対して，円分体 $\mathbb{Q}(\mu_p)$ のイデアル類群 $Cl(\mathbb{Q}(\mu_p))$ の位数を

$h_{\mathbb{Q}(\mu_p)}$ と書くことにすると,
$$p \mid h_{\mathbb{Q}(\mu_p)} = \sharp Cl(\mathbb{Q}(\mu_p))$$
と

p が $\zeta(-1), \zeta(-3), \zeta(-5), \cdots$ の分子のどれかを割る

ことが,同値だと言うのである.ここに,$\zeta(s)$ は Riemann ζ 関数で,$\sum_{n=1}^{\infty} \dfrac{1}{n^s}$ を $\mathbb{C}$ 全体に解析接続したものである.

上の同値な条件をみたす素数 p を**非正則素数**(irregular prime)と呼ぶ.第4章で述べたように,691 は非正則素数である.非正則素数を小さい順に並べると,

37, 59, 67, 101, …

のように続いており,無限個存在していることが知られている.(非正則素数でない素数を**正則素数**(regular prime)という.)

さて,最小の非正則素数 37 を取り上げよう.上の Kummer の判定法により,$h_{\mathbb{Q}(\mu_{37})}$ は 37 で割り切れるが,実は $h_{\mathbb{Q}(\mu_{37})} = 37$ であることが知られている.したがって,イデアル類群 $Cl(\mathbb{Q}(\mu_{37}))$ は位数 37 の巡回群である.ここで岩澤理論によれば,もっと詳しい情報が得られる.$\Delta = \mathrm{Gal}(\mathbb{Q}(\mu_{37})/\mathbb{Q})$ を $\mathbb{Q}(\mu_{37})/\mathbb{Q}$ の Galois 群とする.§5.2 で述べたように,自然な同型 $\omega: \Delta \xrightarrow{\sim} (\mathbb{Z}/37)^\times$ がある.この同型を ω と書くことにする.Δ は $Cl(\mathbb{Q}(\mu_{37}))$ に自然に作用する.($\sigma \in \Delta$ と $x = [a] \in Cl(\mathbb{Q}(\mu_{37}))$ に対して,$\sigma(x) = [\sigma(a)]$ と作用する.)岩澤理論はこの作用がどのようなものか教えてくれる.すなわち,$x \in Cl(\mathbb{Q}(\mu_{37}))$ と $\sigma \in \Delta$ に対して,

(10.1) $$\sigma(x) = \omega(\sigma)^5 \cdot x$$

であることが岩澤理論によってわかる.このように,類数公式のような公式だけではわからない群の作用の様子まで岩澤理論は記述するのである.次の項(b)では(10.1)がどのような理論から導かれたのか,を述べていこう.

(b) Herbrand, Ribet の定理

項(a)で述べた Galois 群の作用について,もっと詳しく述べよう.p を奇素数,$\Delta = \mathrm{Gal}(\mathbb{Q}(\mu_p)/\mathbb{Q})$ を拡大 $\mathbb{Q}(\mu_p)/\mathbb{Q}$ の Galois 群,$\omega: \Delta \xrightarrow{\sim} (\mathbb{Z}/p)^\times$ を

自然な同型とする．このとき，ζ関数の値と $\mathbb{Q}(\mu_p)$ のイデアル類群との関係に関して，Kummer の判定法より詳しい次の定理が成立する．

定理 10.1（Herbrand, Ribet）　正の偶数 r に関して，次は同値である．

（1）　p が $\zeta(1-r)$ の分子を割る．

（2）　イデアル類群 $Cl(\mathbb{Q}(\mu_p))$ の位数 p の元 x で，任意の $\sigma \in \Delta$ に対して
$$\sigma(x) = \omega(\sigma)^{1-r} x$$
となるものが存在する． □

(2) から (1) が導かれることは 1930 年代に Herbrand が，(1) から (2) が導かれることは近年 1976 年に Ribet により証明された．Ribet の証明法は保型形式を使うもので，§10.3(e) にそのアイディアを述べる．この章のわれわれの目的である岩澤主予想からは，この定理は直ちに導かれる．このことは §10.3(c) に述べる．

さて 37 は $\zeta(-31)$ の分子を割るので（§10.1(a) 参照），Δ の位数が 36 であることに注意すると，上の定理 10.1 から，$\sigma(x) = \omega(\sigma)^{-31} x = \omega(\sigma)^5 x$ をみたす位数 37 の元 x が存在することがわかり，項 (a) の式 (10.1) が得られるのである．

岩澤理論というのは，ζ関数の値の p 進的性質とイデアル類群の p 進的性質との間に存在する深い関係を調べる理論だと最初に書いた．ここまで述べたことを表 10.1 にまとめておく．

表 10.1　ζ関数の p 進的性質に対応するイデアル類群の性質

	ζ関数の p 進的性質	イデアル類群
Kummer の判定法	p が $\zeta(-1), \zeta(-3), \zeta(-5),$ …のどれかの分子を割る．	p が $Cl(\mathbb{Q}(\mu_p))$ の位数を割る．
Herbrand, Ribet の定理 （岩澤主予想から直ちに出る）	p が $\zeta(1-r)$ の分子を割る．ただし r は正の偶数．	$Cl(\mathbb{Q}(\mu_p))$ に位数 p の元 x で $\sigma(x) = \omega(\sigma)^{1-r} x$ $(\sigma \in \Delta)$ なるものがある（r は正の偶数）．
$p=37$ に対して	$p \mid \zeta(-31)$	$\sigma(x) = \omega(\sigma)^5 x$ $(x \in Cl(\mathbb{Q}(\mu_p)),\ \sigma \in \Delta)$

(c) $K(\mu_{p^n})$ のイデアル類群

代数体,すなわち有理数体 $\mathbb{Q}$ の有限次拡大体 K に対して,岩澤理論は $K(\mu_{p^n})$ のイデアル類群の様子を統一的に教えてくれる.以下では,素数 p を 1 つ固定し,任意の代数体 F に対し,p ベキして消える元全体から成る $Cl(F)$ の部分群を A_F で表すことにする.A_F は $Cl(F)$ の p–Sylow 群である.たとえば,$p=37$ に対しては,$Cl(\mathbb{Q}(\mu_{37}))=A_{\mathbb{Q}(\mu_{37})}\simeq \mathbb{Z}/37$ である.岩澤理論を使うと,さらに 1 の 37^n 乗根をつけ加えた体 $\mathbb{Q}(\mu_{37^n})$ に対して,($p=37$ として)

$$A_{\mathbb{Q}(\mu_{37})} \simeq \mathbb{Z}/37$$
$$A_{\mathbb{Q}(\mu_{37^2})} \simeq \mathbb{Z}/37^2$$
$$\vdots$$
$$A_{\mathbb{Q}(\mu_{37^n})} \simeq \mathbb{Z}/37^n \quad (n \geq 1)$$

が証明できる.このことを証明するときにポイントとなる ζ 関数の p 進的性質を表 10.2 にまとめた(証明については問 6,演習問題 10.2 参照).

表 10.2 岩澤理論により,イデアル類群を計算するときにポイントとなる ζ 関数の性質

ζ 関数の p 進的性質	イデアル類群
$37 \mid \zeta(-31)$	$A_{\mathbb{Q}(\mu_{37})} \neq 0$
$67\zeta(-31) \not\equiv 31\zeta(-67)$ $\pmod{37^2}$	$A_{\mathbb{Q}(\mu_{37})} \simeq \mathbb{Z}/37$
$\zeta(-31) \not\equiv \zeta(-67) \pmod{37^2}$	$A_{\mathbb{Q}(\mu_{37^n})} \simeq \mathbb{Z}/37^n \quad (n \geq 2)$

同様に $p=691$ に対しても

$$A_{\mathbb{Q}(\mu_{691})} \simeq \mathbb{Z}/691 \oplus \mathbb{Z}/691$$
$$\vdots$$
$$A_{\mathbb{Q}(\mu_{691^n})} \simeq \mathbb{Z}/691^n \oplus \mathbb{Z}/691^n \quad (n \geq 1)$$

が示せる.このことのポイントは,691 が $\zeta(-11)$ の分子だけでなく,$\zeta(-199)$ の分子を割ることにある.$K \neq \mathbb{Q}$ の例もいくつか挙げておく.

$K = \mathbb{Q}(\sqrt{-31})$, $p=3$ に対して

$$A_{K(\mu_3)} \simeq \mathbb{Z}/3$$
$$A_{K(\mu_9)} \simeq \mathbb{Z}/9$$
$$\vdots$$
$$A_{K(\mu_{3^n})} \simeq \mathbb{Z}/3^n \qquad (n \geq 1)$$

$K = \mathbb{Q}(\sqrt{-1399})$, $p=3$ に対して
$$A_{K(\mu_3)} \simeq \mathbb{Z}/27$$
$$A_{K(\mu_9)} \simeq \mathbb{Z}/81 \oplus \mathbb{Z}/3$$
$$\vdots$$
$$A_{K(\mu_{3^n})} \simeq \mathbb{Z}/3^{n+2} \oplus \mathbb{Z}/3^{n-1} \qquad (n \geq 1)$$

$K = \mathbb{Q}(\sqrt{-762})$, $p=3$ に対して
$$A_{K(\mu_3)} \simeq \mathbb{Z}/3 \oplus \mathbb{Z}/3$$
$$A_{K(\mu_9)} \simeq \mathbb{Z}/9 \oplus \mathbb{Z}/9$$
$$\vdots$$
$$A_{K(\mu_{243})} \simeq \mathbb{Z}/243 \oplus \mathbb{Z}/243$$
$$A_{K(\mu_{729})} \simeq \mathbb{Z}/729 \oplus \mathbb{Z}/243$$
$$\vdots$$
$$A_{K(\mu_{p^n})} \simeq \mathbb{Z}/3^n \oplus \mathbb{Z}/243 \qquad (n \geq 5)$$

と計算できる. さらに $A_{K(\mu_{p^n})}$ に $K(\mu_{p^n})/K$ の Galois 群 $\mathrm{Gal}(K(\mu_{p^n})/K)$ がどう作用しているかも岩澤理論は記述するのだが, それに関しては§10.2以後を見て欲しい.

一般に, 任意の代数体 K に対して, $K_n = K(\mu_{p^n})$ とおくと, A_{K_n} の位数に関して, 十分大きなすべての n に対して,
$$\sharp A_{K_n} = p^{\lambda n + p^n \mu + \nu} \qquad (n \gg 0)$$
をみたす定数 λ, μ, ν が存在することが, 岩澤によって証明された(1959) (§10.2(f)参照). これが岩澤理論の始まりだったと言ってもよい. なぜイデアル類群の p-Sylow 群を考えるのか, なぜ $K(\mu_{p^n})$ という体を考えるのか, については次の項(d)および(e)を参考にして頂きたい.

ここまで書いてきたことをまとめておく.

1. 岩澤理論は ζ 関数の値の p 進的性質とイデアル類群の p 進的性質との

間に存在する深い関係を扱う理論である.

2. 岩澤理論は, Galois 群のイデアル類群への作用を記述する.

3. 岩澤理論は, $K(\mu_{p^n})$ のイデアル類群の p-Sylow 群の様子を統一的に記述する.

(d) 代数体と関数体の類似

この項(d)と次の項(e)では, 岩澤主予想というものがどのようにして生まれたか, 岩澤理論の創始者岩澤健吉のアイディアを述べる. さらに知りたい読者には, 下記の文献[*1]をお薦めする. 知らない言葉などがあっても, お話だと思って読み進めて頂きたい. (e)の最後では, 特別な場合ではあるが, 岩澤主予想も述べる.

イデアル類群は, 今まで何度か出てきたように, 数論において非常に重要な役割を果たす群である. その微妙な構造が数論の問題に対して決定的な情報をもたらすことがある. しかしたとえば 2 次体の類数表を眺めていても, ほとんど規則性は感じられない.

一方, 関数体での類似を考えると, 有限体上の代数曲線の次数 0 の因子類群は §6.4(f) で述べたように, やはり有限 Abel 群であって, イデアル類群と同じように難しい対象である. しかし代数閉体上の曲線の次数 0 の因子類群には Abel 多様体の構造が入ることが知られており, その様子を詳しく調べることができる. 特に, そのねじれ(torsion)部分は, g を曲線の種数とし, 体の標数を 0 とすると, $(\mathbb{Q}/\mathbb{Z})^{2g}$ と同型である. 体の標数が正であっても, p を標数と異なる素数とすれば, ねじれ部分の p 成分(p ベキして消える元全体)は $(\mathbb{Q}_p/\mathbb{Z}_p)^{2g}$ に同型である. ここに $\mathbb{Q}_p/\mathbb{Z}_p$ は $\mathbb{Q}/\mathbb{Z}$ の p 成分であることに注意しよう. このように代数閉体上の曲線の次数 0 の因子類群は, イデアル類群と違って種数だけで決まるような簡単な形をしている.

有理数体 $\mathbb{Q}$ の有限次拡大 K と, 有限体 $\mathbb{F}_q$ 上の代数曲線 X の関数体 $\mathbb{F}_q(X)$ が似ていると言っても, 両者を

[*1] 岩澤健吉, 代数体と函数体とのある類似について, 数学 **15**(1963), 65-67, 岩波書店.

$$K \qquad \mathbb{F}_q(X)$$
$$([K:\mathbb{Q}]<\infty)$$

と並べたときに，決定的に違うのは，$\mathbb{F}_q(X)$ には「代数閉体までいく」という操作があることだ．すなわち，$\overline{\mathbb{F}_q}$ を $\mathbb{F}_q$ の代数閉包として，$X\otimes_{\mathbb{F}_q}\overline{\mathbb{F}_q}$ の関数体 $\overline{\mathbb{F}_q}(X)$ を考えることができる．したがって，たとえば，自然な写像 $Cl^0(\mathbb{F}_q(X))\to Cl^0(\overline{\mathbb{F}_q}(X))$ によって $Cl^0(\mathbb{F}_q(X))$ を調べることもできる．($Cl^0(\mathbb{F}_q(X))$ の $Cl^0(\overline{\mathbb{F}_q}(X))$ での像は $Cl^0(\overline{\mathbb{F}_q}(X))$ のねじれ部分に入り，上に述べたように $Cl^0(\overline{\mathbb{F}_q}(X))$ のねじれ部分についてはよくわかっていることに注意しよう．）岩澤はここで，$\overline{\mathbb{F}_q}(X)$ の類似を代数体上で作るにはどうすればよいか考えた．$\overline{\mathbb{F}_q}$ は $\mathbb{F}_q$ に 1 のベキ根をすべて添加して得られる体であることを考えると，K に 1 のベキ根をすべて添加したらどうだろうか，というアイディアがまず浮かぶ．しかし，そのような体は大きすぎて，イデアル類群は情報をずいぶん失ってしまっている．ここに，L を $\mathbb{Q}$ の無限次代数拡大とするとき，L のイデアル類群 $Cl(L)$ とは
$$Cl(L)=\varinjlim Cl(M) \qquad (M は L の部分体で \mathbb{Q} 上有限次なものを走る)$$
で定義される群である．

ところで，代数体のイデアル類群 $Cl(K)$ は有限 Abel 群だから，
$$Cl(K)=\bigoplus_{p:素数}Cl(K)\{p\}$$
と各素数ごとの成分に分けることができる．ここに，
$$Cl(K)\{p\}=\{c\in Cl(K)|\ ある\ m\ があって\ p^m c=0\}.$$
すべての p について $Cl(K)\{p\}$ がわかれば $Cl(K)$ がわかるのだから，以下 1 つの素数 p を固定して，その p 成分に着目することにする．そこで素数 p を固定して，$\mathbb{Q}$ の任意の代数拡大体 F に対し，A_F で $Cl(F)\{p\}$ を表すことにする．

さて A_F を見るだけなら，1 の p ベキ乗根をすべて添加すればよいのではないか，というのがアイディアである．μ_{p^n} で $\mathbb{Q}$ の代数閉包 $\overline{\mathbb{Q}}$ の中の 1 の p^n 乗根全体がなす群，代数体 K に対し，$K(\mu_{p^n})$ で K に 1 の p^n 乗根をすべて添加して得られる体，$K(\mu_{p^\infty})=\bigcup K(\mu_{p^n})$ と定義する．このとき，$A_{K(\mu_{p^\infty})}$

の構造は

$$A_{K(\mu_{p^\infty})} \simeq (\mathbb{Q}_p/\mathbb{Z}_p)^\lambda \oplus [(\overset{\infty}{\bigoplus} A)/B]$$

と書けることが証明できる．ここに，λ は 0 以上の整数，A は位数が p ベキの有限 Abel 群 (したがって $A = \mathbb{Z}/p^{n_1} \oplus \cdots \oplus \mathbb{Z}/p^{n_r}$ と書ける)，$\overset{\infty}{\bigoplus} A$ は A の可算無限個の直和，B は $\overset{\infty}{\bigoplus} A$ の有限部分群である．$K/\mathbb{Q}$ が Abel 拡大のときは $\overset{\infty}{\bigoplus} A/B$ は現れず，したがって

$$A_{K(\mu_{p^\infty})} \simeq (\mathbb{Q}_p/\mathbb{Z}_p)^\lambda$$

であることが知られている (Ferrero–Washington の定理，定理 10.9，定理 10.32 を参照)．一般の K に対しても $\overset{\infty}{\bigoplus} A/B$ の項は現れないだろうというのが「岩澤の $\mu = 0$ 予想」と呼ばれている予想で，一般には未解決である．このようにして，イデアル類群の p 成分 (p-Sylow 群) を考えることにすれば，$K(\mu_{p^\infty})$ が $\overline{\mathbb{F}_q}(X)$ のよい類似になっていて，似たような結果が成り立つ，ということがわかるのである．(もっともたとえば，λ という整数はどんな数なのか，という問題は残っている．)

(e) Galois 群の作用

代数閉体上の曲線の次数 0 の因子類群のねじれ部分の p 成分が，項(a)で述べたように $(\mathbb{Q}_p/\mathbb{Z}_p)^{2g}$ という構造を持っている，ということは，Abel 群としての構造がわかりやすいということ以外に，もっと重要な意味がある．今 $\mathbb{F}_q$ を標数が p と異なる有限体とし，X を $\mathbb{F}_q$ 上の曲線として，$X \otimes_{\mathbb{F}_q} \overline{\mathbb{F}_q}$ の因子類群を考えると，その上には $\mathbb{F}_q$ の Frobenius 写像 (q 乗写像) が作用する．$Cl^0(\overline{\mathbb{F}_q}(X))\{p\} \simeq (\mathbb{Q}_p/\mathbb{Z}_p)^{2g}$ の上にも Frobenius 写像は作用し，$(\mathbb{Q}_p/\mathbb{Z}_p)^{2g}$ の上の同型写像をひき起こすから，この作用は $2g$ 次の行列 $A_X \in M_{2g}(\mathbb{Z}_p)$ で表すことができる．ここで，非常に重要なことは，A_X の固有多項式で X のζ関数 (合同ゼータとよばれる) が書ける，ということである．このように代数関数体の場合は，Galois 群 $\mathrm{Gal}(\overline{\mathbb{F}_q}/\mathbb{F}_q)$ の作用を考えることによって，非常に重要な結果が得られる．

代数体の場合にもどろう．簡単のために，$K = \mathbb{Q}$ とする．項(a)で述べた

ように
$$A_{\mathbb{Q}(\mu_{p^\infty})} \simeq (\mathbb{Q}_p/\mathbb{Z}_p)^\lambda$$
である．$A_{\mathbb{Q}(\mu_{p^\infty})}$ には Galois 群 $\mathrm{Gal}(\mathbb{Q}(\mu_{p^\infty})/\mathbb{Q})$ が自然に作用する．ここで $\mathrm{Gal}(\mathbb{Q}(\mu_{p^\infty})/\mathbb{Q})$ は $\mathrm{Gal}(\overline{\mathbb{F}_q}/\mathbb{F}_q) \simeq \widehat{\mathbb{Z}}$ と違って生成元がないから，関数体の場合と同じことをしようとするには，もう少し考えてみないといけない．§5.2 で見たように，自然な同型 $\mathrm{Gal}(\mathbb{Q}(\mu_{p^n})/\mathbb{Q}) \overset{\sim}{\to} (\mathbb{Z}/p^n)^\times$ があるので，
$$\kappa: \mathrm{Gal}(\mathbb{Q}(\mu_{p^\infty})/\mathbb{Q}) \overset{\sim}{\to} \mathbb{Z}_p^\times$$
なる自然な同型ができる．この写像を**円分指標**と呼び，この章では κ で表すことにする．$\sigma \in \mathrm{Gal}(\mathbb{Q}(\mu_{p^\infty})/\mathbb{Q})$ に対して，$\kappa(\sigma)$ は任意の $n>0$，任意の $\zeta \in \mu_{p^n}$ に対して $\sigma(\zeta) = \zeta^{\kappa(\sigma)}$ をみたす元として特徴づけられる．ここでは簡単のため $p \neq 2$ とする（§10.1 以後では，一般の場合も扱う）．すると §2.5 で見たように，$\mathbb{Z}_p^\times \simeq (\mathbb{Z}/p)^\times \times (1+p\mathbb{Z}_p)$ であり，$(\mathbb{Z}/p)^\times$ は位数 $p-1$ の巡回群，$1+p\mathbb{Z}_p$ は加法群 $\mathbb{Z}_p$ に同型である（§10.1(b)参照）．$1+p\mathbb{Z}_p$ の位相的生成元 u を１つとる．（これは $u-1$ が p で割り切れ，p^2 で割り切れないような元 u を１つとるということである．）そして $\gamma \in \mathrm{Gal}(\mathbb{Q}(\mu_{p^\infty})/\mathbb{Q})$ を $\kappa(\gamma) = u$ となるような元とする．ここで，もし関数体の場合との類似が何らかの意味で成り立つとすれば，γ の $A_{\mathbb{Q}(\mu_{p^\infty})}$ への作用からできる固有多項式が，何か意味のある ζ 関数と関係するのではないか，という疑問が湧く．驚くべきことに，本当に驚くべきことに，この答はイエスである．γ の作用から，久保田-Leopoldt の p 進 L 関数というものが出てくるのだ．p 進 L 関数というのは，普通の L 関数の整数での値からとり出せる p 進関数で，§10.1 でこの関数については詳しく述べる．

上で述べたことを，もう少しきちんと説明しよう．$\omega: \mathrm{Gal}(\mathbb{Q}(\mu_{p^\infty})/\mathbb{Q}) \to \mathbb{Z}_p^\times$ なる準同型を，合成
$$\omega: \mathrm{Gal}(\mathbb{Q}(\mu_{p^\infty})/\mathbb{Q}) \xrightarrow{\kappa} \mathbb{Z}_p^\times \xrightarrow{\mathrm{mod}\,p} (\mathbb{Z}/p)^\times \to (\mathbb{Z}/p)^\times \times (1+p\mathbb{Z}_p) \simeq \mathbb{Z}_p^\times$$
$$a \mapsto (a,1)$$
で定義する．$\mathrm{Gal}(\mathbb{Q}(\mu_{p^\infty})/\mathbb{Q})$ の部分群 Δ を，同型 $\kappa: \mathrm{Gal}(\mathbb{Q}(\mu_{p^\infty})/\mathbb{Q}) \simeq \mathbb{Z}_p^\times = (\mathbb{Z}/p)^\times \times (1+p\mathbb{Z}_p)$ で $(\mathbb{Z}/p)^\times \times \{1\}$ に対応する群として定義する．$0 \leq i <$

$p-1$ なる整数 i に対して

$$A_{\mathbb{Q}(\mu_{p^\infty})}^{\omega^i} = \{x \in A_{\mathbb{Q}(\mu_{p^\infty})} \mid \text{すべての } \sigma \in \Delta \text{ に対して } \sigma(x) = \omega(\sigma)^i x\}$$

と定義すると，Δ が作用する加群の一般論から，

$$A_{\mathbb{Q}(\mu_{p^\infty})} = \bigoplus_{i=0}^{p-2} A_{\mathbb{Q}(\mu_{p^\infty})}^{\omega^i}$$

と分解することがわかる(§10.1 命題 10.12 参照)．$A_{\mathbb{Q}(\mu_{p^\infty})}^{\omega^i} \simeq (\mathbb{Q}_p/\mathbb{Z}_p)^{\lambda_i}$ と書くと，$\sum_{i=0}^{p-2} \lambda_i = \lambda$ である．さて，γ は $A_{\mathbb{Q}(\mu_{p^\infty})}^{\omega^i}$ に作用するので，$\gamma - 1$ の $A_{\mathbb{Q}(\mu_{p^\infty})}^{\omega^i} \simeq (\mathbb{Q}_p/\mathbb{Z}_p)^{\lambda_i}$ への作用は，行列 $A_i \in M_{\lambda_i}(\mathbb{Z}_p)$ (λ_i 次行列) で表せる．A_i の固有多項式を $\varphi_i(T) \in \mathbb{Z}_p[T]$ と書くことにする．すなわち，$\varphi_i(T) = \det(TI - A_i)$ である．

このようにして決まった多項式 $\varphi_i(T)$ と Riemann ζ 関数の p 進化身とも言うべき p 進 Riemann ζ との関係——それこそが岩澤主予想である．この章の冒頭で述べたように，岩澤によって予想されたこの美しい関係は Mazur と Wiles によって証明された．われわれの場合，次が成立する．

定理 10.2 i を $1 < i < p-1$ をみたす奇数とする．
(1) $m \equiv i \pmod{p-1}$ をみたす任意の負の整数 m に対して，

$$g_i(u^m - 1) = (1 - p^{-m})\zeta(m)$$

が成立するようなベキ級数 $g_i(T) \in \mathbb{Z}_p[[T]]$ がただ一つ存在する．ここに $\zeta(s)$ は Riemann ζ 関数，u は上でとった $1 + p\mathbb{Z}_p$ の位相的生成元である．関数

$$s \mapsto g_i(u^s - 1)$$

は $\mathbb{Z}_p$ から $\mathbb{Z}_p$ への p 進連続関数で，久保田-Leopoldt によって発見された，p 進 L 関数と呼ばれるものである．

(2) (岩澤主予想，Mazur-Wiles の定理) 上で定義された固有多項式 $\varphi_i(T)$ と $g_i(T)$ は $\mathbb{Z}_p[[T]]$ の中で，可逆元のずれしかない．すなわち，同じイデアルを生成する；

$$(\varphi_i(T)) = (g_i(T)). \qquad \square$$

このように，$\gamma - 1$ の $A_{\mathbb{Q}(\mu_{p^\infty})}$ への作用から，Riemann ζ 関数の値が出てく

るのである！§10.3ではもっと一般の場合を，きちんとした定式化で述べる．$\mathbb{Q}(\mu_{p^\infty})$ のイデアル類群については，§10.3(b), (c)で詳しく述べる．

§10.1　p 進解析的ゼータ

この§10.1では ζ 関数の値のもつ p 進的性質を調べ，p 進 L 関数という「p 進正則関数」が存在していることを見る．そして最終的に，この関数がGalois 群の群環の中に住んでいることを証明する．

(a)　Riemann ζ の特殊値——p 進世界への入口

ζ 関数の値が p 進的性質をもつことは，§3.3(e)に第2のふしぎとして既に述べた．ここではこの性質をもう一度見ることにしよう．

$\zeta(s)$ を Riemann の ζ 関数，すなわち $\mathrm{Re}(s) > 1$ で，$\sum_{n=1}^{\infty} \frac{1}{n^s}$ なる関数を $\mathbb{C}$ 全体に解析接続したものとする．$\zeta(2) = \pi^2/6, \zeta(4) = \pi^4/90, \cdots$ であるが，公式 $\zeta(2n) = \frac{2^{2n-1}}{(2n-1)!}|\zeta(1-2n)|\pi^{2n}$ (n: 正の整数)により，正の偶数での値を調べることは負の奇数での値を調べることと本質的に同じである．

そこで，表10.3に $\zeta(s)$ の負の奇数での値を書き出してみる．なお，負の整数での値が有理数であること，その計算の仕方，負の偶数での値が0であることについては，§3.3を参照して欲しい．

上の値はどんな意味をもっているのだろうか．符号および分母については次の命題が成立する．

命題 10.3　$r > 0$ を正の偶数とする．
（1）　$\zeta(1-r)$ は $\frac{r}{2}$ が偶数のとき正，奇数のとき負である．
（2）　$\zeta(1-r)$ を既約分数で書いたときの分母を D_r とおくと次が成り立つ．
　　（a）　任意の素数 p に対して，p が D_r を割り切るための必要十分条件は $p-1$ が r を割り切ることである．
　　（b）　任意の素数 p に対して，p が D_r を割り切るとき

表 10.3 $\zeta(1-r)$ の表

$$\zeta(-1) = -\frac{1}{12} = -\frac{1}{2^2 \cdot 3}$$

$$\zeta(-3) = \frac{1}{120} = \frac{1}{2^3 \cdot 3 \cdot 5}$$

$$\zeta(-5) = -\frac{1}{252} = -\frac{1}{2^2 \cdot 3^2 \cdot 7}$$

$$\zeta(-7) = \frac{1}{240} = \frac{1}{2^4 \cdot 3 \cdot 5}$$

$$\zeta(-9) = -\frac{1}{132} = -\frac{1}{2^2 \cdot 3 \cdot 11}$$

$$\zeta(-11) = \frac{691}{32760} = \frac{691}{2^3 \cdot 3^2 \cdot 5 \cdot 7 \cdot 13}$$

$$\zeta(-13) = -\frac{1}{12} = -\frac{1}{2^2 \cdot 3}$$

$$\zeta(-15) = \frac{3617}{8160} = \frac{3617}{2^5 \cdot 3 \cdot 5 \cdot 17}$$

$$\zeta(-17) = -\frac{43867}{14364} = -\frac{43867}{2^2 \cdot 3^3 \cdot 7 \cdot 19}$$

$$\zeta(-19) = \frac{174611}{6600} = \frac{283 \cdot 617}{2^3 \cdot 3 \cdot 5^2 \cdot 11}$$

$$\zeta(-21) = -\frac{77683}{276} = -\frac{131 \cdot 593}{2^2 \cdot 3 \cdot 23}$$

$$\vdots$$

$$\mathrm{ord}_p(D_r) = \mathrm{ord}_p(r) + 1$$

である。 □

(2)によって $\zeta(1-r)$ の分母 D_r は完全に決定する．読者は表 10.3 で(2)が成り立っていることを具体的に確かめてみるとよい．

問1 命題 10.3 を用いて，任意の r に対して D_r が 12 で割り切れることを示せ．

(1)はたとえば §7.1 の関数等式から直ちにわかる．(2)については §10.3 (c)で説明する．

このように$\zeta(1-r)$の分母はよくわかるが,それに反して分子の様子は神秘的である.概して691とか3617とかいう大きな素数が突然現れるように見える.分子に現れる最も小さな素数は37で,
$$\zeta(-31) = 37 \cdot 683 \cdot 305065927/2^6 \cdot 3 \cdot 5 \cdot 17$$
に現れる.さらに計算していくと
$$\zeta(-67) = 37 \cdot 101 \cdot 123143 \cdot 1822329343 \cdot 5525473366510930028227481/2^3 \cdot 3 \cdot 5$$
にも現れる.($\zeta(1-r)$はrが大きくなると分母に比べて分子が非常に大きくなることも見えてくる.)さらに計算すれば,$\zeta(-31-36m)$(m:正の整数)の分子に必ず37が現れる.そこで次のようなことが成立すると予測してもよいだろう.

(*) $\zeta(1-r)$を既約分数で書いたときの分子をN_rとすると,素数pがN_rを割り切れば,任意の正の整数$m>0$に対して,pは$N_{r+(p-1)m}$も割り切る.

実は(*)よりもっと強く,次が成立する.

命題 10.4(Kummer) pを素数,rを正の偶数で$p-1$の倍数ではないとする.このとき,任意の正の整数$m>0$に対して,
$$\zeta(1-r) \equiv \zeta(1-r-(p-1)m) \pmod{p}.$$
ここに2つの有理数α, βに対し,$\alpha \equiv \beta \pmod{p}$とは$\alpha - \beta$を既約分数で書いたとき,分子が$p$で割り切れるということである. □

たとえば,
$$\frac{1}{2^3 \cdot 3 \cdot 5} + \frac{1}{2^2 \cdot 3 \cdot 11} = \frac{21}{2^3 \cdot 3 \cdot 5 \cdot 11} \equiv 0 \pmod{7}$$
から確かに$\zeta(-3) \equiv \zeta(-9) \pmod{7}$である.($r$が$p-1$の倍数のときは$N_r$は$p$で割り切れないことを後に見る.したがって(*)は確かに命題10.4に含まれている.)この命題は第3章で命題3.24として述べたものである.この命題はさらに一般化されて次が成立する.

命題 10.5 pを素数,n, r_1, r_2を正の整数,r_1は$p-1$の倍数ではないとする.r_1とr_2の間に$r_1 \equiv r_2 \pmod{(p-1)p^{n-1}}$なる関係があれば,
$$(1-p^{r_1-1})\zeta(1-r_1) \equiv (1-p^{r_2-1})\zeta(1-r_2) \pmod{p^n}$$

が成立する.

以上のような合同式は **Kummer の合同式**と呼ばれる.なぜこのようなことが起こるのだろうか.(b)以下の項ではこのような現象の背後にある関数の存在について論じていく.

$\zeta(1-r)$ の分子 N_r にどのような意味があり,どのような対象と結びつくのかは§10.3(c)で述べる.最近の数学の進歩により,N_r についてずいぶん多くのことがわかったが,それでもまだまだ N_r は D_r ほどわかったとは言えず,神秘的である.

ここに一つだけ最も単純な未解決問題を書いておく.表10.3 にもある通り,$r+1<p$ をみたす素数 p に対して,p が N_r を割るとしても,$\mathrm{ord}_p(N_r)=1$ である.$p<12{,}000{,}000$ に対してこのことは計算により確かめられている(つまり p^2 が N_r を割るような素数 p はない).しかし,これが一般に成立するのか,反例があるのかはわかっていない.どう予想すべきなのか,ということもわかっていない.

(b) p 進 L 関数

命題10.5 は大雑把に言うと,r_1 と r_2 が p 進位相で近ければ,
$$(1-p^{r_1-1})\zeta(1-r_1) \quad \text{と} \quad (1-p^{r_2-1})\zeta(1-r_2)$$
も p 進位相で近いということを述べている.$\mathbb{Z}_p$ を p 進整数環(p 進位相による $\mathbb{Z}$ の完備化)とする.$r>0$ を $p-1$ の倍数でない正の整数とすれば命題10.3 から $\zeta(1-r)$ の分母は p で割れず,したがって,$\zeta(1-r)$ を $\mathbb{Z}_p$ の元と思うことができる.そこで次のように考える.

$p-1$ の倍数でない正の整数 r_0 を1つ固定すると,$f_{r_0}: \mathbb{Z}_p \to \mathbb{Z}_p$ なる連続関数($\mathbb{Z}_p$ には p 進位相が入っている)で,$r \equiv r_0 \pmod{p-1}$ をみたす正の整数 r に対しては $f_{r_0}(1-r)=(1-p^{r-1})\zeta(1-r)$ となるものが存在するのではないか.実際,このような連続関数は存在し,著しい性質をもっている.

この項では,一般の Dirichlet L 関数に対しその p 進版である p 進 L 関数が存在することを述べ,その著しい性質については項(c)以下に述べていくことにする.

N を正の整数,

$$\chi\colon (\mathbb{Z}/N)^\times \to \mathbb{C}^\times$$

を Dirichlet 指標, $L(s,\chi)$ を Dirichlet L 関数(§3.1 参照)とする. ここで Dirichlet 指標と言えば, われわれは常に原始的なものを考えることにする. したがって特に N は χ の導手である. 以下では素数 p に対して, $L(s,\chi)$ の値の p 進的現象を調べよう. そこで $\mathbb{C}$ の中の $\mathbb{Q}$ の代数閉包 $\overline{\mathbb{Q}}$ を p 進体 $\mathbb{Q}_p$ ($\mathbb{Q}$ の p 進位相での完備化)の代数閉包 $\overline{\mathbb{Q}_p}$ の中へ埋めこみ, そのような埋めこみを以下では 1 つ固定して, χ は次のように $\overline{\mathbb{Q}_p}^\times$ に値をとるものと考えることにする.

$$\chi\colon (\mathbb{Z}/N)^\times \to \overline{\mathbb{Q}_p}^\times.$$

まず **Teichmüller 指標**

$$\omega\colon (\mathbb{Z}/p)^\times \to \mathbb{Z}_p^\times \quad (p \text{ が奇素数のとき})$$
$$\omega\colon (\mathbb{Z}/4)^\times \to \mathbb{Z}_2^\times \quad (p=2 \text{ のとき})$$

を定義しよう. $\mathbb{Z}_p$ の乗法群 $\mathbb{Z}_p^\times$ について次の事実は基本的である(第 2 章命題 2.16 参照).

$$\mathbb{Z}_p^\times = \begin{cases} (\mathbb{Z}/p)^\times \times (1+p\mathbb{Z}_p) & p \text{ が奇素数のとき} \\ (\mathbb{Z}/4)^\times \times (1+4\mathbb{Z}_2) & p=2 \text{ のとき}. \end{cases}$$

ここで群の構造としては, 奇素数 p に対しては $(\mathbb{Z}/p)^\times$ は位数 $p-1$ の巡回群, $1+p\mathbb{Z}_p$ は乗法によって群を成しているが, $\mathbb{Z}_p$ を加法によって群とみなしたものに同型である. このことはたとえば同型写像

$$\frac{1}{p}\log\colon 1+p\mathbb{Z}_p \to \mathbb{Z}_p \quad \left(\frac{1}{p}\log(1+px) = \frac{1}{p}\sum_{n=1}^{\infty}(-1)^{n-1}\frac{(px)^n}{n}\right)$$

が存在すること(逆写像は $x \mapsto \exp(px) = \sum_{n=0}^{\infty}(px)^n/n!$)でわかる. $p=2$ に対しては $(\mathbb{Z}/4)^\times$ は位数 2 の巡回群, $1+4\mathbb{Z}_2$ はやはり加法群 $\mathbb{Z}_2$ に同型である($\frac{1}{4}\log$ を使えばよい). この分解による元 $(a,1) \in (\mathbb{Z}/p)^\times \times (1+p\mathbb{Z}_p)$ ($p=2$ のとき $(\mathbb{Z}/4)^\times \times (1+4\mathbb{Z}_2)$)は, $\mathbb{Z}_p^\times$ の中の 1 の $p-1$ 乗根($p=2$ のとき 2 乗根)とそれぞれみなすことができる. そこで $\omega\colon (\mathbb{Z}/p)^\times \to \mathbb{Z}_p^\times$ ($p=2$ のと

き $\omega\colon (\mathbb{Z}/4)^\times \to \mathbb{Z}_2^\times)$ を $\omega(a)=(a,1)$ で定める．奇素数 p に対して，$\omega(a)$ は $\omega(a) \bmod p = a$ をみたす $\mathbb{Z}_p^\times$ の中のただ一つの $p-1$ 乗根である．$p=2$ に対しては $\omega(a)=\pm 1$ で，$\omega(a) \bmod 4 = a$ をみたすものである．ω を通常の Dirichlet 指標のように $\omega(p\mathbb{Z})=0$ と定義することで，$\omega\colon \mathbb{Z}\to \mathbb{Z}_p^\times$ なる関数とも考えることにする．

問 2 奇素数 p と整数 a に対して，数列 $\{a^{p^n}\}_{n\geq 0}$ は $\mathbb{Z}_p$ の中で収束することを示せ．また，この値は $\omega(a)$ に等しいことを示せ．$p=2$ のとき，奇数 a に対して $\omega(a)=(-1)^{\frac{a-1}{2}}$ であることを示せ．

この項(b)でのわれわれの目的は次の定理を述べることである．この定理は L 関数の負の整数でのさまざまな値の間にある p 進的関係の背後には，確かに p 進連続関数が存在していること，また本来の L 関数が $\mathbb{C}$ 上の正則関数であったように，この p 進連続な関数は単に p 進連続というだけでなく，"p 進正則"な関数であることを述べている．すべての整数を 1 に写す指標を**自明な指標**(trivial character)と呼び，$\mathbf{1}$ で表すことにする．

定理 10.6（久保田，Leopoldt）

（1） $\chi\colon (\mathbb{Z}/N)^\times \to \overline{\mathbb{Q}_p}^\times$ を Dirichlet 指標，$\chi\neq \mathbf{1}$ とする．このとき $\mathbb{Z}_p$ から $\overline{\mathbb{Q}_p}$ への p 進正則関数 $s\mapsto L_p(s,\chi)$ $(s\in \mathbb{Z}_p, L_p(s,\chi)\in \overline{\mathbb{Q}_p})$ で，任意の正の整数 $r>0$ に対して
$$L_p(1-r,\chi) = (1-\chi\omega^{-r}(p)p^{r-1})L(1-r,\chi\omega^{-r})$$
をみたすものがただ一つ存在する．ここに，$\overline{\mathbb{Q}_p}^\times$ に値をとる Dirichlet 指標はわれわれの固定した埋め込み $\overline{\mathbb{Q}}\hookrightarrow \overline{\mathbb{Q}_p}$ により普通の意味の Dirichlet 指標と見て複素 Dirichlet L 関数を考えている．p 進正則関数とは，任意の $\alpha\in \mathbb{Z}_p$ に対し $a_n\in \overline{\mathbb{Q}_p}$ なる $\{a_n\}_{n\geq 0}$ があって，任意の $s\in \mathbb{Z}_p$ に対して
$$L_p(s,\chi) = \sum_{n=0}^\infty a_n(s-\alpha)^n \quad \text{(すべての } s\in \mathbb{Z}_p \text{ に対して)}$$
とベキ級数展開できる関数のことである．

（2） 自明な指標 $\mathbf{1}$ に対しては p 進有理型関数 $L_p(s,\mathbf{1})$ が定義される．

$L_p(s, \mathbf{1})$ は $\mathbb{Z}_p \backslash \{1\}$ 上で p 進正則な, $\overline{\mathbb{Q}_p}$ に値をもつ関数であり, $s=1$ に留数 $1 - \dfrac{1}{p}$ の 1 位の極をもつ. 任意の正の整数 $r > 0$ に対して
$$L_p(1-r, \mathbf{1}) = (1 - \omega^{-r}(p) p^{r-1}) L(1-r, \omega^{-r})$$
をみたす. この性質をみたす関数はやはりただ一つである. □

$L_p(s, \chi)$ を久保田–Leopoldt の p 進 L 関数 (p-adic L function) とよぶ. 定理 10.6 において $1-r$ での値だけで関数が決定するのは $\{1-r \mid r \in \mathbb{Z}_{>0}\}$ が $\mathbb{Z}_p$ の中で稠密だからである. χ を Dirichlet 指標, r_0 を任意の整数とし p 進 L 関数 $L_p(s, \chi\omega^{r_0})$ を考える. 定理 10.6 から, $r \equiv r_0 \pmod{p-1}$ (ただし $p=2$ のときは $r \equiv r_0 \pmod{2}$) をみたす任意の正の整数 r に対して
$$(10.2) \qquad L_p(1-r, \chi\omega^{r_0}) = (1 - \chi(p) p^{r-1}) L(1-r, \chi)$$
が成立する. この値だけでも $L_p(s, \chi\omega^{r_0})$ は特徴づけられる. というのは, $\{1-r \mid r \in \mathbb{Z}_{>0}, r \equiv r_0 \pmod{p-1}\}$ の (p 進位相による) 閉包での値だけでベキ級数展開の係数は決定してしまうからである.

また上の性質 (10.2) から, この項 (b) の最初に存在が予測された f_{r_0} は $L_p(s, \omega^{r_0})$ に他ならないことがわかる.

一般に Dirichlet 指標 χ に対し, $\chi(-1) = 1$ のとき χ を偶指標, $\chi(-1) = -1$ のとき χ を奇指標とよぶのであった. 奇指標 χ と正の偶数 r に対しては, $L(1-r, \chi) = 0$ である. また偶指標 χ と正の奇数 r に対しても $\chi = \mathbf{1}, r = 1$ のときを除いて $L(1-r, \chi) = 0$ である. したがって定理 10.6 の $L_p(s, \chi)$ の性質から, ω が奇指標であることを考慮に入れれば, χ が奇指標のときは $L_p(s, \chi)$ は恒等的に 0 である. したがって, われわれの興味は偶指標 χ に対する p 進 L 関数 $L_p(s, \chi)$ にある.

定理 10.6 の $L_p(s, \chi)$ の特徴づけに現れた $1 - \chi\omega^{-r}(p) p^{r-1}$ は $L(s, \chi\omega^{-r})$ の p での Euler 因子である. $1 - \chi\omega^{-r}(p) p^{-s}$ のような関数は p 進連続関数からは程遠いので, 除いておかねばならないのである. 任意の Dirichlet 指標 χ に対し, $\mathbb{C}$ 上の関数 $L_{\{p\}}(s, \chi)$ を $L_{\{p\}}(s, \chi) = (1 - \chi(p) p^{-s}) L(s, \chi)$ で定義すると, p 進 L 関数の特徴づけの式は
$$L_p(1-r, \chi) = L_{\{p\}}(1-r, \chi\omega^{-r})$$
と表される.

ここでは定理 10.6 を直接は証明しない．次の項(c)では，$L_p(s,\chi)$ が p 進正則関数というよりもっと強い性質をもっていることを述べ，後に(e)でそれを証明する．

最後に $L_p(s,\mathbf{1})$ が $s=1$ に 1 位の極をもつことについて，少しコメントしておきたい．われわれは $\zeta(1-r)$ の p 進的性質から p 進 L 関数を作ったのだから，その正の整数での値はどうなっていてもよいはずである．にもかかわらず，$\zeta(s)$ が $s=1$ に 1 位の極をもつことと対応するかのように，$L_p(s,\mathbf{1})$ が $s=1$ に 1 位の極をもつことは驚きである．このことは，p 進 L 関数というものが複素 L 関数の負の整数での値から人工的に偶然できたものではなく，もっと由緒のある深いものであることを語っている．なお，総実代数体に対する同じ命題「総実代数体 K の p 進 L 関数 $L_{p,K}(s,\mathbf{1})$（この本ではこの関数は定義しない）が $s=1$ に 1 位の極をもつ」は Leopoldt 予想と呼ばれる未解決の難問である．

(c) 岩澤関数

前項では p 進 L 関数が "p 進正則" というよい性質をもつことを述べた．これはただ単に連続というより強い性質だが，実は p 進 L 関数はもっとずっと強い収束性をもった関数である．この項の目的は p 進 L 関数がそのような著しい性質をもった関数──岩澤関数──であることを述べることにある．

χ を $\overline{\mathbb{Q}_p}$ に値をもつ Dirichlet 指標とし，$O_\chi=\mathbb{Z}_p[\mathrm{Im}\,\chi]$ で $\mathbb{Z}_p$ 上 χ の像で生成される完備離散付値環とする．ここに $\mathrm{Im}\,\chi$ は $\overline{\mathbb{Q}_p}^\times$ の中の有限群だから，ある $r>0$ があって $\mathrm{Im}\,\chi=\mu_r$（1 の r 乗根全体）と書けることに注意しておく．特に O_χ の商体は $\mathbb{Q}_p$ の有限次拡大である．

項(b)で見たように，p が奇素数のとき $\mathbb{Z}_p^\times$ の部分群 $1+p\mathbb{Z}_p$ は加法群 $\mathbb{Z}_p$ に同型である．また $p=2$ のとき $\mathbb{Z}_2^\times$ の部分群 $1+4\mathbb{Z}_2$ は $\mathbb{Z}_2$ に同型である．奇素数の場合と $p=2$ の場合を場合分けせずに書くために，$1+2p\mathbb{Z}_p$ という表記を用いることにする．u を $1+2p\mathbb{Z}_p$ の位相的生成元とする．すなわち，$u-1$ が $2p$ で割り切れ，$2p^2$ で割り切れないように u をとる（たとえば p が奇素数のとき $u=1+p$ ととってもよい）．$1+2p\mathbb{Z}_p$ の任意の元は $u^\alpha,\alpha\in\mathbb{Z}_p$ の型に

書ける. $u = 1+2pu'$ とすると $u^\alpha = 1+2pu'\alpha+(2pu')^2 \cdot \dfrac{\alpha(\alpha-1)}{2}+\cdots$ である.

定理 10.7（岩澤） $1+2p\mathbb{Z}_p$ の（位相的）生成元 u を 1 つ固定する.

（1） 形式ベキ級数環 $O_\chi[[T]]$ の商体を $\mathrm{Frac}(O_\chi[[T]])$ とする. Dirichlet 指標 χ に対して, $\mathrm{Frac}(O_\chi[[T]])$ の元 $G_\chi(T) \in \mathrm{Frac}(O_\chi[[T]])$ があって
$$L_p(s,\chi) = G_\chi(u^s-1)$$
をみたす.

（2） χ の導手が 1 でも p^n $(n \geq 2)$ でもないとき $G_\chi(T)$ 自身が $O_\chi[[T]]$ の元である. もっと正確に $\dfrac{1}{2}G_\chi(T) \in O_\chi[[T]]$ である. □

この定理から非常に多くのことがわかる. まず, ベキ級数（の商）$G_\chi(T)$ はどのような意味をもつのだろうか, という疑問が自然に湧いてくる. 実にこのことに答えるのが, この章全体の目的であると言ってもよい. 次に, ベキ級数で書けることから $L_p(s,\chi)$ は非常に強い収束性をもつことがわかる. $u = 1+2pu'$, $u' \in \mathbb{Z}_p$ と書くと,

$$u^s = (1+2pu')^s = 1+2pu's+\frac{(2p)^2}{2}u'^2 s(s-1)+\cdots$$
$$\cdots+\frac{(2p)^n}{n!}u'^n s(s-1)\cdots(s-n+1)+\cdots$$

と u^s はベキ級数展開できる. 上の式を見ると s^n の項の係数は必ず $(2p)^n/n!$ で割り切れていることがわかる.

したがって, 任意のベキ級数 $F(T) \in O_\chi[[T]]$ に対し, $F(u^s-1) = \sum\limits_{n=0}^{\infty} a_n s^n$ と書くと, すべての $n \geq 1$ に対して a_n も $(2p)^n/n!$ で割り切れる. $(2p)^n/n!$ は $n \to \infty$ のとき, p 進位相で非常に速く 0 に近づく. 実際, ord_p を p で決まる正規離散付値（p で何回割れたか, 定義 1.15 参照）とすると, 下の問 3 から $\mathrm{ord}_p(n!) < \dfrac{n}{p-1}$ がわかるので, 次が得られる.

$p \neq 2$ のとき $\quad \mathrm{ord}_p\left(\dfrac{(2p)^n}{n!}\right) = n-\mathrm{ord}_p(n!) > \left(1-\dfrac{1}{p-1}\right)n$

$p = 2$ のとき $\quad \mathrm{ord}_p\left(\dfrac{(2p)^n}{n!}\right) = 2n-\mathrm{ord}_p(n!) > n$.

問3 $n = a_0 + a_1 p + \cdots + a_r p^r$, $0 \leq a_0, a_1, \cdots, a_r \leq p-1$ のとき，

$$\mathrm{ord}_p(n!) = \sum_{i=0}^{r} a_i(p^i - 1)/(p-1)$$

であることを証明せよ．

定理10.7と上に書いたことから次が得られる．

命題10.8 χ を導手が1でも $p^2, p^3, \cdots$ でもない Dirichlet 指標とする．$\alpha \in \mathbb{Z}_p$ に対し，p 進 L 関数 $L_p(s, \chi)$ を

$$L_p(s, \chi) = \sum_{n=0}^{\infty} a_n (s-\alpha)^n$$

と Taylor 展開すると，$n \geq 1$ に対して，係数 $a_n \in O_\chi$ は $2 \cdot \dfrac{(2p)^n}{n!}$ で割り切れる．特に

$$\mathrm{ord}_p(a_n) > \left(1 - \frac{1}{p-1}\right) n \quad (p \neq 2 \text{ のとき})$$
$$> n+1 \quad (p = 2 \text{ のとき})$$

が成立する．ここに $\mathrm{ord}_p : O_\chi \to \mathbb{Q}$ は $\mathrm{ord}_p(p) = 1$ と正規化した O_χ の離散付値である． □

このようにベキ級数に $u^s - 1$ を代入して得られる関数のことを**岩澤関数** (Iwasawa function) と呼ぶ．

命題10.8から，すべての $n \geq 1$ に対し a_n は少なくとも O_χ の極大イデアルに入っている．命題10.5はこのことから直ちに導かれるので，ここに述べておこう．

[命題10.5(Kummer の合同式)の証明] r_0 を整数，$r_0 \not\equiv 0 \pmod{p-1}$ とする．すると p は必然的に奇素数であり，また $\omega^{r_0} \neq 1$ である．ゆえに ω^{r_0} の導手は p であり命題10.8が適用できる．

$$L_p(s, \omega^{r_0}) = \sum_{i=0}^{\infty} a_i(s-1+r_0)^i \quad (a_i \in \mathbb{Z}_p)$$

とベキ級数展開すると，上に述べたように命題10.8から，すべての $i \geq 1$ に対して a_i は p で割り切れる．したがって $r \equiv r_0 \pmod{(p-1)p^{n-1}}$ をみたす

任意の r に対して

$$L_p(1-r, \omega^{r_0}) = \sum_{i=0}^{\infty} a_i(r_0-r)^i \equiv a_0 \pmod{p^n}$$

が成立する．r がさらに正の整数であれば，$L_p(1-r, \omega^{r_0}) = (1-p^{r-1})\zeta(1-r)$ だから，

$$(1-p^{r-1})\zeta(1-r) \equiv a_0 \pmod{p^n}$$

であり，このような r に対し $(1-p^{r-1})\zeta(1-r) \bmod p^n$ は一定である． ∎

問4 p を奇素数，r_1 を正の偶数，$r_1 \not\equiv 0 \pmod{p-1}$ とし，$G_{\omega^{r_1}}(T) \in \mathbb{Z}_p[[T]]$ を定理10.7で存在が保証されたベキ級数とする．

$$G_{\omega^{r_1}}(T) = \sum_{i=0}^{\infty} A_i T^i \in \mathbb{Z}_p[[T]]$$

と書くとき，A_1 が p で割り切れると仮定する．このとき，任意の正の整数 $r_2 > 0$ と $n > 0$ に対して，$r_1 \equiv r_2 \pmod{(p-1)p^{n-1}}$ であれば

$$(1-p^{r_1-1})\zeta(1-r_1) \equiv (1-p^{r_2-1})\zeta(1-r_2) \pmod{p^{n+1}}$$

が成立することを証明せよ．（Kummer の合同式（命題 10.5）よりひとつ大きな p のベキでの合同式が成立する．A_0 と A_1 がともに p で割れるような p の実例は知られていない．）

定理10.7 の証明は項(e)で与える．次にベキ級数 $G_\chi(T)$ についての非常に重要な定理を述べる．

定理10.9（Ferrero–Washington） χ を偶指標 $(\chi(-1) = 1)$，その導手は 1 でも $p^2, p^3, \cdots$ でもないと仮定する．π を離散付値環 O_χ の極大イデアルの生成元とし，$G_\chi(T)$ を定理10.7のようなベキ級数とするとき，$\frac{1}{2}G_\chi(T)$ は π で割り切れない．すなわち，

$$\frac{1}{2}G_\chi(T) = \sum_{i=0}^{\infty} A_i T^i \in O_\chi[[T]]$$

と書いたとき，A_i のうち少なくとも1つは π で割り切れないものがある． ∎

この Ferrero–Washington の定理の意味，およびその重要性については §10.2 以降で明らかになっていくであろう．この証明は項(g)で述べる．

(d) 群環と完備群環

p 進 L 関数のさらに深い性質を調べるためには，群環の知識が必要である．そこで，ここでは群環および完備群環について述べることにする．

R を可換環，G を有限群(その演算は乗法的に書く)としたとき，G の R 上の**群環** $R[G]$ が次のように定義される．$R[G]$ の元は，G の元の R 係数の形式的な 1 次結合

$$\sum_{\sigma \in G} a_\sigma \sigma \quad (a_\sigma \in R)$$

である．$R[G]$ における和，積は自然に定義される．すなわち，

$$\sum_{\sigma \in G} a_\sigma \sigma + \sum_{\sigma \in G} b_\sigma \sigma = \sum_{\sigma \in G} (a_\sigma + b_\sigma) \sigma$$

$$\left(\sum_{\sigma \in G} a_\sigma \sigma\right) \cdot \left(\sum_{\sigma \in G} b_\sigma \sigma\right) = \sum_{\substack{\sigma \in G \\ \tau \in G}} a_\sigma b_\tau \sigma \tau = \sum_{\sigma \in G} c_\sigma \sigma$$

(ここに $c_\sigma = \sum_{\substack{\alpha, \beta \in G \\ \alpha\beta = \sigma}} a_\alpha b_\beta$)で定義する．$R[G]$ は R 加群としては階数 $\sharp G$ の自由 R 加群である．

次に完備群環を定義しよう．G を profinite 群，すなわち $G = \varprojlim G_i$ (G_i: 有限群)と書ける群とする．たとえば，$\mathbb{Z}_p = \varprojlim \mathbb{Z}/p^i$ や無限次 Galois 拡大の Galois 群は profinite 群である．このとき，G の R 上の**完備群環** $R[[G]]$ を

$$R[[G]] = \varprojlim R[G_i] \quad (G = \varprojlim G_i)$$

で定義する．ここに，$f_{ji}: G_j \to G_i$ を逆系 (G_i) の写像としたとき自然な写像 $R[G_j] \to R[G_i]$ が $\sum_{\sigma \in G_j} a_\sigma \sigma \mapsto \sum_{\sigma \in G_j} a_\sigma f_{ji}(\sigma)$ によって定義されるが，逆極限 $\varprojlim R[G_i]$ はこの自然な写像に関してとることにする．G が有限群のとき，$R[[G]]$ は $R[G]$ に一致する．

次の命題はこの章で何度も使われる．

命題 10.10 R を p 進分離完備，すなわち $R = \varprojlim R/p^n R$ をみたす環とする．（たとえば，R を完備離散付値環で，商体の標数は 0，剰余体の標数は $p > 0$ とする．）$\mathbb{Z}_p$ を加法により群とみなし，完備群環 $R[[\mathbb{Z}_p]]$ を考える．$\mathbb{Z}_p$

の元 $\alpha \in \mathbb{Z}_p$ に対して，$[\alpha] \in R[[\mathbb{Z}_p]]$ で対応する完備群環の元を表すことにする．このとき，1 変数形式ベキ級数環 $R[[T]]$ と $R[[\mathbb{Z}_p]]$ の間には環の同型写像

$$R[[T]] \xrightarrow{\sim} R[[\mathbb{Z}_p]]$$
$$f(T) \mapsto f([1]-1)$$

が存在する．ここに $f([1]-1)$ の意味は正確には次の通りである．$a \in \mathbb{Z}$ に対し $[a \bmod p^i]$ で対応する $R[\mathbb{Z}/p^i]$ の元を表すことにすると，$f([1 \bmod p^i]-1)$ を $R[\mathbb{Z}/p^i]$ の元だとみなすことができ，これらは逆系をなす．その逆極限を $f([1]-1)$ と書いたのである．

特に，任意の $\alpha \in \mathbb{Z}_p$ に対して $[\alpha] \in R[[\mathbb{Z}_p]]$ はこの同型によって $(1+T)^\alpha = 1 + \alpha T + \dfrac{\alpha(\alpha-1)}{2} T^2 + \cdots$ に対応する．

[証明] $R[\mathbb{Z}/p^i]$ の元 $[1 \bmod p^i]$ を $1+T$ に写すことによって環の同型

$$R[\mathbb{Z}/p^i] \xrightarrow{\sim} R[T]/((1+T)^{p^i} - 1)$$
$$[1 \bmod p^i] \mapsto 1+T$$

が作れる．この逆写像は $f(T) \bmod (1+T)^{p^i} - 1 \mapsto f([1 \bmod p^i]-1)$ である．したがって次の補題から命題 10.10 は得られる． ■

補題 10.11 R を命題 10.10 の通りとしたとき，

$$\varprojlim R[T]/((1+T)^{p^i} - 1) \simeq R[[T]].$$

[証明] まず R は p 進完備 ($R = \varprojlim R/p^i R$) だから，

$$R[[T]] = \varprojlim R[T]/(T^i) = \varprojlim R[T]/(p^i, T^i) = \varprojlim R[T]/(p, T)^i$$
$$\varprojlim R[T]/((1+T)^{p^i} - 1) = \varprojlim R[T]/(p^i, (1+T)^{p^i} - 1)$$

であることに注意する．したがって，任意の正整数 i に対してある正整数 j があって，$(p,T)^j \subset (p^i, (1+T)^{p^i} - 1)$ となること，および任意の正整数 i に対してある正整数 j があって，$(p^j, (1+T)^{p^j} - 1) \subset (p,T)^i$ となることを示せばよい．したがって

(1) 任意の i に対して，十分大きな j をとれば，$T^j \in (p^i, (1+T)^{p^i} - 1)$ とできること，

(2) 任意の i に対して, 十分大きな j をとれば, $(1+T)^{p^j}-1 \in (p,T)^i$ とできること,

を示せばよい.

(1)については, $T^{p^i} \in (p, (1+T)^{p^i}-1)$ から
$$(T^{p^i})^i = T^{p^i i} \in (p^i, (1+T)^{p^i}-1)$$
となり成立する. (2)については,
$$(1+T)^{p^i}-1 = \frac{(1+T)^{p^i}-1}{(1+T)^{p^{i-1}}-1} \cdot \ldots \cdot \frac{(1+T)^{p^2}-1}{(1+T)^p-1} \cdot ((1+T)^p-1)$$
であり, 右辺の i 個の元はすべて (p,T) に属するから, $(1+T)^{p^i}-1 \in (p,T)^i$ がわかる. 以上により補題 10.11 が証明された. ∎

群環に関しては次の事実も後に使う.

命題 10.12 R を可換環, G を位数 n の有限 Abel 群とする. $\frac{1}{n} \in R$ であり, R は 1 の原始 n 乗根を含むと仮定する. $\hat{G} = \mathrm{Hom}(G, R^\times)$ で G から $R^\times$ への準同型写像全体を表す.

(1) $\chi \in \hat{G}$ に対して
$$e_\chi = \frac{1}{n} \sum_{\sigma \in G} \chi(\sigma) \sigma^{-1} \in R[G]$$
とおくと, e_χ は $e_\chi^2 = e_\chi$, $e_\chi \sigma = \chi(\sigma) e_\chi$, $\sum_{\chi \in \hat{G}} e_\chi = 1$, $e_\chi \cdot e_{\chi'} = 0$ $(\chi \neq \chi')$ をみたす.

(2) M を $R[G]$ 加群とすると, M は
$$M = \bigoplus_{\chi \in \hat{G}} e_\chi M$$
と分解できる.

[証明] (1)は普通に計算すればよい. (2)は(1)から従う. 実際 $1 = \sum e_\chi$ より, 任意の $x \in M$ は $x = \sum e_\chi \cdot x$ と書ける. もし $\sum e_\chi a_\chi = 0$ $(a_\chi \in M)$ であったとすると, $e_\chi^2 = e_\chi$, $e_\chi \cdot e_{\chi'} = 0$ $(\chi \neq \chi')$ より, e_χ を掛けることにより任意の χ に対して $e_\chi a_\chi = 0$ が得られる. したがって, この分解は直和分解であり, (2)が得られる. ∎

(e) Galois 群と p 進 L 関数

われわれは ζ 関数や L 関数の特殊値から p 進 L 関数と呼ばれる p 進連続関数が定義でき，それが p 進連続であるだけでなく p 進正則であること，また p 進正則であるだけでなく岩澤関数であることを見た．すなわち，p 進 L 関数の正体は，あるべキ級数 $G_\chi(T)$ であった．この項(e)では，p 進 L 関数が実は Galois 群の群環の中に住んでいるということを述べる．このことは単に岩澤関数というより強いことである．

G を可換な profinite 群として像が必ずしも有限でない連続な準同型写像 $\chi: G \to L^\times$ を考える (L は $\mathbb{Q}_p$ の有限次拡大とする)．この写像は環の連続準同型写像 $\chi: \mathbb{Z}_p[[G]] \to L$ に次のように延長される．$G = \varprojlim G/H$ (H は G の開部分群を走る) として，$\mu \in \mathbb{Z}_p[[G]]$ を $\mu = (\mu_H)$, $\mu_H = \sum a_{H,\sigma} \sigma \in \mathbb{Z}_p[G/H]$ と書く．I_H を $\{(\chi(h)-1)\chi(\sigma) \mid h \in H, \sigma \in G\}$ で生成される $\mathbb{Z}_p$ 加群とすると，$\chi(\mu_H) = \sum a_{H,\sigma} \chi(\sigma)$ は mod I_H で意味を持つ．H を $\{1\}$ に近づけるとき，I_H は $\{0\}$ に近づくので，そのときの $\chi(\mu_H)$ の極限を $\chi(\mu)$ と定義すると，上のような準同型が得られるのである．$\chi(\mu)$ は μ から作られる測度での χ の積分と考えることもできる ($\chi(\mu)$ を $\int \chi d\mu$ と書くこともある) が，それについては述べない．

ここで考えるのは円分体の Galois 群である．正整数 n に対して μ_n で 1 の n 乗根全体を表し，$\mathbb{Q}(\mu_n)$ で有理数体 $\mathbb{Q}$ に 1 の n 乗根をすべて添加して得られる体を表す．§5.2 で見たように，$\mathrm{Gal}(\mathbb{Q}(\mu_n)/\mathbb{Q}) \xrightarrow{\sim} (\mathbb{Z}/n)^\times$ である．さて N_0 を p と互いに素な正整数とし，$\mathbb{Q}(\mu_{N_0 p^\infty}) = \bigcup_{n \geq 1} \mathbb{Q}(\mu_{N_0 p^n})$ を考えると，

$$\mathrm{Gal}(\mathbb{Q}(\mu_{N_0 p^\infty})/\mathbb{Q}) = \varprojlim \mathrm{Gal}(\mathbb{Q}(\mu_{N_0 p^n})/\mathbb{Q}) \simeq \varprojlim (\mathbb{Z}/N_0 p^n)^\times$$
$$\simeq \varprojlim (\mathbb{Z}/N_0)^\times \times (\mathbb{Z}/p^n)^\times = (\mathbb{Z}/N_0)^\times \times \mathbb{Z}_p^\times$$

である．項(b)で見たように $\mathbb{Z}_p^\times \simeq (\mathbb{Z}_p/2p)^\times \times \mathbb{Z}_p$ であるからこの同型を使い

(10.3) $\qquad \mathrm{Gal}(\mathbb{Q}(\mu_{N_0 p^\infty})/\mathbb{Q}) = \Delta \times \Gamma$

$\qquad\qquad\qquad \Delta \simeq (\mathbb{Z}/N_0 p)^\times \qquad p$ が奇素数のとき

$\qquad\qquad\qquad\phantom{\Delta \simeq{}} (\mathbb{Z}/4N_0)^\times \qquad p=2$ のとき

§10.1 p進解析的ゼータ

$$\Gamma \simeq \mathbb{Z}_p$$

と書くことにする.

$\mathrm{Gal}(\mathbb{Q}(\mu_{N_0p^\infty})/\mathbb{Q})$ は 1 の p^n 乗根全体 μ_{p^n} に作用する.したがって $\varprojlim \mu_{p^n}$ に作用する.$\varprojlim \mu_{p^n}$ は階数 1 の自由 $\mathbb{Z}_p$ 加群だから,この作用は $\mathbb{Z}_p^\times$ の元で表される.きちんと書くと,$\sigma \in \mathrm{Gal}(\mathbb{Q}(\mu_{N_0p^\infty})/\mathbb{Q})$ に対して $\mathbb{Z}_p^\times$ の元 α で,任意の $n > 0$ と $\zeta \in \mu_{p^n}$ に対して $\sigma(\zeta) = \zeta^\alpha$ となるものがただ一つ存在する.この α を $\kappa(\sigma)$ と書くことにする.かくて

$$\kappa \colon \mathrm{Gal}(\mathbb{Q}(\mu_{N_0p^\infty})/\mathbb{Q}) \to \mathbb{Z}_p^\times$$

なる準同型写像が定まるが,この写像を**円分指標**と呼ぶ.上のような Galois 群の分解 $\mathrm{Gal}(\mathbb{Q}(\mu_{N_0p^\infty})/\mathbb{Q}) \simeq (\mathbb{Z}/N_0)^\times \times \mathbb{Z}_p^\times$ を考えると,κ は第 2 成分への射影に他ならない.κ を

$$\kappa \colon \mathrm{Gal}(\mathbb{Q}(\mu_{N_0p^\infty})/\mathbb{Q}) \to \overline{\mathbb{Q}_p}^\times$$

と考えることもある.Dirichlet 指標はその像が有限群であったのに対し,κ は無限群を像にもっていることに注意しておく.

奇素数 p に対して,

$$\mathrm{Gal}(\mathbb{Q}(\mu_{N_0p^\infty})/\mathbb{Q}) \xrightarrow{\kappa} \mathbb{Z}_p^\times \xrightarrow{\mathrm{mod}\, p} (\mathbb{Z}/p)^\times$$

に (b) で述べた Teichmüller 指標 $\omega \colon (\mathbb{Z}/p)^\times \to \mathbb{Z}_p^\times$ を合成して得られる準同型写像を同じ記号 $\omega \colon \mathrm{Gal}(\mathbb{Q}(\mu_{N_0p^\infty})/\mathbb{Q}) \to \mathbb{Z}_p^\times$ で表し,やはり **Teichmüller 指標**と呼ぶ.$p = 2$ に対しても同じように,$\omega \circ \mathrm{mod}\, 4 \circ \kappa$ を単に ω と表すことにする.指標

$$\langle \kappa \rangle \colon \mathrm{Gal}(\mathbb{Q}(\mu_{N_0p^\infty})/\mathbb{Q}) \to \mathbb{Z}_p^\times$$

を $\langle \kappa \rangle = \dfrac{\kappa}{\omega}$ で定義すると,$\mathrm{Gal}(\mathbb{Q}(\mu_{N_0p^\infty})/\mathbb{Q})$ の分解 (10.3) に対応して,$\kappa = \omega \langle \kappa \rangle$ と κ が分解すると考えられる.ここに ω を Δ の指標,$\langle \kappa \rangle$ を Γ の指標と思うことにする.

さて完備群環 Λ_{N_0} を

$$\Lambda_{N_0} = \mathbb{Z}_p[[\mathrm{Gal}(\mathbb{Q}(\mu_{N_0p^\infty})/\mathbb{Q})]]$$

と定義する.Λ_{N_0} の全商環を $Q(\Lambda_{N_0})$ と書く.すなわち,$Q(\Lambda_{N_0})$ は $\dfrac{\alpha}{\beta}$ ($\alpha, \beta \in \Lambda_{N_0}$, β は非零因子) 全体のなす環である.ここで

$$\tilde{\Lambda}_{N_0} = \{\theta \in Q(\Lambda_{N_0}) \mid \text{すべての } \sigma \in \mathrm{Gal}(\mathbb{Q}(\mu_{N_0 p^\infty})/\mathbb{Q}) \text{ に対して}$$
$$(1-\sigma)\theta \in \Lambda_{N_0}\}$$

と定義する. $\tilde{\Lambda}_{N_0}$ は $Q(\Lambda_{N_0})$ の中の Λ_{N_0} 加群で, Λ_{N_0} を含んでいる. Λ_{N_0} を $\mathrm{Gal}(\mathbb{Q}(\mu_{N_0 p^\infty})/\mathbb{Q})$ の $\mathbb{Z}_p$ 測度全体のなす群と考えることがある. このとき, $\tilde{\Lambda}_{N_0}$ は擬測度(pseudo-measure)全体のなす群と呼ばれる. ここでは測度論的解釈には立ち入らない.

$\tilde{\Lambda}_{N_0}$ を具体的に表そう. Γ の $\mathbb{Z}_p$ 加群としての(位相的)生成元 γ を1つとり, 分解 $\mathrm{Gal}(\mathbb{Q}(\mu_{N_0 p^\infty})/\mathbb{Q}) = \Delta \times \Gamma$ において $(1,\gamma)$ と対応する元を $\gamma_{N_0} \in \mathrm{Gal}(\mathbb{Q}(\mu_{N_0 p^\infty})/\mathbb{Q})$ と書くことにする. また, $N_\Delta = \sum_{\sigma \in \Delta}(\sigma, 1) \in \Lambda_{N_0}$ とおく. このとき, $\tilde{\Lambda}_{N_0}$ は次のように表される.

命題 10.13 γ_{N_0}, N_Δ を上の通りとすると
$$\tilde{\Lambda}_{N_0} = \frac{N_\Delta}{\gamma_{N_0} - 1}\mathbb{Z}_p + \Lambda_{N_0}.$$

[証明] まず右辺が $\tilde{\Lambda}_{N_0}$ に入ることを示そう. $\sigma \in \Delta$ に対し $(1-(\sigma,1))N_\Delta = 0$ だから $(1-(\sigma,1))(\text{右辺}) \subset \Lambda_{N_0}$ である. $\tau \in \Gamma$ とすると, γ は Γ の生成元だから $\tau = \gamma^\alpha$, $\alpha \in \mathbb{Z}_p$ と書ける. したがって $1-\tau$ は $\gamma-1$ で割り切れる. ゆえに, $(1-(1,\tau))(\text{右辺}) \subset \Lambda_{N_0}$ である. 一般に $\sigma \in \Delta$, $\tau \in \Gamma$ に対して, $1-(\sigma,\tau) = (1-(\sigma,1))(1,\tau) + 1-(1,\tau)$ だから, 上により $(1-(\sigma,\tau))(\text{右辺}) \subset \Lambda_{N_0}$ となる. ゆえに (右辺) $\subset \tilde{\Lambda}_{N_0}$ である.

逆に $x \in \tilde{\Lambda}_{N_0}$ とすると $(1-\gamma_{N_0})x \in \Lambda_{N_0}$ より, $\Lambda_{N_0} = \mathbb{Z}_p[\Delta] + (\gamma_{N_0}-1)\Lambda_{N_0}$ を考えて,
$$x = \frac{\alpha}{\gamma_{N_0}-1} + \beta, \quad \alpha = \sum_{\sigma \in \Delta}a_\sigma(\sigma,1), \quad a_\sigma \in \mathbb{Z}_p, \quad \beta \in \Lambda_{N_0}$$

と書ける. 次に $\sigma \in \Delta$ に対し $(1-(\sigma,1))x \in \Lambda_{N_0}$ であることから $(1-(\sigma,1))\alpha = 0$, つまり $(1-\sigma)\sum_{\sigma \in \Delta}a_\sigma \sigma = 0$ がわかる. これがすべての $\sigma \in \Delta$ に対して成立するから, すべての a_σ は等しく, $\alpha = cN_\Delta$, $c \in \mathbb{Z}_p$ と書ける. すなわち $\tilde{\Lambda}_{N_0} \subset (\text{右辺})$ である. ∎

$\chi: \mathrm{Gal}(\mathbb{Q}(\mu_{N_0 p^\infty})/\mathbb{Q}) \to \overline{\mathbb{Q}_p}^\times$ を必ずしも像が有限とは限らない連続な準同型写像とする. この項の最初に見たように, 線形性と連続性により $((\sum a_\sigma \sigma) \mapsto$

§10.1 p 進解析的ゼータ —— 499

$\lim \sum a_\sigma \chi(\sigma)$ により), χ は環準同型写像

$$\chi: \Lambda_{N_0} = \mathbb{Z}_p[[\mathrm{Gal}(\mathbb{Q}(\mu_{N_0 p^\infty})/\mathbb{Q})]] \to \overline{\mathbb{Q}_p}$$

に延長される．以下においては，この環準同型も群の準同型と同じ記号 χ で書くことにする．$\chi \neq 1$ とする．このとき，$\sigma \in \mathrm{Gal}(\mathbb{Q}(\mu_{N_0 p^\infty})/\mathbb{Q})$ で $\chi(\sigma) \neq 1$ なる σ を 1 つとって，$\theta \in \Lambda_{N_0}^{\sim}$ に対して $\chi(\theta) = \chi((1-\sigma)\theta)/(1-\chi(\sigma))$ と定義する．命題 10.13 により，$\theta = \dfrac{N_\Delta}{\gamma_{N_0}-1} a + \theta'$, $a \in \mathbb{Z}_p$, $\theta' \in \Lambda_{N_0}$ と書けるが，$\chi|_\Delta \neq 1$ のとき $\chi(\theta) = \chi(\theta')$，$\chi|_\Delta = 1$ のとき $\chi(\theta) = \dfrac{\sharp \Delta \cdot a}{\chi(\gamma_{N_0})-1} + \chi(\theta')$ となる．特に $\chi(\theta)$ の定義は σ のとり方によらない．このようにして $\chi \neq 1$ に対して

$$\chi: \Lambda_{N_0}^{\sim} = \mathbb{Z}_p[[\mathrm{Gal}(\mathbb{Q}(\mu_{N_0 p^\infty})/\mathbb{Q})]]^{\sim} \to \overline{\mathbb{Q}_p}$$

が定義される．

次の定理が §10.1 の主定理である．この定理は群環 $\Lambda_{N_0}^{\sim}$ の中に p 進ゼータ z_{N_0} が住んでいることを述べている．

定理 10.14 p と互いに素な正の整数 N_0 に対し，元

$$z_{N_0} \in \Lambda_{N_0}^{\sim} = \mathbb{Z}_p[[\mathrm{Gal}(\mathbb{Q}(\mu_{N_0 p^\infty})/\mathbb{Q})]]^{\sim}$$

で次の性質 $(*)$ をみたすものがただ一つ存在する．

χ を $\overline{\mathbb{Q}_p}^\times$ に値をもつ，導手 N が $N_0 p^\infty$ を割る任意の Dirichlet 指標とする．ここに「N が $N_0 p^\infty$ を割る」とは，ある整数 $a \geq 0$ があって N が $N_0 p^a$ を割り切る，ということである (χ の像は有限であることに注意しておく)．$r > 0$ を任意の正の整数，κ を円分指標とする．$\chi \kappa^r : \mathrm{Gal}(\mathbb{Q}(\mu_{N_0 p^\infty})/\mathbb{Q}) \to \overline{\mathbb{Q}_p}^\times$ を上で説明したように群環に延長した写像

$$\chi \kappa^r : \Lambda_{N_0}^{\sim} \to \overline{\mathbb{Q}_p}$$

を考える．このとき，このような任意の χ，任意の $r > 0$ に対して $\chi \kappa^r$ により z_{N_0} は

$$(*) \qquad \chi \kappa^r(z_{N_0}) = \left[\prod_{l \mid N_0 p} (1 - \chi(l)\, l^{r-1}) \right] L(1-r, \chi)$$

に写る．ここに右辺の積は $N_0 p$ を割る素数 l をすべて走る．また固定していた $\overline{\mathbb{Q}}$ の $\overline{\mathbb{Q}_p}$ への埋めこみにより，χ を $\mathbb{C}^\times$ に値をもつ Dirichlet 指標とも考え，複素 L 関数 $L(s, \chi)$ を考えている． □

この定理は p 進 L 関数が単に岩澤関数である,ということより深い情報を含んでいる.

この定理の証明は次の項(f)で述べる.ここではこの定理を認めて,定理10.6 と定理 10.7 を証明しよう.

[定理 10.6 および定理 10.7 の証明] χ を導手が N の Dirichlet 指標とし,$N=N_0 p^a$, N_0 は p と互いに素,と書く.分解 $\mathrm{Gal}(\mathbb{Q}(\mu_{N_0 p^\infty})/\mathbb{Q}) = \Delta \times \Gamma$ に伴って,$\chi = \chi_1 \chi_2$ (χ_1 は Δ の指標,χ_2 は Γ の指標)と分解する.p が奇素数のとき χ_1 の導手は p^2 で割り切れない.χ_2 の導手は 1 か p^a ($a \geq 2$) である.$p=2$ のときは χ_1 の導手は 8 で割り切れず,χ_2 の導手は 1 か p^a ($a \geq 3$) である.一般に Δ の指標を**第 1 種指標**(character of the first kind)と呼び,Γ の指標を**第 2 種指標**(character of the second kind)と呼ぶ.

完備群環 $\Lambda_{N_0} = \mathbb{Z}_p[[\mathrm{Gal}(\mathbb{Q}(\mu_{N_0 p^\infty})/\mathbb{Q})]]$ から,完備群環 $O_{\chi_1}[[\Gamma]]$ ($O_{\chi_1} = \mathbb{Z}_p[\mathrm{Im}\,\chi_1]$) への写像 ϕ_{χ_1} を

$$\phi_{\chi_1}: \Lambda_{N_0} \to O_{\chi_1}[[\Gamma]]$$
$$\left(\sum a_{\sigma\tau}(\sigma,\tau)\right) \mapsto \left(\sum a_{\sigma\tau}\chi_1(\sigma)\tau\right)$$

で定義する.ここに $\mathrm{Gal}(\mathbb{Q}(\mu_{N_0 p^\infty})/\mathbb{Q})$ の元は分解 $\mathrm{Gal}(\mathbb{Q}(\mu_{N_0 p^\infty})/\mathbb{Q}) = \Delta \times \Gamma$ により (σ,τ) ($\sigma \in \Delta, \tau \in \Gamma$) で表した.定理 10.7 において $1+2p\mathbb{Z}_p$ の乗法的位相的生成元 u を 1 つ固定したことを思い出そう.Γ の生成元 γ を $\kappa(\gamma) = u$ をみたすようにとることにする.γ を使って Γ を $\mathbb{Z}_p$ と同一視する.すると命題 10.10 により $O_{\chi_1}[[\Gamma]]$ は 1 変数形式ベキ級数環 $O_{\chi_1}[[T]]$ に同型である.具体的には

$$O_{\chi_1}[[\Gamma]] \simeq O_{\chi_1}[[T]]$$
$$\gamma^\alpha \mapsto (1+T)^\alpha \qquad (\alpha \in \mathbb{Z}_p)$$

と対応する同型ができる.この同型はもちろん u のとり方による.こうして環準同型

$$\phi_{\chi_1,u}: \Lambda_{N_0} \to O_{\chi_1}[[\Gamma]] \xrightarrow{\sim} O_{\chi_1}[[T]]$$

が得られた.$O_{\chi_1}[[T]]^\sim = \dfrac{1}{T} O_{\chi_1}[[T]]$ と定義すると,上の $\phi_{\chi_1,u}$ は命題 10.13 により

$$\phi_{\chi_1,u}: \Lambda_{N_0}^\sim \to O_{\chi_1}[[T]]^\sim$$

に自然に延長される．ここで，$\chi_1 \neq 1$ であれば $\phi_{\chi_1}(N_\Delta) = 0$ だから，命題 10.13 により $\phi_{\chi_1, u}$ の像は $O_{\chi_1}[[T]]$ に入ることに注意しておこう．すなわち，$\chi_1 \neq 1$ のときは
$$\phi_{\chi_1, u} \colon \Lambda_{N_0}^{\sim} \to O_{\chi_1}[[T]]$$
が定義されている．

ここで，$z_{N_0} \in \Lambda_{N_0}^{\sim}$ を定理 10.14 によって存在が保証された元とし，
$$g_{\chi_1}(T) := \phi_{\chi_1, u}(z_{N_0}) \in O_{\chi_1}[[T]]^{\sim}$$
と定義する．上で述べたように $\chi_1 \neq 1$ であれば $g_{\chi_1}(T) \in O_{\chi_1}[[T]]$ である．ここで
$$G_\chi(T) := g_{\chi_1}(\chi_2(\gamma)\kappa(\gamma)(1+T)^{-1} - 1) \in \mathrm{Frac}(O_\chi[[T]])$$
とおく．ここに $O_\chi = \mathbb{Z}_p[\mathrm{Im}\,\chi]$, $\mathrm{Frac}(O_\chi[[T]])$ は $O_\chi[[T]]$ の商体である．定義をたどっていくと，正の整数 $r > 0$ に対し，
$$\begin{aligned}
G_\chi(\kappa(\gamma)^{1-r} - 1) &= g_{\chi_1}(\chi_2(\gamma)\kappa(\gamma)\kappa(\gamma)^{r-1} - 1) \\
&= g_{\chi_1}(\chi_2(\gamma)\kappa(\gamma)^r - 1) \\
&= \chi_1 \chi_2 \langle \kappa \rangle^r (z_{N_0}) \\
&= \chi \omega^{-r} \kappa^r (z_{N_0}) \\
&= (1 - \chi \omega^{-r}(p) p^{r-1}) L(1-r, \chi \omega^{-r})
\end{aligned}$$
と計算できる．ここで，$\langle \kappa \rangle = \dfrac{\kappa}{\omega}$, 最後の等号のところでは χ の導手が $N = N_0 p^a$ であることと定理 10.14 を使った．したがって，
$$L_p(s, \chi) = G_\chi(\kappa(\gamma)^s - 1)$$
と定義すれば，定理 10.6 で述べられている p 進 L 関数になる．

$z_{N_0} \in \Lambda_{N_0}^{\sim}$ と命題 10.13 から
$$g_{\chi_1}(T) = \frac{\chi_1(N_\Delta)c}{T} + g', \quad c \in \mathbb{Z}_p, \quad g' \in O_{\chi_1}[[T]]$$
と書ける．したがって
$$G_\chi(T) = \frac{\chi_1(N_\Delta)c}{\chi_2(\gamma)\kappa(\gamma)(1+T)^{-1} - 1} + G', \quad c \in \mathbb{Z}_p, \quad G' \in O_\chi[[T]]$$
と書け，

$$L_p(s,\chi) = \frac{\chi_1(N_\Delta)c}{\chi_2(\gamma)\kappa(\gamma)^{1-s}-1} + f, \quad c \in \mathbb{Z}_p, \quad f: p\text{ 進正則関数}$$

と書ける．$\chi_2(\gamma)$ は 1 のベキ根であり，$\chi_2 \neq \mathbf{1}$ ならば，$\chi_2(\gamma) \neq 1$ であることに注意しよう．すると $L_p(s,\chi)$ は，$\chi = \mathbf{1}, s=1$ を除いては，どの点でも p 進正則であることがわかる．$\chi = \mathbf{1}, s=1$ のとき $L_p(s,\mathbf{1})$ が留数 $1-\dfrac{1}{p}$ の 1 位の極をもつことは，次の項(f)で証明する．この部分を除き定理 10.6 が証明された．

次に定理 10.7 を示そう．(1)は $\kappa(\gamma)=u$ ととったことを思い出せば，既に上で証明してある．(2)を示そう．χ が定理 10.7(2)の条件をみたすとすると，$\chi_1 \neq \mathbf{1}$ である．したがって上で述べたように $g_{\chi_1}(T) \in O_{\chi_1}[[T]]$ であり，$G_\chi(T) \in O_\chi[[T]]$ である．p が奇素数であれば，$\dfrac{1}{2} \in O_\chi$ だから，直ちに $\dfrac{1}{2}G_\chi(T) \in O_\chi[[T]]$ である．そこで以下では $p=2$ とする．

自然な同型 $\mathrm{Gal}(\mathbb{Q}(\mu_{N_0 p^\infty})/\mathbb{Q}) \simeq (\mathbb{Z}/N_0)^\times \times \mathbb{Z}_p^\times$ によって $(-1,-1)$ と対応する元を $\sigma_{-1} \in \mathrm{Gal}(\mathbb{Q}(\mu_{N_0 p^\infty})/\mathbb{Q})$ と書く．$\widetilde{\Lambda_{N_0}}$ の定義から $(1-\sigma_{-1})z_{N_0} \in \Lambda_{N_0}$ であるが，さらに次が成立する．

主張 $(1-\sigma_{-1})z_{N_0} = 0$．

[主張の証明] ψ を $\Delta \simeq (\mathbb{Z}/4N_0)^\times$ の指標として，上と同じように，$\phi_{\psi,u}: \widetilde{\Lambda_{N_0}} \to O_\psi[[T]]^\sim$ なる写像を考える．すると，任意の奇指標 ψ に対して既に述べたように $L_p(s,\psi)=0$ であるから，$\phi_{\psi,u}(z_{N_0})=0$ が成立する．したがって $\phi_{\psi,u}((1-\sigma_{-1})z_{N_0})=0$ である．Δ の偶指標 ψ に対しては，$\phi_{\psi,u}(1-\sigma_{-1}) = 1-\psi(-1)=0$ より，この式は常に成立するので，結局すべての ψ に対して $\phi_{\psi,u}((1-\sigma_{-1})z_{N_0})=0$ であることがわかる．これは $(1-\sigma_{-1})z_{N_0}=0$ を導く．(このことを見るには，たとえば，Δ の位数を m として $\Lambda_{N_0} \otimes_{\mathbb{Z}_p} \mathbb{Q}_p(\mu_m) = (\mathbb{Z}_p[[\Gamma]] \otimes \mathbb{Q}_p(\mu_m))[\Delta]$ の中で $(1-\sigma_{-1})z_{N_0}=0$ を示せばよいので命題 10.12 から $e_\psi((1-\sigma_{-1})z_{N_0})=0$ を示せばよい．$e_\psi((1-\sigma_{-1})z_{N_0}) = \phi_\psi((1-\sigma_{-1})z_{N_0})e_\psi$ であり，この主張が成立する．) ∎

$$z_{N_0} = \frac{N_\Delta}{\gamma_{N_0}-1} \cdot c + z'_{N_0}, \quad c \in \mathbb{Z}_p, \quad z'_{N_0} \in \Lambda_{N_0}$$

と書こう．上の主張から $(1-\sigma_{-1})z'_{N_0}=0$ である．$\Lambda_{N_0} = \mathbb{Z}_p[[\Gamma]][\Delta]$ と思って，

$z'_{N_0} = \sum_{\sigma \in \Delta} a_\sigma \sigma$, $a_\sigma \in \mathbb{Z}_p[[\varGamma]]$ と書くと，このことから $a_\sigma = a_{\sigma\sigma_{-1}}$ が成立する．したがって任意の第1種偶指標 $\chi_1 \neq \mathbf{1}$ に対して，$\phi_{\chi_1, u}(z_{N_0}) \in 2O_{\chi_1}[[T]]$ である．これは条件をみたす偶指標 χ に対して，$G_\chi(T) \in 2O_\chi[[T]]$ を導く．また奇指標 χ に対しては，$G_\chi(T) = 0$ であることを既に述べたので，これで定理10.7が証明された． ∎

(f) 定理10.14の証明——Eulerの方法の p 進類似

この項(f)では定理10.14の証明を行う．定理10.14には何通りかの異なる証明が知られている．たとえば，Stickelberger元というものを使う方法（これについては§10.3(d)で触れる），円単数というものを使う方法，保型形式を使う方法がある．これらの方法は，それぞれ重要な数論的対象と直接結びつくのでどれも重要なのであるが，ここでは上のような方法ではなく，$\mathbb{C}$ 上の ζ 関数の負の整数での値を求める方法との類似を考えながら，証明を行う．記号等がいたずらに複雑になる一般の場合を避けて，ここでは $N_0 = 1$ の場合に証明を行う．したがって，われわれの証明したいのは，定理の性質をもつ元

$$z_1 \in \mathbb{Z}_p[[\mathrm{Gal}(\mathbb{Q}(\mu_{p^\infty})/\mathbb{Q})]]^\sim$$

の存在である．（存在すれば一意的であることは今までの議論によりわかるので，ここでは存在だけを証明すればよい．）z_1 は Riemann の ζ に対応する「p 進 Riemann ζ」と呼ばれるべき存在である．Riemann の ζ の整数での値を考えることは，z_1 では $\kappa^n(z_1)$ $(n \in \mathbb{Z})$ を考えることに対応している．

まず Euler による Riemann ζ，すなわち $\zeta(s) = \sum_{n=1}^\infty \frac{1}{n^s}$ の負の整数での値を求める方法について述べていこう．$r > 0$ を正の整数として，t の有理関数 $g_r(t)$ を

$$g_r(t) = \left(t\frac{d}{dt}\right)^{r-1}\left(\frac{t}{1-t}\right)$$

と定義する．$|t| < 1$ に対しては $\frac{t}{1-t} = \sum_{n=1}^\infty t^n$ であるから，$|t| < 1$ では $g_r(t) = \sum_{n=1}^\infty n^{r-1} t^n$ である．ここで，

$$g_r(1) = \sum_{n=1}^{\infty} n^{r-1} = \zeta(1-r)$$

として $\zeta(1-r)$ が計算できないだろうか,という暴論が頭に浮かぶが,$g_r(t)$ が $t=1$ を極にもつことから,これは不可能である.そこで Euler は次のように考えた.$c \geqq 2$ を 2 以上の整数とする.

$$g_{1,c}(t) = g_1(t) - cg_1(t^c)$$

とおく.すると $g_1(t)$ と $cg_1(t^c)$ の $t=1$ での極が相殺されて,$g_{1,c}(t)$ は $t=1$ で正則である.ここで,

$$g_{r,c}(t) = \left(t\frac{d}{dt}\right)^{r-1} g_{1,c}(t)$$

とおく.$g_{r,c}(t) = g_r(t) - c^r g_r(t^c)$ とも書ける.$g_{r,c}(t)$ は $t=1$ で正則だから $g_{r,c}(1)$ は意味をもつ.そこで,Euler は

$$g_{r,c}(1) = \text{``}g_r(1) - c^r g_r(1)\text{''}$$
$$= (1 - c^r)\zeta(1-r)$$

として,$\zeta(1-r)$ の値を計算した.ここに,上の 1 行目の等式は意味をもたない推測であるが,2 行目の等式は解析接続の概念をつかえば厳密に証明できる等式である.その方法をここでは簡単に述べよう.変換 D を $D\left(\sum_{n=1}^{\infty} a_n t^n, s\right) = \sum_{n=1}^{\infty} a_n n^{-s}$ なる変換とすると,$D(g_{1,c}(t), s)$ は積分表示をもつので,$\mathbb{C}$ 全体の正則関数に解析接続でき,$D(g_{1,c}(t), 1-r) = g_{r,c}(1)$ を示すことができる.一方,$D(g_{1,c}(t), s) = (1 - c^{1-s})\zeta(s)$ でもあるから,上の等式が得られるのである.われわれはこれから p 進世界において,上にあたる公式を証明するのであるが,解析接続のかわりに Galois 群が大きな役割を果たすことを見てもらいたい.

以下 p を素数として,p 進的に考える.$c \geqq 2$ は p と素な整数をとることにする.$g_{1,c}(t)$ は

$$g_{1,c}(t) = \frac{(c-1)t^{c-1} + (c-2)t^{c-2} + \cdots + t}{t^{c-1} + t^{c-2} + \cdots + 1}$$

と書ける.$t^{c-1} + t^{c-2} + \cdots + 1$ を $\mathbb{Z}_p[[t-1]]$ の元と見ると,$t^{c-1} + t^{c-2} + \cdots + 1 \equiv c \pmod{(t-1)}$ と $c \not\equiv 0 \pmod{p}$ から,$t^{c-1} + t^{c-2} + \cdots + 1 \notin (p, t-1)$ であ

§10.1 p 進解析的ゼータ —— 505

る. 局所環 $\mathbb{Z}_p[[t-1]]$ の極大イデアルに入らないことから, $t^{c-1}+t^{c-2}+\cdots+1$ は可逆元で, したがって, $g_{1,c}(t)$ は $\mathbb{Z}_p[[t-1]]$ の元である. したがって, 任意の $r>0$ に対して $g_{r,c}(t)$ は $\mathbb{Z}_p[[t-1]]$ に属す.

次に群環と対応づけることを考えよう. いま $n>0$ を正の整数として, Galois 群 $\mathrm{Gal}(\mathbb{Q}(\mu_{p^n})/\mathbb{Q})$ を考え, 自然な同型 $\mathrm{Gal}(\mathbb{Q}(\mu_{p^n})/\mathbb{Q}) \simeq (\mathbb{Z}/p^n)^\times$ で $a \in (\mathbb{Z}/p^n)^\times$ に対応する元を σ_a で表す. 群環 $\mathbb{Z}_p[\mathrm{Gal}(\mathbb{Q}(\mu_{p^n})/\mathbb{Q})]$ から $\mathbb{Z}_p[t]/(t^{p^n}-1)$ への $\mathbb{Z}_p$ 加群の準同型

$$\Phi_n: \mathbb{Z}_p[\mathrm{Gal}(\mathbb{Q}(\mu_{p^n})/\mathbb{Q})] \to \mathbb{Z}_p[t]/(t^{p^n}-1)$$
$$\sum \alpha_a \sigma_a \mapsto \sum \alpha_a t^a \qquad (\alpha_a \in \mathbb{Z}_p)$$

を考える. 注意すべきことは Φ_n は環準同型ではないことである. Φ_n は単射で, その像は t^a (a と p は互いに素) たちが生成する部分 $\mathbb{Z}_p$ 加群である.

Φ_n の逆極限を考えると, 補題 10.11 から $\varprojlim \mathbb{Z}_p[t]/(t^{p^n}-1) = \mathbb{Z}_p[[t-1]]$ であるので,

$$\Phi: \mathbb{Z}_p[[\mathrm{Gal}(\mathbb{Q}(\mu_{p^\infty})/\mathbb{Q})]] \to \mathbb{Z}_p[[t-1]]$$

が得られる. $\mathbb{Z}_p[[t-1]]$ を $\mathbb{Z}_p[[t^p-1]]$ 加群と見ると, $1, t, t^2, \cdots, t^{p-1}$ を基底にする自由加群であることがわかる. そこで, $H = \bigoplus_{a=1}^{p-1} t^a \mathbb{Z}_p[[t^p-1]]$ という $\mathbb{Z}_p[[t-1]]$ の部分加群を考えることにすると, Φ の像は H と一致する. したがって Φ は $\mathbb{Z}_p$ 加群の同型

$$\Phi: \mathbb{Z}_p[[\mathrm{Gal}(\mathbb{Q}(\mu_{p^\infty})/\mathbb{Q})]] \xrightarrow{\sim} H$$

を与えることになる. この写像の逆写像を

$$D_p: H \xrightarrow{\sim} \mathbb{Z}_p[[\mathrm{Gal}(\mathbb{Q}(\mu_{p^\infty})/\mathbb{Q})]]$$

と書く. この D_p を, $\mathbb{C}$ 上の変換 $D(\sum a_n t^n, s) = \sum a_n n^{-s}$ の p 進類似と思うことにする.

さてここで, $g_{r,c}(t) \in \mathbb{Z}_p[[t-1]]$ であるが, $g_{r,c}(t) \notin H$ なので, $g_{r,c}(t)$ を H に入るように修正しよう.

$$f_{1,c}(t) = g_{1,c}(t) - g_{1,c}(t^p)$$

とおくと, $g_{1,c}(t) = g_1(t) - cg_1(t^c)$ から

$$f_{1,c}(t) = g_1(t) - g_1(t^p) - c(g_1(t^c) - g_1(t^{cp}))$$

となる.ここで $g_1(t) - g_1(t^p)$, $g_1(t^c) - g_1(t^{cp})$ は共に $\dfrac{1}{t^p-1}H$ に入るので, $f_{1,c}(t)$ は H に入る.われわれは元 θ_c を
$$\theta_c = D_p(f_{1,c}(t)) \in \mathbb{Z}_p[[\mathrm{Gal}(\mathbb{Q}(\mu_{p^\infty})/\mathbb{Q})]]$$
で定義する.κ を項(e)で定義したように円分指標とする.

補題 10.15

(1) 1 を自明な指標とし,その群環への延長も 1 と書くことにする.このとき次の図式は可換になる.ここに,ななめの写像は t に 1 を代入することによって定義される写像である.

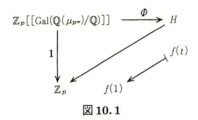

図 10.1

(2) κ を円分指標とし,$\mathbb{Z}_p[[\mathrm{Gal}(\mathbb{Q}(\mu_{p^\infty})/\mathbb{Q})]]$ の自己準同型 τ を
$$\tau: \mathbb{Z}_p[[\mathrm{Gal}(\mathbb{Q}(\mu_{p^\infty})/\mathbb{Q})]] \to \mathbb{Z}_p[[\mathrm{Gal}(\mathbb{Q}(\mu_{p^\infty})/\mathbb{Q})]]$$
$$(\textstyle\sum a_\sigma \sigma) \mapsto (\textstyle\sum a_\sigma \kappa(\sigma) \sigma)$$

で定義すると,τ は自己同型であり,次の図式は可換である.

$$\begin{array}{ccc} \mathbb{Z}_p[[\mathrm{Gal}(\mathbb{Q}(\mu_{p^\infty})/\mathbb{Q})]] & \xrightarrow{\Phi} & H \\ {\scriptstyle \tau}\downarrow & & \downarrow{\scriptstyle (t\frac{d}{dt})} \\ \mathbb{Z}_p[[\mathrm{Gal}(\mathbb{Q}(\mu_{p^\infty})/\mathbb{Q})]] & \xrightarrow{\Phi} & H \end{array}$$

ここに,$\left(t\dfrac{d}{dt}\right)$ は $f(t)$ を $t\dfrac{d}{dt}f(t)$ に写す写像で,この写像は H の元を H の元に写す. □

補題 10.15 の証明は容易なので略す.

補題 10.15 により,任意の正の整数 $r > 0$ に対して,
$$\kappa^{r-1}(\theta_c) = 1(\tau^{r-1}(\theta_c))$$
$$= \left(t\dfrac{d}{dt}\right)^{r-1} f_{1,c}(t)\,|_{t=1}$$

$$= g_{r,c}(1) - p^{r-1} g_{r,c}(1)$$
$$= (1 - p^{r-1}) g_{r,c}(1)$$

と計算できる．これを Euler の式

$$(1 - c^r)\zeta(1-r) = g_{r,c}(1)$$

と比べると，Euler の式が，$\mathbb{C}$ 上に解析接続されたある正則関数 $D(g_{1,c}(t), s)$ の $1-r$ での値が $g_{r,c}(1)$ であることを言っているのに対して，上の式は，"Galois 群上に p 進解析接続された" $\theta_c = D_p(f_{1,c}(l))$ の κ^{r-1} での値がほぼ $g_{r,c}(1)$ であることを言っている，と思うことができる．さらにまた，両式を比べることにより，

$$\kappa^{r-1}(\theta_c) = (1 - c^r)(1 - p^{r-1})\zeta(1-r)$$

を得る．

補題 10.16 τ を補題 10.15(2) の通りとし，$\theta'_c = \tau^{-1}(\theta_c)$ とおく．また σ_c を $\kappa(\sigma_c) = c$ となる $\mathrm{Gal}(\mathbb{Q}(\mu_{p^\infty})/\mathbb{Q})$ の元とする．このとき $z_1 = \dfrac{\theta'_c}{1 - \sigma_c}$ とおくと，z_1 は c のとり方によらず，$\varLambda_1^\sim = \mathbb{Z}_p[[\mathrm{Gal}(\mathbb{Q}(\mu_{p^\infty})/\mathbb{Q})]]^\sim$ に入る．($\varLambda_1^\sim$ の定義については項(e)を見よ．) さらには，任意の正の整数 $r > 0$ に対して

$$\kappa^r(z_1) = (1 - p^{r-1})\zeta(1-r)$$

が成立する．

[証明] $z_{1,c} = \theta'_c/(1 - \sigma_c)$ を $\varLambda_1 = \mathbb{Z}_p[[\mathrm{Gal}(\mathbb{Q}(\mu_{p^\infty})/\mathbb{Q})]]$ の全商環 $Q(\varLambda_1)$ の元とすると，

$$\kappa^r(z_{1,c}) = \kappa^{r-1}(\theta_c)(1 - c^r)^{-1}$$
$$= (1 - p^{r-1})\zeta(1-r)$$

がすべての正の整数 r に対して成立する．ここで，今まで述べてきたことから，$z_{1,c}$ はこの式だけで特徴づけられることがわかることに注意しよう．右辺は c によらない式なので，$z_{1,c}$ は c によらない．$z_1 = z_{1,c}$ と書こう．定義から条件をみたす任意の c に対して $(1 - \sigma_c)z_1 \in \varLambda_1 = \mathbb{Z}_p[[\mathrm{Gal}(\mathbb{Q}(\mu_{p^\infty})/\mathbb{Q})]]$ である．集合 $\{c \mid c$ は 2 以上の p と互いに素な整数$\}$ は $\mathbb{Z}_p^\times$ の中で稠密だから，任意の $\sigma \in \mathrm{Gal}(\mathbb{Q}(\mu_{p^\infty})/\mathbb{Q})$ に対して，$(1 - \sigma)z_1 \in \varLambda_1$ である．したがって $\varLambda_1^\sim$ の定義から $z_1 \in \varLambda_1^\sim$ となる． ∎

次に ω を Teichmüller 指標として, $\omega^i\kappa^r(z_1)$ の値を計算しなければならない. まず p を奇素数としよう. i を整数, $\omega^i \neq 1$ とする. τ_{ω^i} を $(\sum a_\sigma \sigma) \mapsto (\sum a_\sigma \omega^i(\sigma)\sigma)$ なる写像として, $\Phi(\tau_{\omega^i}\tau(z_1))$ を定義に従って計算すると,

$$\Phi(\tau_{\omega^i}\tau(z_1)) = \frac{\sum_{a=1}^{p-1} \omega^i(a)t^a}{1-t^p}$$

がわかる. かくて補題 10.15 により

$$\omega^i\kappa^r(z_1) = \left(t\frac{d}{dt}\right)^{r-1}\left(\frac{\sum_{a=1}^{p-1}\omega^i(a)t^a}{1-t^p}\right)\bigg|_{t=1}$$

が出るが, 右辺は $\zeta(1-r)$ のときと同様に解析接続により, $L(1-r,\omega^i)$ に等しいことがわかる. これが求める式であった. $p=2$ のときも $\Phi(\tau_\omega\tau(z_1)) = \sum_{a=1}^{4}\omega(a)t^a/(1-t^4)$ であり, 他は同様に示せる.

　以上で, 定理 10.14 が証明された.

　最後に $L_p(s,1)$ が $s=1$ に留数 $1-\dfrac{1}{p}$ の 1 位の極をもつことの証明を行う. 上の証明で, $c \equiv 1 \pmod{p}$ ととろう. すると

$$g_{1,c}(t) = \left(t\frac{d}{dt}\right)\log\frac{1-t^c}{1-t}$$
$$= \left(t\frac{d}{dt}\right)\log(1+t+\cdots+t^{c-1})$$

と書けるが, $1+t+\cdots+t^{c-1} \equiv 1 \pmod{p,t-1}$ であるので, $\log(1+z) = \sum_{n=1}^{\infty}(-1)^{n-1}z^n/n$ に形式的に代入して, $\log(1+t+\cdots+t^{c-1})$ を $\mathbb{Q}_p[[t-1]]$ の元と思うことができる. 同様に

$$f_{1,c}(t) = \left(t\frac{d}{dt}\right)\left(\log\frac{1-t^c}{1-t} - \frac{1}{p}\log\frac{1-t^{cp}}{1-t^p}\right)$$

である. ここで

$$\log\frac{1-t^c}{1-t} - \frac{1}{p}\log\frac{1-t^{cp}}{1-t^p} \in \mathbb{Z}_p[[t-1]]$$

§10.1 p進解析的ゼータ —— 509

が示せる．またこの元は H にも入る．補題 10.15 により，

$$\mathbf{1}(\theta'_c) = (\log c)\left(1 - \frac{1}{p}\right)$$

である．

いま，項(e)のように $\mathrm{Gal}(\mathbb{Q}(\mu_{p^\infty})/\mathbb{Q}) = \Delta \times \Gamma$ と分解し，Γ の位相的生成元 γ をとったとする．$\{c_n\}$ を $\kappa(\gamma)$ に収束する正の整数の列 $(\lim_{n\to\infty} c_n = \kappa(\gamma))$ として，$\theta'_\gamma = \lim_{n\to\infty} \theta_{c_n}$ と定義すると，連続性から

$$\mathbf{1}(\theta'_\gamma) = (\log \kappa(\gamma))\left(1 - \frac{1}{p}\right)$$

を得る．項(e)における定理 10.6, 10.7 の証明と同じ記号を使うことにする．$g_1(T) \in \frac{1}{T}\mathbb{Z}_p[[T]]$ を z_1 から Δ の自明な指標 $\mathbf{1}$ によって得られるベキ級数とする((e)での記号を使うと，$g_1(T) = \phi_{1,\kappa(\gamma)}(z_1)$ である)．$g_1(T)$ の定義から，$\mathbf{1}(\theta'_\gamma) = (\log \kappa(\gamma))\left(1 - \frac{1}{p}\right)$, $z_1 = \theta'_\gamma/(1-\gamma)$ により

$$g_1(T) = \frac{-\log \kappa(\gamma)}{T}\left(1 - \frac{1}{p}\right) + \sum_{n=0}^{\infty} A_n T^n, \quad A_n \in \mathbb{Z}_p$$

と書ける．項(e)で見たように，$L_p(s, \mathbf{1}) = g_1(\kappa(\gamma)^{1-s} - 1)$ だから，上は

$$L_p(s, \mathbf{1}) = \frac{1}{s-1}\left(1 - \frac{1}{p}\right) + \sum_{n=0}^{\infty} a_n(s-1)^n$$

を導く．これで定理 10.6(2) の証明が完成した．

(g) Ferrero–Washington の定理の証明

この項(g)では定理 10.9 を証明する．初めて読む読者は，ここを飛ばして §10.2 に進むことをお薦めする．ここで与える証明は Sinnott のアイディアに基づいている．ここでは，(e)と同様 $N_0 = 1$ のときを考えることにする．一般の場合も同様に証明できる．

[定理 10.9 の証明] ω を Teichmüller 指標とするとき，$\omega^i \neq \mathbf{1}$ をみたす偶数 i に対して，$\frac{1}{2}G_{\omega^i}(T) \not\equiv 0 \pmod{p}$ を示すことが目的である．われわれの仮定から，p を奇素数としてよい．そこで，示すべきなのは，$G_{\omega^i}(T) \not\equiv 0 \pmod{p}$ である．われわれは項(e), (f)の記号をそのまま使うことにする．

$$\phi_{\omega^i,u}: \Lambda_1^{\sim} \to \mathbb{Z}_p[[T]]$$

を(e)で定義された写像とするとき，$G_{\omega^i}(T)$ は

$$\phi_{\omega^i,u}(z_1) = g_{\omega^i}(T), \quad g_{\omega^i}(u(1+T)^{-1}-1) = G_{\omega^i}(T)$$

として定義されたことを思い出そう．また(f)では z_1 を

$$z_1 = \frac{\tau^{-1} D_p(f_{1,c}(t))}{1-\sigma_c}$$

と構成した．以下では簡単のため，$c=2$ ととることにしよう．$\mathbb{Z}_p^{\times}$ の任意の元 a に対し，$\langle a \rangle \in 1+p\mathbb{Z}_p$ を $\langle a \rangle = a/\omega(a)$ で定義する．したがって $a \in \mathbb{Z}_p^{\times}$ は，

$$a = \omega(a)\langle a \rangle, \quad \omega(a): \mathbb{Z}_p^{\times} \text{ の中の } 1 \text{ の } p-1 \text{ 乗根},$$
$$\langle a \rangle \in 1+p\mathbb{Z}_p$$

と分解することになる．u を $1+p\mathbb{Z}_p$ の中の固定した生成元として，u に関する対数を $\log_u: 1+p\mathbb{Z}_p \xrightarrow{\sim} \mathbb{Z}_p$ と書くことにする．ϕ_{ω^i} の定義により

$$\phi_{\omega^i,u}(1-\sigma_2) = 1 - \omega(2)^i (1+T)^{\log_u \langle 2 \rangle}$$

である．$\log_u \langle 2 \rangle \neq 0$ より $\phi_{\omega^i,u}(1-\sigma_2) \not\equiv 0 \pmod{p}$ であるので，定理10.9を証明するためには，

$$\phi_{\omega^i,u}(\tau^{-1} D_p f_{1,2}(t)) \not\equiv 0 \pmod{p}$$

を示せばよい．$\phi_{\omega^i,u}(\tau^{-1} D_p f_{1,2}(t)) \equiv \phi_{\omega^{i-1},u}(D_p f_{1,2}(t)) \pmod{p}$ を考えて，

$$F_{1,2}(T) = \phi_{\omega^{i-1},u}(D_p f_{1,2}(t)) \in \mathbb{Z}_p[[T]]$$

とおく．以下では，$F_{1,2}(T) \not\equiv 0 \pmod{p}$ を証明する．

$$f_{1,2}(t) = \left(\sum_{a=1}^{p-1} (-1)^{a+1} t^a \right) \Big/ 1+t^p$$
$$= \left(\sum_{\substack{a=1 \\ p \nmid a}}^{p^n} (-1)^{a+1} t^a \right) \Big/ 1+t^{p^n}$$

から，

$$F_{1,2}(T) \mod (1+T)^{p^{n-1}} - 1 = \frac{1}{2} \sum_{\substack{a=1 \\ p \nmid a}}^{p^n} (-1)^{a+1} \omega^{i-1}(a) (1+T)^{\log_u \langle a \rangle}$$

$$\in \mathbb{Z}_p[T]/((1+T)^{p^{n-1}}-1) \simeq \mathbb{Z}_p[\mathrm{Gal}(\mathbb{Q}(\mu_{p^n})/\mathbb{Q}(\mu_p))]$$

である．ここで $F_{1,2}(T) \mod (p,(1+T)^{p^{n-1}}-1) \in \mathbb{F}_p[T]/((1+T)^{p^{n-1}}-1) = \mathbb{F}_p[T]/(T^{p^{n-1}})$ を考えることにする。

$F_{1,2}(T) \mod (p,(1+T)^{p^{n-1}}-1) = 0$

$\iff$ 任意の $\alpha \in \mathbb{Z}/p^{n-1}$ に対して

$$\sum_{\substack{\log_u\langle a\rangle = \alpha \pmod{p^{n-1}} \\ a=1,\, p\nmid a}}^{p^n} (-1)^{a+1} \omega^{i-1}(a) = 0$$

$\iff$ 任意の $\alpha \in (1+p\mathbb{Z})/(1+p^n\mathbb{Z}) \subset (\mathbb{Z}/p^n)^\times$ に対して

$$\sum_{\substack{\langle a\rangle = \alpha \pmod{p^n} \\ a=1,\, p\nmid a}}^{p^n} (-1)^{a+1}\omega^{i-1}(a) = 0$$

であるから，$F_{1,2}(T) \mod (1+T)^{p^{n-1}}-1$ の右辺の $\log_u\langle a\rangle$ は $(\langle a\rangle-1)/p$ に置き換えてよい．つまり

$$\varphi_n(T) = \frac{1}{2} \sum_{\substack{a=1 \\ p\nmid a}}^{p^n} (-1)^{a+1}\omega^{i-1}(a)(1+T)^{\frac{\langle a\rangle-1}{p}} \in \mathbb{F}_p[T]/(T^{p^{n-1}})$$

とおくと，

$$F_{1,2}(T) \mod (p,(1+T)^{p^{n-1}}-1) \neq 0 \iff \varphi_n(T) \neq 0$$

である．したがって，$\varphi(T) = \lim_{n\to\infty}\varphi_n(T) \in \mathbb{F}_p[[T]]$ とおき，$\varphi(T) \neq 0$ を示せばよい．$(1+T)\varphi(T^p) \neq 0$ を言えばよいから，

$$\psi_n(T) = \frac{1}{2} \sum_{\substack{a=1 \\ p\nmid a}}^{p^n} (-1)^{a+1}\omega^{i-1}(a)(1+T)^{\langle a\rangle} \in \mathbb{F}_p[[T]], \quad \psi = \lim_{n\to\infty} \psi_n(T)$$

とおいて，$\psi \neq 0$ を示せばよいことになる．ここで，

$$H_a(T) = \frac{(-1)^{a+1}\omega^{i-1}(a)(1+T)^a}{1+(1+T)^p} \in \mathbb{F}_p(T)$$

とおくと，

$$\psi = \sum_{a=1}^{p-1} H_a\left((1+T)^{\frac{1}{\omega(a)}}-1\right) \in \mathbb{F}_p[[T]]$$

である. 今, $\psi = 0$ と仮定する. $i-1$ が奇数なので, $\omega^{i-1}(p-a) = -\omega^{i-1}(a)$ となることに注意して, 次に述べる補題 10.17 を使うと,
$$H_a(T) + H_{p-a}((1+T)^{-1} - 1) = 2 \cdot H_a(T) \in \mathbb{F}_p$$
となるが, これは矛盾である. したがって, $\psi \neq 0$ である. ∎

補題 10.17 $a = 1, 2, \cdots, p-1$ に対して, $H_a(T) \in \mathbb{F}_p(T)$ が与えられ,
$$\sum_{a=1}^{p-1} H_a\left((1+T)^{\frac{1}{\omega(a)}} - 1\right) = 0$$
をみたすとすると, $H_a(T) + H_{p-a}((1+T)^{-1} - 1) \in \mathbb{F}_p$ である. □

この補題 10.17 の証明のためには, 次の補題が必要である.

補題 10.18 (Sinnott) k を体, $X_1, \cdots, X_n, Z$ を不定元, $\langle X_1, \cdots, X_n \rangle$ を体 $k(X_1, \cdots, X_n)^\times$ の中で $X_1, \cdots, X_n$ が生成する部分群, $Y_1, \cdots, Y_m$ を $\langle X_1, \cdots, X_n \rangle$ の元で, どの 2 つをとっても乗法的に独立であるとする. すなわち, 整数 a, b に対して $Y_i^a = Y_j^b$ ($i \neq j$) は $a = b = 0$ のときしか成立しないとする. 今, 有理関数 $r_1(Z), \cdots, r_m(Z) \in k(Z)$ が
$$\sum_{a=1}^{m} r_a(Y_a) = 0$$
をみたすとすると, $r_a(Y_a)$ はすべて定数である. すなわち, $r_a(Z) \in k$ である. □

補題 10.18 を認めて補題 10.17 を証明する. (これらの補題の証明については下の文献[*2]を参照).

[補題 10.17 の証明] 環 $\mathbb{Z}[\mu_{p-1}]$ を $\mathbb{Z}$ 加群と見て, その基底 $e_1, \cdots, e_n$ をとる. $X_i = (1+T)^{e_i}$ とおくと, $X_1, \cdots, X_n$ は $\mathbb{F}_p((T))$ の中で $\mathbb{F}_p$ 上代数独立である. $m = \dfrac{p-1}{2}$ とおき $Y_1 = (1+T)^{\frac{1}{\omega(1)}}, \cdots, Y_m = (1+T)^{\frac{1}{\omega(m)}}$ と $Y_1, \cdots, Y_m$ をとると, これらはどの 2 つをとっても乗法的に独立である.
$$r_a(Z) = H_a(Z-1) + H_{p-a}(Z^{-1} - 1)$$
として補題 10.18 を適用すれば補題 10.17 が出る. ∎

[補題 10.18 の証明] これは純粋に代数的な補題なので, 概略だけを述

[*2] W. Sinnott, On the μ-invariant of the $\varGamma$-transform of a rational function, *Invent. Math.* **75** (1984) pp. 273–282.

べる．k は十分大きくとってもよいから，$k^{\times}$ は位数無限の元 t を含むとしてよい．定数でない有理関数 $r_a(Z)$ に対して，補題 10.18 のような関係が成立すると仮定する．m をこのような関係が成立する最小の整数にとっておく．$r_1(Z) \neq 0$ より，$m \geq 2$ である．$Y_a = \prod_{i=1}^{n} X_i^{\alpha_{ia}}, \alpha_{ia} \in \mathbb{Z}$ と書く．Y_1 と Y_2 は乗法的に独立だから，

$$\sum_{i=1}^{n} \alpha_{i1}\beta_i = 0, \quad \sum_{i=1}^{n} \alpha_{i2}\beta_i \neq 0$$

をみたす $\beta_1, \cdots, \beta_n \in \mathbb{Z}$ がとれる．$\delta_a = \sum_{i=1}^{n} \alpha_{ia}\beta_i$ とおき，X_i を $X_i t^{\beta_i}$ に置きかえれば，

$$\sum_{a=1}^{m} r_a(Y_a t^{\delta_a}) = 0$$

である．したがって

$$\sum_{a=2}^{m} r_a(Y_a) - r_a(Y_a t^{\delta_a}) = 0$$

となるが，$r_2(Y_2) - r_2(Y_2 t^{\delta_2}) \notin k$ であるから，これは m の最小性に矛盾する． ∎

§10.2　イデアル類群と円分 $\mathbb{Z}_p$ 拡大

本節では項(a), (b), (c)で代数からの準備，項(d)で類体論の復習をした後，円分体のイデアル類群について研究する．主目標は，円分 $\mathbb{Z}_p$ 拡大体のイデアル類群(正確には項(e)で定義される X)が Galois 群の群環上の加群として，有限生成ねじれ加群となることを示すことである．このことからこの章の前書きで述べたような代数的 p 進ゼータが定義される．

（a）ベキ級数と λ, μ 不変量

R を完備離散付値環，π をその極大イデアルの生成元，$k = R/(\pi)$ を剰余体とする．項(a)と(b)では，R 上の1変数形式ベキ級数環 $A = R[[T]]$ を考える．まず基本的なのは，次の命題である．

命題 10.19 (p 進 Weierstrass 準備定理)　$f \in A = R[[T]]$ を 0 でない R 上の形式ベキ級数とすると，
$$f = \pi^\mu (T^\lambda + a_1 T^{\lambda-1} + \cdots + a_\lambda) u(T),$$
$$\lambda, \mu \in \mathbb{Z}_{\geq 0}, \quad a_1, \cdots, a_\lambda \in \pi R, \quad u(T) \in R[[T]]^\times$$
と一意的に書くことができる．　　□

ベキ級数 $f \in R[[T]]$ に対して，命題 10.19 のような λ, μ をそれぞれ f の **λ 不変量**(λ-invariant)，**μ 不変量**(μ-invariant) と呼び，$\lambda(f), \mu(f)$ で表す．多項式 $T^\lambda + a_1 T^{\lambda-1} + \cdots + a_\lambda$ を f に**付随する多項式**と呼ぶ．

[命題 10.19 の証明]　まず最初に次の主張を証明する．

主張　n を正の整数とする．$f \in (R/\pi^n)[[T]]$ を R/π^n 上のベキ級数で，$f \bmod \pi \neq 0$ であるとすると，
$$f = g_n(T) u_n(T),$$
$$g_n(T) = T^\lambda + a_1^{(n)} T^{\lambda-1} + \cdots + a_\lambda^{(n)}, \quad a_i^{(n)} \in \pi(R/\pi^n)$$
$$u_n(T) \in (R/\pi^n)[[T]]^\times$$
と一意的に書くことができる．

[主張の証明]　n についての数学的帰納法で示す．$n=1$ のとき $(R/\pi)[[T]] = k[[T]]$ は (T) を極大イデアルとする離散付値環である．したがって，$f = f \bmod \pi \neq 0$ より，$f = T^\lambda u_1(T), u_1(T) \in k[[T]]^\times$ と一意的に書ける．したがってこのとき主張は示された．

n のとき成立するとして，$n+1$ のときに成立することを示す．
$$f \in (R/\pi^{n+1})[[T]], \quad f \bmod \pi \neq 0$$
とする．帰納法の仮定から $f \bmod \pi^n = g_n(T) u_n(T)$ と主張のように一意的に書ける．今，$\widetilde{g}(T) = T^\lambda + \widetilde{a}_1 T^{\lambda-1} + \cdots + \widetilde{a}_\lambda, \widetilde{u}(T) \in (R/\pi^{n+1})[[T]]$ を，$\widetilde{g}(T) \bmod \pi^n = g_n(T), \widetilde{u}(T) \bmod \pi^n = u_n(T)$ となるようにとる．$f \equiv \widetilde{g}(T) \widetilde{u}(T) \pmod{\pi^n}$ より，$f - \widetilde{g}(T) \widetilde{u}(T) = \pi^n c(T)$ と書ける．$u_n(T)$ が可逆元だったから $\widetilde{u}(T)$ も可逆元であることに注意して，$\widetilde{u}(T)^{-1} c(T) = \sum_{i=0}^\infty c_i T^i$ と書く．
$$\alpha(T) = \sum_{i=0}^{\lambda-1} c_i T^i, \quad \beta(T) = \left(\sum_{i=\lambda}^\infty c_i T^{i-\lambda} \right) \widetilde{u}(T)$$
とおき，

§10.2 イデアル類群と円分 $\mathbb{Z}_p$ 拡大—— 515

$$g_{n+1}(T) = \tilde{g}(T) + \pi^n \alpha(T),$$
$$u_{n+1}(T) = \tilde{u}(T) + \pi^n \beta(T)$$

と定義する．$\tilde{g}(T) \bmod \pi = T^\lambda$ に注意すれば，$(R/\pi^{n+1})[[T]]$ の中で，
$$\pi^n(\alpha(T)\tilde{u}(T) + \beta(T)\tilde{g}(T)) = \pi^n c(T)$$

であり，したがって，$f = g_{n+1}(T)u_{n+1}(T)$ である．$\alpha(T) \bmod \pi$, $\beta(T) \bmod \pi$ は一意的に定まるから，$g_{n+1}(T)$, $u_{n+1}(T)$ も一意的に定まる．∎

命題 10.19 の証明にもどろう．$f = \sum_{i=0}^{\infty} A_i T^i$ として $\mu = \min\{v_R(A_i)\}_{i \geq 0}$ とおく．ここに v_R は $v_R(\pi) = 1$ をみたす R の離散付値である．$f_0 = f/\pi^\mu$ とおくと，$f_0 \bmod \pi \neq 0$ だから，主張のように $f_0 \bmod \pi^n = (T^\lambda + a_1^{(n)} T^{\lambda-1} + \cdots + a_\lambda^{(n)})u_n(T)$ と書ける．

$$a_i = (a_i^{(n)}) \in R = \varprojlim R/(\pi^n)$$
$$u(T) = (u_n(T)) \in R[[T]] = \varprojlim (R/\pi^n)[[T]]$$

とおけば，$f = \pi^\mu(T^\lambda + a_1 T^{\lambda-1} + \cdots + a_\lambda)u(T)$ という分解が得られる．また，この分解は一意的である．∎

(b) 特性イデアルと行列式

$R, A = R[[T]]$ を項(a)の通りとする．項(b)では有限生成ねじれ A 加群 M について考察し，M の特性イデアル $\mathrm{Char}(M)$ というものを定義する．また，M がある条件をみたすときは，このイデアルがある線形写像の固有多項式で生成されるということを述べる．

B を主環(単項イデアル整域)，M を有限生成ねじれ B 加群とすると，よく知られているように単因子論により，

$$M \simeq B/(a_1^{n_1}) \oplus \cdots \oplus B/(a_r^{n_r}), \quad a_1, \cdots, a_r \text{ は } B \text{ の既約元,}$$
$$n_1, \cdots, n_r \text{ は正の整数}$$

と書ける．この類似を有限生成ねじれ A 加群に対して考えたい．しかし A はもちろん主環ではなく，また 1 次元の環でもないので，このままの類似は成り立たない．

まず定義を確認しておくと，M が有限生成ねじれ A 加群であるとは，M が有限生成 A 加群で，0 でない元 $f \in A$ で $fM = 0$ となるものがある，とい

うことである．2つの有限生成ねじれ A 加群 M, N に対して，A 準同型 $\varphi: M \to N$ でその核，余核がともに R 加群として長さ有限であるようなものが存在するときに，M と N は擬同型 (pseudo-isomorphism) であると言い，$M \sim N$ と表すことにする．R の剰余体 $k = R/(\pi)$ が有限体のときは，M と N が擬同型であるとは

$$0 \to (\text{有限}) \to M \xrightarrow{\varphi} N \to (\text{有限}) \to 0$$

なる A 加群の完全系列が存在することである．つまり擬同型とは，有限のずれを無視した同型のことだと言ってよい．有限生成ねじれ A 加群の間で，擬同型は同値関係になる（証明は省略する）．上に書いた有限生成ねじれ B 加群についての定理の類似として，次が成立する．

命題 10.20 M を有限生成ねじれ A 加群とすると，

$$M \sim A/(f_1^{n_1}) \oplus \cdots \oplus A/(f_r^{n_r}), \quad f_1, \cdots, f_r \text{ は } A \text{ の既約元},$$
$$n_1, \cdots, n_r \text{ は正の整数}$$

と書ける．ここに $\sim$ は上で述べた擬同型である．$f_1^{n_1}, \cdots, f_r^{n_r}$ は単数倍を除いて M に対して一意的に決まる． □

これは純粋に代数の定理なので，ここでは証明は与えない．主環 B 上の有限生成ねじれ加群 M が標準形をもつことは，次のようにして示されたことを思い出そう．

$$B^m \xrightarrow{\varphi} B^r \to M \to 0$$

が B 加群の完全系列となるような準同型 φ をとり，φ を行列 X で表すとすると，X は基本変形により，

$$\begin{pmatrix} a_1^{n_1} & & 0 \\ & \ddots & 0 \\ 0 & & a_r^{n_r} \end{pmatrix}$$

の型に変形できる．したがって $M \simeq B/(a_1^{n_1}) \oplus \cdots \oplus B/(a_r^{n_r})$ となるのである．命題 10.20 を示すには，やはり

$$A^m \xrightarrow{\varphi} A^r \to M \to 0$$

が A 加群の完全系列となるような φ をとり，φ に対応する行列 X を考えると，X を基本変形だけで上のような型にすることはできないが，擬同型に対

応するようないくつかの変形を許せば，X は

$$\begin{pmatrix} f_1^{n_1} & & 0 \\ & \ddots & 0 \\ 0 & & f_r^{n_r} \end{pmatrix}$$

の型に変形できる．こうして命題10.20が証明されるのである．興味のある読者は岩澤理論の参考文献[2]の§13.2を見るとよい．

定義10.21 有限生成ねじれA加群Mを命題10.20のように
$$M \sim \Lambda/(f_1^{n_1}) \oplus \cdots \oplus \Lambda/(f_r^{n_r})$$
と書いたとき，$f = f_1^{n_1} \cdots f_r^{n_r}$ で生成されるAのイデアル $(f) = fA$ を M の**特性イデアル**(characteristic ideal)と呼び，$\mathrm{Char}(M)$ で表す．さらにまた M の λ 不変量，μ 不変量をそれぞれ

$$\lambda(M) = \lambda(f)$$
$$\mu(M) = \mu(f), \quad f = \prod_{i=1}^{r} f_i^{n_i}$$

で定義する．

有限生成ねじれ $A = R[[T]]$ 加群 M が，R-自由であるとは，M を R 加群と見たとき，自由 R 加群であることと定義する． □

$\mathbb{Z}$ 加群 M が
$$M \simeq \mathbb{Z}/(p_1^{n_1}) \oplus \cdots \oplus \mathbb{Z}/(p_r^{n_r}), \quad p_1, \cdots, p_r \text{ は素数}$$
と表されるとき，M の位数は $p_1^{n_1} \cdots p_r^{n_r}$ である．そこで表10.4のような類似があることがわかる．

表10.4

有限$\mathbb{Z}$加群	有理生成ねじれA加群
位数	$\mathrm{Char}(M)$

$f \in A$ が $\mu(f) = 0$ をみたすとすると，命題10.19から
$$f = (T^\lambda + a_1 T^{\lambda-1} + \cdots + a_\lambda)u(T), \quad u(T) \in A^\times$$
と書けるので，$A/(f)$ は R 加群として階数 λ の自由 R 加群である．$A/(\pi^n) = (R/\pi^n)[[T]]$ はもちろんねじれ R 加群である．

命題 10.22 有限生成ねじれ A 加群 M に対して，次は同値である．
(1) M は R-自由である．
(2) M は 0 と異なる長さ有限の部分 R 加群をもたず，また $\mu(M)=0$ である．

上の条件が成り立つとき，M は階数 $\lambda(M)$ の自由 R 加群である．

[証明] M は有限生成ねじれ A 加群だから，命題 10.20 から
$$\varphi: M \to A/(f_1^{n_1}) \oplus \cdots \oplus A/(f_r^{n_r})$$
なる A 準同型 φ で，$\mathrm{Ker}(\varphi), \mathrm{Coker}(\varphi)$ がともに長さ有限 R 加群であるようなものが存在する．

(1)を仮定すると，M はもちろん 0 と異なる長さ有限の部分 R 加群をもたない．また，$\mathrm{Coker}(\varphi)$ が長さ有限 R 加群であるから，命題 10.22 の直前で述べたことを考えると，$\mu(f_1^{n_1}) = \cdots = \mu(f_r^{n_r}) = 0$ である．したがって，$\mu(M) = 0$ である．

逆に(2)を仮定すると，$\mu(M) = 0$ より，$A/(f_1^{n_1}) \oplus \cdots \oplus A/(f_r^{n_r})$ は R-自由である．したがって φ の像 $\varphi(M)$ も R-自由になるが，M は 0 と異なる長さ有限の部分 R 加群をもたないので，φ は単射であり，$M \simeq \varphi(M)$ も R-自由になる．

$A/(f_i^{n_i})$ は階数 $\lambda(f_i^{n_i})$ の自由 R 加群だから，M が上の条件をみたせば，M は階数 $\lambda(M) = \sum_{i=1}^r \lambda(f_i^{n_i})$ の自由 R 加群になる． ∎

R-自由な有限生成ねじれ A 加群 M の特性イデアルは，T 倍に対応する線形写像の固有多項式で生成される，ということを述べるのが，次の命題である．

命題 10.23 M を有限生成ねじれ A 加群で，R-自由であるとする．また $\lambda = \lambda(M)$ とおく．つまり，M は R 加群として階数 λ の自由加群であるとする．

(1) M を単に R 加群と見たものを M_0 と書くことにする．自由 A 加群 $A \otimes_R M_0$ を考え，A 加群の準同型写像
$$\Phi: A \otimes_R M_0 \to A \otimes_R M_0$$
を

$$\Phi(a\otimes m) = (Ta)\otimes m - a\otimes (Tm)$$

で定義する．すると

$$0 \to A\otimes_R M_0 \xrightarrow{\Phi} A\otimes_R M_0 \xrightarrow{\psi} M \to 0$$

は A 加群の完全系列になる．ここに ψ は $\psi(a\otimes m) = am$ で定義される A 加群の準同型写像である．

（2） A 準同型写像 Φ は λ 次の行列 $C \in M_\lambda(A)$ で表される．M の特性イデアル $\mathrm{Char}(M)$ は C の行列式 $\det C$ で生成される．すなわち，

$$\mathrm{Char}(M) = (\det C) \subset A$$

である．

（3） T 倍写像 $T: M \to M$ $(x \mapsto Tx)$ は M を自由 R 加群と見ると，R 加群の準同型写像で，λ 次の行列 $V_T \in M_\lambda(R)$ で表される．$C \in M_\lambda(A)$ を(2)の通りとすると，$\det C$ は V_T の固有多項式と一致する．すなわち，

$$\det C = \det(TI - V_T)$$

である．ここに I は λ 次の単位行列である．

（4） $\mathrm{Char}(M) = (\det(TI - V_T))$． □

(c) 命題 10.23 の証明

ここでは命題 10.23 を証明するが，これは純粋に代数の定理であるので，興味のない読者はここを飛ばして先に進んでもよい．

まず(1)を示そう．ψ が全射であることは明らかである．また，$\psi \circ \Phi = 0$ であることもすぐわかる．そこで，$\mathrm{Ker}\,\psi \subset \mathrm{Im}\,\Phi$ であることを示す．このことより強い次の主張を証明する．

主張 任意の $y \in A\otimes_R M_0$ に対して，

$$y - 1\otimes \psi(y) \in \mathrm{Im}\,\Phi$$

である．

[証明] 主張を示すには，$y = T^n\otimes m$ $(n \in \mathbb{Z}_{\geq 0},\ m \in M_0)$ の型の元に対して示せば十分である．この主張を n についての数学的帰納法で示す．

$n = 0$ のとき，$y - 1\otimes \psi(y) = 0$ だから，この主張は明らかである．n で成立するとして，$n+1$ で成立することを示す．$T^n \otimes Tm$ に対して，帰納法の仮定

から，
$$T^n \otimes Tm - 1 \otimes T^{n+1}m = \Phi(z')$$
なる $z' \in A \otimes_R M_0$ が存在する．そこで $z = T^n \otimes m + z'$ とおくと，
$$\Phi(z) = T^{n+1} \otimes m - T^n \otimes Tm + T^n \otimes Tm - 1 \otimes T^{n+1}m$$
$$= T^{n+1} \otimes m - 1 \otimes T^{n+1}m$$
であり，$y = T^{n+1} \otimes m$ に対して主張が示された．したがって任意の y に対して主張が示された． ■

最後に Φ が単射であることを示そう．F を A の商体とする．M は有限生成ねじれ A 加群だから，$F \otimes_A M = 0$ である．したがって，$A \otimes_R M_0 \xrightarrow{\Phi} A \otimes_R M_0 \to M \to 0$ が完全であることから，
$$1 \otimes \Phi : F \otimes_A A \otimes_R M_0 \to F \otimes_A A \otimes_R M_0$$
は全射である．$F \otimes_A A \otimes_R M_0 = F \otimes_R M_0$ は λ 次元 F ベクトル空間で，$1 \otimes \Phi$ は F ベクトル空間の線形写像なので，これは単射でもある．自然な写像 $A \otimes_R M_0 \to F \otimes_A A \otimes_R M_0$ ($a \otimes m \mapsto 1 \otimes a \otimes m$) は単射なので，$\Phi$ も単射になる．以上により，(1) が証明された．

M_0 の R 加群としての基底 $e_1, \cdots, e_\lambda$ をとる．$A \otimes_R M_0$ は $1 \otimes e_1, \cdots, 1 \otimes e_\lambda$ を基底にもつ自由 A 加群である．したがって A 準同型写像 Φ は，この基底に関して，λ 次の行列 $C \in M_\lambda(A)$ で表される．M_0 から M_0 への写像 $x \mapsto Tx$ は R 加群の準同型写像なので，基底 $e_1, \cdots, e_\lambda$ に関して，行列 $V_T \in M_\lambda(R)$ で表される．
$$\Phi(1 \otimes e_i) = T \otimes e_i - 1 \otimes Te_i$$
$$= (1 \otimes e_i)T - (1 \otimes e_i)V_T$$
であるから，I を λ 次の単位行列とすると，$C = TI - V_T$ であり，したがって $\det C = \det(TI - V_T)$ である．したがって，(3) が示された．$\det(TI - V_T)$ の T^λ の係数は 1 だから，$\mu(\det C) = 0$ であることに注意しておく．

K を R の商体として，$K \otimes_R M$ を考える．命題 10.20 から
$$M \sim A/(f_1^{n_1}) \oplus \cdots \oplus A/(f_r^{n_r})$$
と書ける．そこで
$$K \otimes_R M \simeq (K \otimes_R A)/(f_1^{n_1}) \oplus \cdots \oplus (K \otimes_R A)/(f_r^{n_r})$$

§10.2 イデアル類群と円分$\mathbb{Z}_p$拡大 —— 521

なる同型が得られる．この右辺をN_kと書き，2つの完全系列

$$0 \to K\otimes_R A\otimes_R M_0 \xrightarrow{1\otimes\Phi} K\otimes_R A\otimes_R M_0 \to K\otimes_R M \to 0$$
$$\phantom{0 \to K\otimes_R A\otimes_R M_0 \xrightarrow{1\otimes\Phi} K\otimes_R A\otimes_R M_0 \to}\|\wr$$
$$0 \to (K\otimes_R A)^r \xrightarrow{\Phi'} (K\otimes_R A)^r \to N_k \to 0$$

$$\Phi'(x_1,\cdots,x_r) = (f_1^{n_1}x_1,\cdots,f_r^{n_r}x_r)$$

を比べて，$\det C$ と $\det\Phi' = \prod_{i=1}^{r} f_i^{n_i}$ は $(K\otimes_R A)^\times$ の元のずれしかないことがわかる($K\otimes_R A = A[1/\pi]$ が主環であることに注意する). ところで，仮定から命題10.22により $\mu(M) = 0$, したがって $\mu\left(\prod_{i=1}^{r} f_i^{n_i}\right) = 0$ である．ゆえに，$\det C$ と $\prod_{i=1}^{r} f_i^{n_i}$ はともにπで割り切れない．したがって，両者は$A^\times$の元のずれしかなく，Aの中で同じイデアルを生成する．ゆえに

$$\mathrm{Char}(M) = \left(\prod_{i=1}^{r} f_i^{n_i}\right) = (\det C)$$

である．これで，(2)が証明された．

(2)と(3)を合わせれば，(4)が得られる．

(d) 最大不分岐Abel拡大とイデアル類群

ここでは次の項(e)の準備として，不分岐類体論を復習し，必要な事柄をまとめておく．

Kを有理数体$\mathbb{Q}$の有限次拡大，簡単のため実素点をもたないとする．すべての素イデアルが不分岐な拡大を，**不分岐拡大**と呼ぶことにする．L/KをKの代数閉包$\overline{K}$の中に含まれる不分岐なAbel拡大で最大のものとすると，§8.1(g)の(ウ)で述べたように，L/Kは有限次拡大であり，イデアル類群$Cl(K)$との間に，同型

$$\Phi_K: Cl(K) \xrightarrow{\sim} \mathrm{Gal}(L/K)$$

が存在する．$\mathfrak{p}$をKの素イデアル，$[\mathfrak{p}]$を$Cl(K)$の中の$\mathfrak{p}$の類とすると，Φ_Kは

$$\Phi_K([\mathfrak{p}]) = \mathrm{Frob}_\mathfrak{p} \in \mathrm{Gal}(L/K)$$

をみたす写像である．ここに$\mathrm{Frob}_\mathfrak{p}$は$\mathfrak{p}$でのFrobenius置換である．$\Phi_K$は相互写像と呼ばれる．また，$L$を$K$の絶対類体と呼ぶのであった．

さて K/F を有限次 Galois 拡大であるとする. Galois 群 $\mathrm{Gal}(K/F)$ はイデアル類群 $Cl(K)$ に,
$$\sigma([\boldsymbol{a}]) = [\sigma(\boldsymbol{a})], \quad \sigma \in \mathrm{Gal}(K/F)$$
として自然に作用する. ここに, $[\boldsymbol{a}]$ でイデアル $\boldsymbol{a}$ の $Cl(K)$ での類を表した. また拡大 L/F は Galois 拡大である. というのは, L' を L の F 上の共役体とすると, K/F は Galois 拡大だから, L' は K を含む. 今 L'/K は不分岐拡大であり, L/K と L'/K の Galois 群は同型なので, L'/K は Abel 拡大でもある. ところが, L は最大の不分岐 Abel 拡大体であったから, $L' \subset L$ であり, したがって L/F は Galois 拡大である.

図 10.2

次に, $\mathrm{Gal}(K/F)$ の $\mathrm{Gal}(L/K)$ への作用を共役によって定義する. すなわち, $\sigma \in \mathrm{Gal}(K/F)$, $s \in \mathrm{Gal}(L/K)$ に対して,
$$\sigma(s) = \tilde{\sigma} s \tilde{\sigma}^{-1}$$
と定義する. ここに $\tilde{\sigma}$ は σ の $\mathrm{Gal}(L/F)$ の元への延長である(すなわち, $\tilde{\sigma}|_K = \sigma$ となる元である). $\mathrm{Gal}(L/K)$ は Abel 群だから, $\tilde{\sigma} s \tilde{\sigma}^{-1}$ は $\tilde{\sigma}$ のとり方によらない. Frobenius 置換に対して,
$$\mathrm{Frob}_{\sigma(p)} = \tilde{\sigma}\, \mathrm{Frob}_p\, \tilde{\sigma}^{-1}, \quad \sigma \in \mathrm{Gal}(K/F)$$
が成立するので, 相互写像 $\Phi_K : Cl(K) \to \mathrm{Gal}(L/K)$ は Galois 群の作用と可換であることがわかる. すなわち,
$$\Phi_K([\sigma(\boldsymbol{a})]) = \sigma \Phi_K([\boldsymbol{a}]), \quad \sigma \in \mathrm{Gal}(K/F)$$
が成立する.

次にノルム写像との可換性について述べよう. K のイデアル $\boldsymbol{a}$ に対して,
$$\prod_{\sigma \in \mathrm{Gal}(K/F)} \sigma(\boldsymbol{a}) \text{ は}$$

$$\prod_{\sigma \in \mathrm{Gal}(K/F)} \sigma(\boldsymbol{a}) = \boldsymbol{b} \cdot O_K \qquad (\boldsymbol{b} \text{ は } F \text{ のイデアル})$$

と書けるので，F のイデアル $\boldsymbol{b}$ を $\boldsymbol{a}$ のノルムと呼び，$N\boldsymbol{a}$ で表す．さらに

$$N([\boldsymbol{a}]) = [N\boldsymbol{a}]$$

と定義することにより，ノルム写像

$$N \colon Cl(K) \to Cl(F)$$

が定義される．

今，L'/F を最大不分岐 Abel 拡大とすると，$L'K$ は K の不分岐 Abel 拡大だから $L'K \subset L$ である．特に $L' \subset L$ なので，自然な写像

$$i \colon \mathrm{Gal}(L/K) \to \mathrm{Gal}(L'/F)$$
$$\sigma \mapsto \sigma|_{L'}$$

が定義されるが，これを i で表すことにする．このとき次の可換図式が存在する．

$$\begin{array}{ccc} Cl(K) & \xrightarrow{\Phi_K} & \mathrm{Gal}(L/K) \\ {\scriptstyle N}\downarrow & & \downarrow{\scriptstyle i} \\ Cl(F) & \xrightarrow{\Phi_F} & \mathrm{Gal}(L'/F) \end{array}$$

類体論の章では，イデール類群から Galois 群への相互写像に対して，N と i との可換性を示した．上の図式の可換性はこのことから導かれる．

(e) 円分 $\mathbb{Z}_p$ 拡大のイデアル類群

ここでは円分 $\mathbb{Z}_p$ 拡大のイデアル類群が，群環上の加群として有限生成ねじれ加群であることを述べる．

§10.0 と同様に，正の整数 n に対し，μ_n で $\overline{\mathbb{Q}}$ の中の 1 の n 乗根全体を表す．K を $\mathbb{Q}$ の有限次拡大とし，

$$\begin{array}{ll} p \text{ が奇素数のとき} & \mu_p \subset K \\ p = 2 \text{ のとき} & \mu_4 \subset K \end{array}$$

と仮定する．特に，K は実素点をもたない．

正の整数 n に対して

$$K_n = K(\mu_{p^n}), \quad K_\infty = \bigcup_{n>0} K_n$$

とおく．今までと同様に
$$\kappa \colon \mathrm{Gal}(K_n/K) \hookrightarrow (\mathbb{Z}/p^n)^\times$$
を $\sigma \in \mathrm{Gal}(K_n/K)$, $\zeta \in \mu_{p^n}$ に対して，$\sigma(\zeta) = \zeta^{\kappa(\sigma)}$, $\kappa(\sigma) \in (\mathbb{Z}/p^n)^\times$ となるように定義すると，上の仮定から
$$\kappa(\sigma) \in (1 + 2p\mathbb{Z}_p)/p^n\mathbb{Z}_p \subset (\mathbb{Z}_p/p^n)^\times \subset (\mathbb{Z}/p^n)^\times$$
である．また κ は単射であることに注意しておく．したがって，
$$\kappa \colon \mathrm{Gal}(K_n/K) \hookrightarrow (1 + 2p\mathbb{Z}_p)/p^n\mathbb{Z}_p \subset (\mathbb{Z}/p^n)^\times$$
が定義される．逆極限をとって，
$$\kappa \colon \mathrm{Gal}(K_\infty/K) \hookrightarrow 1 + 2p\mathbb{Z}_p \subset \mathbb{Z}_p^\times$$
なる準同型が得られる．

$\mathbb{Q}(\mu_{p^n})$ は $\mathbb{Q}$ の $\varphi(p^n) = p^{n-1}(p-1)$ 次拡大だから，$\mathbb{Q}(\mu_{p^\infty}) = \bigcup \mathbb{Q}(\mu_{p^n})$ は $\mathbb{Q}$ の無限次拡大である．K は $\mathbb{Q}$ の有限次拡大であったから，K_∞/K も K の無限次拡大であり，特に $K_\infty \neq K$ である．

§10.1(b)で述べたように，$1 + 2p\mathbb{Z}_p$ は加法群 $\mathbb{Z}_p$ に同型だから，κ が連続であることにより，$\mathrm{Gal}(K_\infty/K)$ は $\mathbb{Z}_p$ の中の0でない閉部分群に同型である．そのような部分群は $p^m\mathbb{Z}_p$ $(m \geq 0)$ しかなく，すべて $\mathbb{Z}_p$ に同型だから，$\mathrm{Gal}(K_\infty/K)$ は $\mathbb{Z}_p$ に同型である．
$$\varGamma = \mathrm{Gal}(K_\infty/K) \simeq \mathbb{Z}_p$$
とおく．拡大 K_∞/K を円分 $\mathbb{Z}_p$ 拡大と呼ぶ．

$n \geq 0$ を正の整数とする．以下イデアル類群 $Cl(K_n)$ の演算は加法で表し，単位元は0で表すことにする．A_{K_n} を $Cl(K_n)$ の p-Sylow 群とする．A_{K_n} は $Cl(K_n)$ の中で位数が p ベキの元全体がなす部分群である．$Cl(K_n)$ の中で位数が p と素な元全体がなす部分群を A'_{K_n} と書くことにすると，
$$Cl(K_n) = A_{K_n} \oplus A'_{K_n}$$
であることに注意しておく．

拡大次数が p のベキである体の拡大を，p-拡大と呼ぶ．K_n の不分岐 Abel p-拡大のうち最大のものを L_n と書く．K_n の不分岐 Abel 拡大で最

大のものを $\mathcal{L}_n$ と書くと，$L_n \subset \mathcal{L}_n$ である．また，類体論の相互写像により
$$\Phi_{K_n}: Cl(K_n) \xrightarrow{\sim} \mathrm{Gal}(\mathcal{L}_n/K_n)$$
なる同型が得られるのであった(項(d)参照)．L'_n を K_n の不分岐 Abel 拡大で拡大次数が p と素なもののうち最大のものとすると，
$$\mathrm{Gal}(\mathcal{L}_n/K_n) = \mathrm{Gal}(L_n/K_n) \times \mathrm{Gal}(L'_n/K_n)$$
である．上と比較して，類体論の相互写像による同型
$$\Phi_{K_n}: A_{K_n} \xrightarrow{\sim} \mathrm{Gal}(L_n/K_n)$$
が得られる．

$m > n$ に対してノルム写像 $N: Cl(K_m) \to Cl(K_n)$ を考えると，$N(A_{K_m}) \subset A_{K_n}$ である．したがって
$$N: A_{K_m} \to A_{K_n}$$
が定義される．また
$$i: \mathrm{Gal}(L_m/K_m) \to \mathrm{Gal}(L_n/K_n)$$
を
$$\sigma \mapsto \sigma|_{L_n}$$
で定義すると，項(d)で述べたことから，

$$\begin{array}{ccc} A_{K_m} & \xrightarrow{\Phi_{K_m}} & \mathrm{Gal}(L_m/K_m) \\ {\scriptstyle N}\downarrow & & \downarrow{\scriptstyle i} \\ A_{K_n} & \xrightarrow{\Phi_{K_n}} & \mathrm{Gal}(L_n/K_n) \end{array}$$

なる可換図式が得られる．Φ_{K_n} の逆極限をとろう．
$$X = \varprojlim_{\text{ノルム}} A_{K_n}$$
$$L_\infty = \bigcup_{n \geq 0} L_n$$
とおく(L_∞ は K_∞ の不分岐 Abel p-拡大すべての合成である)．$\mathrm{Gal}(L_\infty/K_\infty)$ $= \varprojlim \mathrm{Gal}(L_n/K_n)$ だから，Φ_{K_n} の逆極限をとって，
$$\Phi: X \xrightarrow{\sim} \mathrm{Gal}(L_\infty/K_\infty)$$
なる同型写像が存在する．

項(d)で述べたように，Φ_{K_n} は $\mathrm{Gal}(K_n/K)$ の作用と可換である．したがっ

て，$\Phi_{K_n}: A_{K_n} \to \mathrm{Gal}(L_n/K_n)$ は $\mathbb{Z}_p[\mathrm{Gal}(K_n/K)]$ 加群の同型写像である．ゆえに，上の Φ は $\mathbb{Z}_p[[\mathrm{Gal}(K_\infty/K)]] = \varprojlim \mathbb{Z}_p[\mathrm{Gal}(K_n/K)]$ 加群の同型写像になる．以上をまとめて，

命題 10.24 L_n を K_n の最大不分岐 Abel p-拡大とし，
$$L_\infty = \bigcup_{n \geq 0} L_n$$
$$X = \varprojlim_{\text{ノルム}} A_{K_n}$$
$$\Lambda = \mathbb{Z}_p[[\Gamma]] = \mathbb{Z}_p[[\mathrm{Gal}(K_\infty/K)]] = \varprojlim \mathbb{Z}_p[\mathrm{Gal}(K_n/K)]$$
とおくと，類体論の相互写像により
$$\Phi: X \xrightarrow{\sim} \mathrm{Gal}(L_\infty/K_\infty)$$
なる Λ 加群の同型写像が得られる． □

Γ は $\mathbb{Z}_p$ と同型だから，命題 10.10 により，$\Lambda = \mathbb{Z}_p[[\Gamma]]$ は 1 変数形式ベキ級数環 $\mathbb{Z}_p[[T]]$ と同型であることに注意しておく．

次の定理は §10.2 の主定理である．

定理 10.25（岩澤） $X = \varprojlim A_{K_n}$ は $\Lambda = \mathbb{Z}_p[[\Gamma]] = \mathbb{Z}_p[[\mathrm{Gal}(K_\infty/K)]]$ 加群として，有限生成ねじれ Λ 加群である． □

この定理により，$\lambda(X)$, $\mu(X)$, および Λ のイデアル $\mathrm{Char}(X)$ が定義される．$\lambda(X)$, $\mu(X)$ をそれぞれ K の λ 不変量，μ 不変量という．また $\mathrm{Char}(X)$ の生成元を"代数的 p 進ゼータ"と考えることにする．もっと正確な代数的 p 進ゼータの定義は §10.3(a) で行う．

(f) 定理 10.25 の証明とその応用

ここでは定理 10.25，すなわち $X = \varprojlim A_{K_n}$ が有限生成ねじれ Λ 加群であること，を証明する．有限生成ねじれ Λ 加群であることを判定するには，次の補題を使う．

補題 10.26 m_Λ を Λ の極大イデアルとする．M を profinite な Λ 加群，すなわち $M = \varprojlim M_i$（M_i は有限 Λ 加群，$M \to M_i$ は全射としてよい）となる Λ 加群であるとし，さらにある元 $f \in m_\Lambda$ に対して，M/fM が有限 Λ 加群であるとする．このとき，M は有限生成ねじれ Λ 加群である．

§10.2 イデアル類群と円分 $\mathbb{Z}_p$ 拡大 —— 527

[証明] M/fM が有限だから，$M/m_\Lambda M$ も有限である．$M/m_\Lambda M$ を有限次 $\Lambda/m_\Lambda = \mathbb{F}_p$ ベクトル空間と見て，生成元 $\overline{x_1}, \cdots, \overline{x_r}$ をとる．$x_1, \cdots, x_r$ を M の元で，$x_i \bmod m_\Lambda = \overline{x_i}$ となるものとする．M が $x_1, \cdots, x_r$ で生成されることを示そう．$x_1, \cdots, x_r$ で生成される M の部分 Λ 加群を N と書く．$M = \varprojlim M_i$ (M_i は有限 Λ 加群)として，$\varphi_i : M \to M_i$ を自然な写像とすると，M_i は有限だから，中山の補題により，M_i は $\varphi_i(x_1), \cdots, \varphi_i(x_r)$ で生成される．

さて $N = \Lambda x_1 + \cdots + \Lambda x_r$ はコンパクト群 Λ^r の像だから，コンパクトで，したがって完備である．よって $N = \varprojlim \varphi_i(N) = \varprojlim M_i = M$ となり，M は有限生成である．

次に M がねじれ Λ 加群でないとして，矛盾を導く．仮定から，元 $x \in M$ でどんな $a \in \Lambda \setminus \{0\}$ に対しても $ax \neq 0$ なるものがある．$\langle x \rangle$ を x で生成される M の部分加群とし，$M' = M/\langle x \rangle$ とおく．$\langle x \rangle / f \langle x \rangle \simeq \Lambda / f\Lambda$ は無限群だから，M/fM が有限であることを考えると，$M'[f] = \{x \in M'; fx = 0\}$ は無限群となる．したがって，M'/fM' は有限で $M'[f]$ は無限となる．ここで，T を M' の Λ ねじれ元全体がなす部分 Λ 加群とすると，T/fT が有限で $T[f] = \{x \in T; fx = 0\}$ は無限となる．有限生成ねじれ加群 T に命題 10.22 を適用すると，T/fT が有限であることは $T[f]$ が有限であることを導くので，矛盾が得られる． ∎

さて，拡大 $\mathbb{Q}(\mu_{p^n})/\mathbb{Q}$ において，p 以外の素数は不分岐であった．したがって，K_∞/K においても p の上にない素イデアルは不分岐である．また $\mathbb{Q}_p(\mu_{p^\infty})/\mathbb{Q}_p$ は無限次完全分岐拡大だから，$\mathbb{Q}_p$ の有限次拡大 k に対しても，$k(\mu_{p^\infty})/k$ は分岐拡大である．したがって，K_∞/K において，p の上の素イデアルは必ず分岐する．

一般に，L/F を代数体の(必ずしも有限次とは限らない)Galois 拡大とし，v を F の素イデアル，w を v の上にある L の素イデアルとする．F_v, L_w をそれぞれ，F, L の v, w での完備化とするとき，$\sigma \mapsto \sigma|_L$ なる写像によって $\mathrm{Gal}(L_w/F_v)$ を $\mathrm{Gal}(L/F)$ の部分群とみなすことができる．この部分群 $\mathrm{Gal}(L_w/F_v)$ を w での**分解群**(decomposition group)と呼ぶ．L_w の中の F_v の最大の不分岐拡大を F_v' と書くことにする．$\mathrm{Gal}(L_w/F_v')$ も $\mathrm{Gal}(L/F)$ の

部分群とみなして,w での**惰性群**(inertia group)と呼ぶ. 定義から, w が不分岐であることと, 惰性群が自明であることは同値である. L/F が Abel 拡大のとき, w での分解群, 惰性群は v だけで決定されてしまうので, v での分解群, 惰性群とも呼ぶ.

$\mathfrak{p}_1, \cdots, \mathfrak{p}_s$ で p の上にある K の素イデアルを表す. 拡大 K_∞/K における $\mathfrak{p}_i$ での惰性群を I_i と書くと, 上で述べたように $\mathfrak{p}_i$ は分岐しているから, $I_i \neq \{1\}$ である. したがって, $\Gamma = \mathrm{Gal}(K_\infty/K) \simeq \mathbb{Z}_p$ に対して, $I_i = \Gamma^{p^{n_i}}$ と書ける(Γ の演算は乗法的に書いた). $I = \bigcap_{i=1}^{s} I_i$ とおく.
$$I = \Gamma^{p^M}, \quad M = \max\{n_1, \cdots, n_s\}$$
である. I に対応する K_∞/K の中間体を $K_N = K(\mu_{p^N})$ とする. すなわち,
$$\mathrm{Gal}(K_\infty/K_N) = I$$
となる体 K_N ($N \in \mathbb{Z}_{\geq 0}$) を考える. ここで N はこの性質をみたす最大の整数ととることにする.

$n \geq N$ に対して, L_n/K_n は不分岐であり, K_∞/K_n は p の上のすべての素イデアルで完全分岐だから,
$$L_n \cap K_\infty = K_n$$
である. したがって
$$A_{K_n} \simeq \mathrm{Gal}(L_n/K_n) \simeq \mathrm{Gal}(L_n \cdot K_\infty/K_\infty)$$
は同型である. 命題 10.24 から $X \simeq \mathrm{Gal}(L_\infty/K_\infty)$ であるので, 自然な写像
$$X \to A_{K_n} \quad \text{は全射} \quad (n \geq N)$$
である. ここで
$$Y = \mathrm{Ker}(X \to A_{K_N})$$
とおく.

補題 10.27 γ' を $\mathrm{Gal}(K_\infty/K_N)$ の $\mathbb{Z}_p$ 加群としての生成元とすると, 自然な写像 $X \to A_{K_{N+1}}$ は同型
$$Y/(1+\gamma'+\cdots+(\gamma')^{p-1})Y \xrightarrow{\sim} \mathrm{Ker}(A_{K_{N+1}} \xrightarrow{\text{ノルム}} A_{K_N})$$
をひきおこす. □

補題 10.27 から定理 10.25 は直ちに導かれる. 実際, 上の同型の右辺は有

限だから,補題 10.26 により Y は有限生成ねじれ Λ 加群である.一方,定義から
$$X/Y \xrightarrow{\sim} A_{K_N}$$
なる同型が得られるので,X と Y は有限のずれしかなく,X も有限生成ねじれ Λ 加群になるのである.

補題 10.27 を示すには,$X/Y \xrightarrow{\sim} A_{K_N}$ であることから,次を示せばよい.

補題 10.28
$$\operatorname{Ker}(X \to A_{K_{N+1}}) = (1+\gamma'+\cdots+(\gamma')^{p-1})Y.\qquad\square$$

そこで以下では,この補題 10.28 を証明する.証明には類体論が本質的に使われる.

L_∞/K_N は項 (d) で述べた方法で,Galois 拡大になることがわかる.そこで
$$\mathcal{G} = \operatorname{Gal}(L_\infty/K_N)$$
とおく.命題 10.24 により $X \xrightarrow{\sim} \operatorname{Gal}(L_\infty/K_\infty)$ だから,X と $\operatorname{Gal}(L_\infty/K_\infty)$ を,また Y と $\operatorname{Gal}(L_\infty/L_N K_\infty)$ を同一視して,X と Y を $\mathcal{G}$ の部分群とみなす.

さらにまた
$$\varGamma_N = \operatorname{Gal}(K_\infty/K_N),\quad \mathcal{H} = \operatorname{Gal}(L_\infty/L_N)$$
とおく(図 10.3 参照).

$\mathfrak{q}_1,\cdots,\mathfrak{q}_r$ で p の上にある K_N の素イデアルを表す.$\mathfrak{q}_i$ の上にある L_∞ の素イデアルを一つとり,その L_∞/K_N での惰性群を J_i と書くことにする.

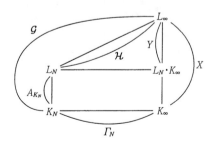

図 10.3

$$c\colon \mathcal{G} \to \varGamma_N$$

を自然な準同型写像とすると,$c(J_i)=\varGamma_N$ である.また $\mathrm{Ker}(c)=X$ であるが,L_∞/K_∞ は不分岐拡大だから,$J_i\cap X=\{1\}$ であり,c は同型 $J_i\tilde{\to}\varGamma_N$ を導く.$\gamma_i\in J_i$ を $c(\gamma_i)=\gamma'$ なる元とすると,J_i は $\mathbb{Z}_p$ 加群として γ_i で生成される.

補題 10.29 Y は,$(\gamma'-1)X$ と $\gamma_i\gamma_1^{-1}$,$i=1,\cdots,r$ によって(位相的に)生成される.

[証明] L_N は K_N の最大不分岐 Abel p-拡大であるから,$\mathcal{H}$ は $\mathcal{G}$ の交換子群と $J_1,\cdots,J_r$ で生成される $\mathcal{G}$ の部分群の(位相的)閉包と一致する.

$\mathcal{G}'$ を $\mathcal{G}$ の交換子群の(位相的)閉包とするとき,
$$\mathcal{G}'=(\gamma'-1)X$$
であることを示す.$\varGamma_N$ の $X=\mathrm{Gal}(L_\infty/K_\infty)$ への作用が共役により定義されていたことを思い出せば,$\sigma\in X$ に対して,γ' の $\mathcal{G}$ への持ち上げ $\gamma_i\in J_i$ をとることにより,
$$(\gamma'-1)\sigma=\gamma_i\sigma\gamma_i^{-1}\sigma^{-1}$$
である.したがって,$(\gamma'-1)X\subset\mathcal{G}'$ である.一方,$c\colon\mathcal{G}\to\varGamma_N$ が $J_i\tilde{\to}\varGamma_N$ を導くことから,$\mathcal{G}=J_iX$ と書ける.ここで,
$$\gamma_i^a\sigma\gamma_i^{-a}\sigma^{-1}=((\gamma')^a-1)\sigma,\quad \sigma\in X,\quad a\in\mathbb{Z}_p$$
であり,$(\gamma')^a-1$ は $\gamma'-1$ で割り切れることから,$\mathcal{G}=J_iX$ を使うと,$\mathcal{G}'\subset(\gamma'-1)X$ がわかる.

$\varphi\colon\mathcal{G}\to\mathcal{G}/\mathcal{G}'$ を自然な写像とすると,$\varphi(\mathcal{H})$ は $\varphi(J_1),\cdots,\varphi(J_r)$ で生成される.$X=\mathrm{Ker}(c)$ に注意して,$\varphi(\mathcal{H}\cap X)$ は位相的に,$\gamma_i\gamma_1^{-1}$,$i=1,\cdots,r$ で生成されることがわかる.$\mathcal{G}'=(\gamma'-1)X$ であったから,$\mathcal{H}\cap X$ は $(\gamma'-1)X$ と $\gamma_i\gamma_1^{-1}$,$i=1,\cdots,r$ によって生成される.$Y=\mathcal{H}\cap X$ であるから,これで補題 10.29 が証明された. ∎

[補題 10.28 の証明] 補題 10.29 の証明を $\mathrm{Ker}(X\to A_{K_{N+1}})$ に適用すれば,この群が,
$$((\gamma')^p-1)X \quad \text{と} \quad \gamma_i^p\gamma_1^{-p} \quad (i=1,\cdots,r)$$
で生成されていることがわかる.ここで

$$(1+\gamma'+\cdots+(\gamma')^{p-1})(\gamma'-1)X = ((\gamma')^p-1)X$$
$$(1+\gamma'+\cdots+(\gamma')^{p-1})(\gamma_i\gamma_1^{-1}) = \gamma_i\gamma_1^{-1}\cdot\gamma_1\gamma_i\gamma_1^{-1}\gamma_1^{-1}\cdot\gamma_1^2\gamma_i\gamma_1^{-1}\gamma_1^{-2}\cdot$$
$$\cdots\cdot\gamma_1^{p-1}\gamma_i\gamma_1^{-1}\gamma_1^{-(p-1)}$$
$$= \gamma_i^p\gamma_1^{-p}$$

であるから補題10.29により，この群は $(1+\gamma'+\cdots+(\gamma')^{p-1})Y$ に一致する．以上のようにして補題10.28が証明され，したがって定理10.25が証明された． ∎

補題10.28の議論を，$n>N$ なる n に適用すれば，
$$\mathrm{Ker}(X\to A_{K_n}) = (1+\gamma'+\cdots+(\gamma')^{p^{n-N}-1})Y$$
が得られる．したがって，次の補題が得られることに注意しておく．

補題10.30 $n>N$ に対して，自然な写像 $X\to A_{K_n}$ は同型
$$X/(1+\gamma'+\cdots+(\gamma')^{p^{n-N}-1})Y \xrightarrow{\sim} A_{K_n}$$
を導く． ∎

§10.0(c)で触れたように，岩澤は A_{K_n} の位数に関して，次のような美しい公式(**岩澤の公式**と呼ばれる)を証明した．$\lambda=\lambda(X)$, $\mu=\mu(X)$ とおく．
$$\sharp A_{K_n} = p^{e_n}$$
とおくと，$\nu\in\mathbb{Z}$ が存在して，十分大きなすべての n に対して，
$$e_n = \lambda n+\mu p^n+\nu$$
が成立する，というのである．この公式は，補題10.30を使い，$\sharp Y/(1+\gamma'+\cdots+(\gamma')^{p^n-1})Y$ の n が十分大きなときのふるまいを調べることによって，証明される．

ここで，$\mu=0$ が常に成立するだろう，という予想を岩澤の $\mu=0$ 予想という．$K/\mathbb{Q}$ が Abel 拡大であれば，Ferrero–Washington によって証明されている(§10.3(d)参照)．また，円分 $\mathbb{Z}_p$ 拡大でない $\mathbb{Z}_p$ 拡大(Galois 群が $\mathbb{Z}_p$ である拡大)に対しても，上の公式は成立する．このとき，$\mu>0$ となる拡大の例がある(岩澤)．

問5 Y が $\mathbb{Z}_p[[\mathrm{Gal}(K_\infty/K_N)]]$ 加群として $\mathbb{Z}_p[[\mathrm{Gal}(K_\infty/K_N)]]/(\gamma'-1-p)$ と同型のとき，および $\mathbb{Z}_p[[\mathrm{Gal}(K_\infty/K_N)]]/((\gamma'-1)^2-p)$ と同型のとき，上の岩澤の公

式が成り立つことを証明せよ．

補題 10.30 の応用としてもう一つ，K が特別の性質をもつとき，X の情報から A_{K_n} の情報が直ちに得られることを示す．

命題 10.31 p の上にある K の素イデアルがただ一つであり，しかもその素イデアルが K_∞/K で完全分岐すると仮定する．γ を $\Gamma = \mathrm{Gal}(K_\infty/K)$ の $\mathbb{Z}_p$ 加群としての生成元とし，$\mu_{p^n} \subset K$ をみたす最大の n を N と書く（したがって $K = K_N$ である）．このとき，任意の $n \geqq 0$ に対し，$K_{N+n} = K(\mu_{p^{N+n}})$ に関して，同型
$$X/(\gamma^{p^n}-1)X \xrightarrow{\sim} A_{K_{N+n}}$$
が成立する． □

例として，$K = \mathbb{Q}(\mu_{2p})$ であればこの仮定はみたされる．§10.0(c)に例として述べた3つの2次体 K に関し，$K(\mu_3)$ は $p=3$ に対して，この条件をみたしている．

［証明］仮定により，定理 10.25 の証明の中で，$r=1$（r は p の上にある K_N の素イデアルの数）ととれる．したがって $\gamma' = \gamma$ ととれ，補題 10.29 により $Y = (\gamma-1)X$ である．ゆえに，補題 10.30 から結論を得る． ∎

（g）Abel 体のイデアル類群のマイナス部分

本項(g)においては，p を奇素数であると仮定する．ここでは $K/\mathbb{Q}$ は有限次 Abel 拡大であり，また項(e)と同様に，$\mu_p \subset K$ であると仮定する．X を(e)と同様に定義するとき，X には複素共役 ρ が作用するが，ここでの目標は，$X^- = \{x \in X \mid \rho(x) = -x\}$ が有限生成自由 $\mathbb{Z}_p$ 加群となることを示すことである．

一般に複素共役 ρ が作用する $\mathbb{Z}_p$ 加群 M に対して，
$$M^+ = \{x \in M \mid \rho(x) = x\}$$
$$M^- = \{x \in M \mid \rho(x) = -x\}$$
とおく．仮定から $p \neq 2$ なので，命題 10.12 により
$$M = M^+ \oplus M^-$$

§10.2 イデアル類群と円分 $\mathbb{Z}_p$ 拡大

である．($M^+ = \dfrac{1+\rho}{2}M$, $M^- = \dfrac{1-\rho}{2}M$ とも書ける．)

K を上の通りとし，$n \geq 1$ に対して(e)と同様に，$K_n = K(\mu_{p^n})$ とおく．$\mathrm{Gal}(K_n/\mathbb{Q})$ の中の複素共役 ρ はイデアル類群 $Cl(K_n)$ に作用するので，その p-Sylow 群 A_{K_n} にも作用する．そこで

$$A_{K_n} = A_{K_n}^+ \oplus A_{K_n}^-$$

と分解する．また $X = \varprojlim A_{K_n}$ にも $\mathrm{Gal}(K_\infty/\mathbb{Q})$ の中の複素共役 ρ が作用するので，

$$X = X^+ \oplus X^-$$

と分解する．$X^+ = \varprojlim A_{K_n}^+$, $X^- = \varprojlim A_{K_n}^-$ であり，$\Lambda = \mathbb{Z}_p[[\mathrm{Gal}(K_\infty/K)]]$ とおくと両者はともに Λ 加群である．

Ferrero-Washington の定理(定理10.9)を使って，$\mu(X^-) = 0$ を示すことができる(§10.3(d)で見る)．このことを使って，次の定理が得られる．

定理 10.32 (岩澤, Ferrero-Washington) X^- は $\Lambda = \mathbb{Z}_p[[\mathrm{Gal}(K_\infty/K)]]$ 加群として，項(b)の意味で，$\mathbb{Z}_p$-自由，すなわち X^- は有限生成自由 $\mathbb{Z}_p$ 加群である． □

これに反して，X^+ は一般に自由 $\mathbb{Z}_p$ 加群ではない．たとえば §10.0(c) に述べた例を使うと，$K = \mathbb{Q}(\sqrt{-762}, \sqrt{-3})$, $p = 3$ のとき，

$$X^- \simeq \mathbb{Z}_3$$
$$X^+ \simeq \mathbb{Z}/243$$

が証明できる．定理10.32の証明の前に，次の命題を証明する．

命題 10.33 $m > n$ に対して，$A_{K_n}^- \to A_{K_m}^-$ は単射である．

[証明] $K_{n+1} \neq K_n$ として，$A_{K_n}^- \to A_{K_{n+1}}^-$ が単射であることを示せば十分である．$\mathfrak{a}$ を K_n のイデアルで，その類 $[\mathfrak{a}]$ が $A_{K_n}^-$ に属し，しかも $A_{K_n}^- \to A_{K_{n+1}}^-$ での像が 0 であるとする．以下で $[\mathfrak{a}] = 0$ を証明する．

$[\mathfrak{a} O_{K_{n+1}}] = 0$ から $\mathfrak{a} O_{K_{n+1}} = (x)$, $x \in K_{n+1}$ と書ける．$\mathrm{Gal}(K_{n+1}/K_n)$ の生成元を σ とする．$\sigma(\mathfrak{a} O_{K_{n+1}}) = \mathfrak{a} O_{K_{n+1}}$ から $(\sigma(x)/x) = (1)$ であり，

$$\frac{\sigma(x)}{x} = e, \quad e \in O_{K_{n+1}}^\times$$

と書ける．一方，ρ を複素共役として

$$y = \frac{\rho(x)}{x}$$

とおくと，$\mathrm{Gal}(K_{n+1}/\mathbb{Q})$ は Abel 群なので，σ と ρ は可換であり，

$$\frac{\sigma(y)}{y} = \frac{\rho(e)}{e} \in O_{K_{n+1}}^\times$$

である．v を K_{n+1} の任意の無限素点とし，$|\ |_v$ を対応する絶対値とすると，$|\sigma(y)/y|_v = |\rho(e)/e|_v = |e|_v/|e|_v = 1$，したがって $\log|\sigma(y)/y|_v = 0$ である．K_{n+1} の単数基準は 0 でないから(§7.5 参照)，これは $\sigma(y)/y$ が 1 のベキ根であることを意味する．ゆえに p と互いに素な整数 c があって，

$$\left(\frac{\sigma(y)}{y}\right)^c \in \mu_{p^{n+1}}$$

となる．$N_{K_{n+1}/K_n}: K_{n+1}^\times \to K_n^\times$ をノルム写像とすると，$N_{K_{n+1}/K_n}(\sigma(y)/y) = 1$ だから，次の補題 10.34(1) により，

$$\left(\frac{\sigma(y)}{y}\right)^c \in \mu_p$$

である．また，補題 10.34(2)により，

$$\left(\frac{\sigma(y)}{y}\right)^c = \frac{\sigma(\zeta)}{\zeta}, \quad \zeta \in \mu_{p^{n+1}}$$

なる ζ が存在する．

$$z = \frac{y^c}{\zeta}$$

とおくと，$\sigma(z) = z$ だから，Galois 理論により $z \in K_n$ であり，

$$zO_{K_{n+1}} = y^c O_{K_{n+1}} = \frac{\rho(\mathfrak{a}^c O_{K_{n+1}})}{\mathfrak{a}^c O_{K_{n+1}}}$$

となる．ゆえに K_n のイデアルとして，

$$zO_{K_n} = \frac{\rho(\mathfrak{a}^c)}{\mathfrak{a}^c}$$

である．$Cl(K_n)$ の中で見れば

§10.2 イデアル類群と円分 $\mathbb{Z}_p$ 拡大 —— 535

$$0 = [(z)] = -2c[\mathfrak{a}]$$

となり，$2c$ が p と互いに素だから，$[\mathfrak{a}]=0$ を得る． ∎

補題 10.34

（1） $\zeta \in \mu_{p^{n+1}}$, $N_{K_{n+1}/K_n}(\zeta)=1$ であれば，$\zeta \in \mu_p$ である．

（2） $\zeta \in \mu_p$ であれば，$\sigma(\zeta')/\zeta' = \zeta$ となる $\zeta' \in \mu_{p^{n+1}}$ がある．

[証明]（1） $\zeta_{p^{n+1}}$ を 1 の原始 p^{n+1} 乗根とすると，任意の $a \in \mathbb{Z}$ に対して，$N_{K_{n+1}/K_n}(\zeta_{p^{n+1}}^a) = \zeta_{p^{n+1}}^{ap}$ となることからすぐにわかる．

（2） $\zeta_{p^{n+1}} \notin K_n$ から，$\sigma(\zeta_{p^{n+1}})/\zeta_{p^{n+1}}$ は 1 の原始 p 乗根である．したがって(2)が得られる． ∎

注意 命題 10.33 の証明は，
$$\mathrm{Ker}(A_{K_n}^- \to A_{K_{n+1}}^-) \hookrightarrow H^1(K_{n+1}/K_n, O_{K_{n+1}}^\times)^- = H^1(K_{n+1}/K_n, \mu_{p^{n+1}}) = 0$$
をコホモロジーを使わずに書き下したものである．

[定理 10.32 の証明] 命題 10.22 によれば，X^- が 0 以外の有限部分 Λ 加群をもたず，$\mu(X^-)=0$ であることを示せばよい．$\mu(X^-)=0$ であることは §10.3(d)で見る．そこで，前者を示そう．$x \in X^-$ で生成される X^- の部分 Λ 加群 M が有限であると仮定する．γ を $\Gamma = \mathrm{Gal}(K_\infty/K)$ の $\mathbb{Z}_p$ 加群としての生成元であるとすると，$\gamma^{p^n} \to 1 \, (n \to \infty)$ であるから，
$$\lim_{n \to \infty} \gamma^{p^n}(x) = x$$
である．M が有限であるという仮定から，M は離散的で，十分大きな $c>0$ に対して，$\gamma^{p^c}(x) = x$ である．

$\mathrm{Gal}(K_\infty/K_{n_0})$ が $\mathbb{Z}_p$ 加群として γ^{p^c} で生成されるような最大の n_0 をとる．$n \geq n_0$ なる n に対して，
$$\varphi_n : X^- \to A_{K_n}^-$$
を自然な写像として，$\varphi_n(x)=0$ を示す．これが示されれば $x=0$ であり，$M=0$ となるので，X^- が 0 以外の有限 Λ 部分加群をもたないことになる．

M の位数を p^m とする．ノルム写像 $N: A_{K_{n+m}}^- \to A_{K_n}^-$ と自然な写像 $i: A_{K_n}^- \to A_{K_{n+m}}^-$ を考えると

$$i \circ N = \sum_{\sigma \in \mathrm{Gal}(K_{n+m}/K_n)} \sigma$$

である. 仮定から $\mathrm{Gal}(K_\infty/K_{n_0})$ は x に自明に作用するので, $\sigma \in \mathrm{Gal}(K_{n+m}/K_n)$ は $\varphi_{n+m}(x)$ に自明に作用する. したがって,

$$i \circ N \circ \varphi_{n+m}(x) = p^m \varphi_{n+m}(x) = \varphi_{n+m}(p^m x)$$
$$= \varphi_{n+m}(0) = 0$$

である. 一方, $N \circ \varphi_{n+m}(x) = \varphi_n(x)$ なので

$$i(\varphi_n(x)) = 0$$

を得るが, 命題 10.33 から i は単射で, $\varphi_n(x) = 0$ が得られる. ∎

§10.3 岩澤主予想

ここでは §10.1, §10.2 の結果を使って, いよいよ岩澤主予想を述べる. §10.1 で述べた p 進世界に住む p 進 L 関数は, §10.2 で述べた円分 $\mathbb{Z}_p$ 拡大のイデアル類群と, ここで直接結びつく. この §10.3 では, 岩澤主予想の応用, 証明のアイディア, および関連する話題についても述べる.

(a) 岩澤主予想の定式化

p を素数, N を正の整数として,

$$\chi : (\mathbb{Z}/N)^\times \to \overline{\mathbb{Q}}_p^\times$$

を $\overline{\mathbb{Q}}_p^\times$ に値をもつ原始的 Dirichlet 指標とする. さらに, §10.1(e) の言葉で, χ は第 1 種 Dirichlet 指標であるとする.

$$N = N_0 p^a, \quad N_0 \text{ は } p \text{ と互いに素}$$

と書く. 第 1 種指標の定義から, p が奇素数のとき, $a=0$ か $a=1$ のどちらかであり, $p=2$ のときは, $a=0$ か $a=2$ のどちらかである.

今までと同様に, μ_n を $\overline{\mathbb{Q}}$ の中の 1 の n 乗根全体のなす群とし,

$$K_n = \mathbb{Q}(\mu_{N_0 p^n})$$
$$K_\infty = \mathbb{Q}(\mu_{N_0 p^\infty}) = \bigcup_{n \geq 1} K_n$$

§10.3 岩澤主予想

とおく. また
$$K = K_1 \quad p \text{ が奇素数のとき}$$
$$K_2 \quad p = 2 \text{ のとき}$$

とおく. §10.1(e)で見たように,
$$\Delta = \mathrm{Gal}(K/\mathbb{Q})$$
$$\Gamma = \mathrm{Gal}(K_\infty/K)$$

とおくと,
$$\mathrm{Gal}(K_\infty/\mathbb{Q}) = \Delta \times \Gamma$$

であった. $N = N_0 p^a$ と K の定義から, 自然な写像
$$\Delta = \mathrm{Gal}(K/\mathbb{Q}) \to (\mathbb{Z}/N)^\times$$

があるので, χ とこの写像の合成により, χ を Δ の指標とみなすことにする.

次に§10.1と同様に完備群環を考える. $O_\chi = \mathbb{Z}_p[\mathrm{Image}\,\chi]$ を $\mathbb{Z}_p$ 上 χ の像によって生成される環とする.
$$\Lambda_{N_0} := \mathbb{Z}_p[[\mathrm{Gal}(K_\infty/\mathbb{Q})]] = \mathbb{Z}_p[[\Delta \times \Gamma]]$$
$$\Lambda_\chi := O_\chi[[\mathrm{Gal}(K_\infty/K)]] = O_\chi[[\Gamma]]$$

とおく. 環準同型写像
$$\phi_\chi \colon \Lambda_{N_0} = \mathbb{Z}_p[[\Delta \times \Gamma]] \to \Lambda_\chi = O_\chi[[\Gamma]]$$

を §10.1(e) と同様に
$$\phi_\chi \left(\sum_{(\sigma,\tau) \in \Delta \times \Gamma} a_{\sigma\tau}(\sigma,\tau) \right) = \sum a_{\sigma\tau} \chi(\sigma) \tau$$

をみたす写像として定義する. ϕ_χ により, Λ_χ を Λ_{N_0} 加群と見ることにする.

次に A_{K_n} を K_n のイデアル類群の p-Sylow 群(p 成分)とし, §10.2(e)と同様にノルム写像による逆極限
$$X_{K_\infty} = \varprojlim A_{K_n}$$

を考える. 定理 10.25 により, X_{K_∞} は有限生成ねじれ $\mathbb{Z}_p[[\mathrm{Gal}(K_\infty/K)]]$ 加群である. また, X_{K_∞} には $\mathrm{Gal}(K_\infty/\mathbb{Q})$ が作用するから, X_{K_∞} は Λ_{N_0} 加群でもある. $\mathbb{Z}_p[[\mathrm{Gal}(K_\infty/K)]] \subset \Lambda_{N_0}$ であるから, X_{K_∞} は有限生成ねじれ Λ_{N_0} 加群である. ここで, われわれは X_{K_∞} の χ 成分を
$$(X)_\chi = X_{K_\infty} \otimes_{\Lambda_{N_0}} \Lambda_\chi$$

により定義する．上で述べたことから，$(X)_\chi$ は有限生成ねじれ Λ_χ 加群になる(Λ_χ は ϕ_χ により Λ_{N_0} 加群と見ていること，$\Lambda_{N_0} \otimes_{\Lambda_{N_0}} \Lambda_\chi = \Lambda_\chi$ に注意しよう)．Γ の $\mathbb{Z}_p$ 加群としての生成元 γ を1つ固定することにより，同型
$$\Lambda_\chi = O_\chi[[\Gamma]] \simeq O_\chi[[T]]$$
$$\gamma \leftrightarrow 1+T$$
が命題 10.10 から得られることに注意しよう．したがって，定義 10.21 により
$$\mathrm{Char}((X)_\chi) \subset \Lambda_\chi \simeq O_\chi[[T]]$$
なる Λ_χ の単項イデアルが定義される．$\mathrm{Char}((X)_\chi)$ は，イデアル類群と Galois 群の作用との情報を含む Λ_χ のイデアルである．

ω を Teichmüller 指標とし，$\chi = \omega$ のときを考えてみると，$(X)_\omega = 0$ が示せる(次の項(b)参照)．そこで，以下では $\chi \neq \omega$ とする．したがって，$\chi^{-1}\omega \neq 1$ である．ゆえに定理 10.7 により，ベキ級数 $G_{\chi^{-1}\omega}(T) \in O_\chi[[T]]$ で
$$G_{\chi^{-1}\omega}(u^s - 1) = L_p(s, \chi^{-1}\omega), \quad u = \kappa(\gamma)$$
となるものが存在する．ここに κ は円分指標，γ は固定した Γ の生成元である．このとき，岩澤主予想とは次の定理である．

定理 10.35（岩澤主予想）χ を奇指標 $(\chi(-1) = -1)$ で $\chi \neq \omega$ をみたす第1種指標であるとする．このとき，$(X)_\chi$ の特性イデアル $\mathrm{Char}((X)_\chi)$ を $\Lambda_\chi \simeq O_\chi[[T]]$ のイデアルと思うと，
$$\mathrm{Char}((X)_\chi) = \left(\frac{1}{2} G_{\chi^{-1}\omega}(T)\right)$$
が成立する．　　□

上の等式で，左辺はイデアル類群から決まる代数的，数論的なもの，右辺は ζ 関数，L 関数の値から決まる p 進解析的なものである．数論の数ある美しい定理の中でも，この定理は味わうべき格別の美しさをもった定理のうちの一つである．この定理は，p が奇素数のとき Mazur と Wiles により(1985)，$p=2$ のとき(および総実代数体上の指標に対して) Wiles により(1990)証明された．彼らの証明は保型形式を本質的に使う．

その後，Rubin は，Kolyvagin のアイディアを完成させて，ほとんどの

χ に対して，代数的数論だけを使う証明を与えた(1990)．その証明には Kolyvagin の発見した Euler 系という概念を使う．また Greither は，$p=2$ の場合も含む一般の場合についても，Euler 系による証明が可能であることを確かめた(1992)．

(b) $\mathbb{Q}(\mu_{p^\infty})$ のイデアル類群

この項(b)では岩澤主予想を認めて，$\mathbb{Q}(\mu_{p^\infty})$ の場合を詳しく論じる．すなわち，(a)の記号で $N_0 = 1$ の場合である．以下では，
$$X = X_{\mathbb{Q}(\mu_{p^\infty})} = \varprojlim A_{\mathbb{Q}(\mu_{p^n})}$$
と書くことにする．

まず命題 10.31 により，γ を $\mathrm{Gal}(\mathbb{Q}(\mu_{p^\infty})/\mathbb{Q}(\mu_{2p}))$ の生成元とすると，
$$X/(\gamma-1)X \xrightarrow{\sim} A_{\mathbb{Q}(\mu_{2p})}$$
が成立する．したがって，中山の補題により，$X \neq 0$ は $A_{\mathbb{Q}(\mu_{2p})} \neq 0$ と同値である．つまり，$X \neq 0$ となるのは，p が非正則素数(§10.0(a)参照)のときに限る．特に，$p=2$ のとき $X=0$ であるから，以下では p は奇素数であるとする．

$\mathbb{Q}(\mu_{p^\infty})/\mathbb{Q}$ の Galois 群の分解
$$\mathrm{Gal}(\mathbb{Q}(\mu_{p^\infty})/\mathbb{Q}) = \Delta \times \Gamma$$
$$\Delta = \mathrm{Gal}(\mathbb{Q}(\mu_p)/\mathbb{Q})$$
$$\Gamma = \mathrm{Gal}(\mathbb{Q}(\mu_{p^\infty})/\mathbb{Q}(\mu_p))$$
から，$\Lambda_1 = \mathbb{Z}_p[[\mathrm{Gal}(\mathbb{Q}(\mu_{p^\infty})/\mathbb{Q})]] = \mathbb{Z}_p[\Delta][[\Gamma]]$ 加群 X は，$\mathbb{Z}_p[\Delta]$ 加群であるとみなすことができる．Δ の位数は $p-1$ で，ω を Δ の Teichmüller 指標とすると，Δ の任意の指標は，
$$\omega^i \quad (i = 0, 1, \cdots, p-2)$$
の型に書ける．そこで，$\mathbb{Z}_p$ が 1 の $p-1$ 乗根をすべて含んでいることに注意すれば，命題 10.12 が適用でき，
$$X = \bigoplus_{i=0}^{p-2} X^{\omega^i}$$
$$X^{\omega^i} = \{x \in X \mid \text{すべての } \sigma \in \Delta \text{ に対して } \sigma(x) = \omega^i(\sigma)x\}$$

と分解される. 各 X^{ω^i} は $\mathbb{Z}_p[[\Gamma]]$ 加群である.

これは，各有限次代数体のイデアル類群の ω^i 部分の逆極限とも見ることができる. すなわち
$$K_n = \mathbb{Q}(\mu_{p^n})$$
とおくと, $\mathrm{Gal}(K_n/\mathbb{Q}) = \Delta \times \mathrm{Gal}(K_n/\mathbb{Q}(\mu_p))$ より, Δ が A_{K_n} に作用する. したがって命題 10.12 により
$$A_{K_n} = \bigoplus_{i=0}^{p-2} A_{K_n}^{\omega^i}$$
$$A_{K_n}^{\omega^i} = \{x \in A_{K_n} \mid \text{すべての } \sigma \in \Delta \text{ に対して } \sigma(x) = \omega^i(\sigma)x\}$$
と分解できる. このとき,
$$X^{\omega^i} = \varprojlim A_{K_n}^{\omega^i}$$
である.

X^{ω^i} に対して, 次が成立する.

定理 10.36 $X = X_{\mathbb{Q}(\mu_{p^\infty})} = \varprojlim A_{\mathbb{Q}(\mu_{p^n})}$ とおく. p を奇素数とすると
$$X = \bigoplus_{i=0}^{p-2} X^{\omega^i}$$
と分解する.

(1) γ を $\Gamma = \mathrm{Gal}(\mathbb{Q}(\mu_{p^\infty})/\mathbb{Q}(\mu_p))$ の(位相的)生成元とし, $K_n = \mathbb{Q}(\mu_{p^n})$ とおくと, 自然な写像 $X^{\omega^i} \to A_{K_n}^{\omega^i}$ は同型
$$X^{\omega^i}/(\gamma^{p^{n-1}} - 1)X^{\omega^i} \xrightarrow{\sim} A_{K_n}^{\omega^i}$$
を導く.

(2) i が奇数のとき, X^{ω^i} は有限生成自由 $\mathbb{Z}_p$ 加群である.

(3) 奇数 i に対して, λ_i を X^{ω^i} の $\mathbb{Z}_p$ 階数, すなわち
$$X^{\omega^i} \simeq \mathbb{Z}_p^{\lambda_i}$$
とする. このとき $\gamma - 1$ 倍写像
$$X^{\omega^i} \to X^{\omega^i}$$
$$x \mapsto (\gamma - 1)x$$
を $\mathbb{Z}_p$ 線形写像とみなすと, 行列 $V_{\gamma-1} \in M_{\lambda_i}(\mathbb{Z}_p)$ で表される. $\mathbb{Z}_p[[\Gamma]]$ 加群としての X^{ω^i} の特性イデアル $\mathrm{Char}(X^{\omega^i})$ を, 同型

$$\mathbb{Z}_p[[\Gamma]] \simeq \mathbb{Z}_p[[T]]$$
$$\gamma \leftrightarrow 1+T$$

により，$\mathbb{Z}_p[[T]]$ のイデアルとみなすことにすると，$\mathrm{Char}(X^{\omega^i})$ は $V_{\gamma-1}$ の固有多項式で生成される．すなわち，

$$\mathrm{Char}(X^{\omega^i}) = (\det(TI - V_{\gamma-1}))$$

である．

[証明] （1） 命題10.31から

$$X/(\gamma^{p^{n-1}} - 1)X = \Lambda_{K_n}$$

である．この各 ω^i 成分をとることにより，(1)は得られる．

（2） X^- を §10.2(g) の通りとすると，定義から

$$X^- = \bigoplus_{\substack{i=1 \\ i:\text{奇数}}}^{p-2} X^{\omega^i}$$

である．定理 10.32 から X^- は有限生成自由 $\mathbb{Z}_p$ 加群であるので，各 X^{ω^i} も有限生成自由 $\mathbb{Z}_p$ 加群である．

（3） X^{ω^i} は $\mathbb{Z}_p$-自由な，有限生成ねじれ $\mathbb{Z}_p[[\Gamma]]$ 加群であるから，命題 10.23(4) より従う．

項(a)のように，$(X)_{\omega^i}$ を $(X)_{\omega^i} = X \otimes_{\Lambda_1} \Lambda_{\omega^i}$ で定義すると，

$$X^{\omega^j} \otimes_{\Lambda_1} \Lambda_{\omega^i} = \begin{cases} X^{\omega^i} & \omega^i = \omega^j \text{ のとき} \\ 0 & \omega^i \neq \omega^j \text{ のとき} \end{cases}$$

となる．したがって，

$$(X)_{\omega^i} = X^{\omega^i}$$

である．このことから，定理 10.36(3)（および $\varinjlim$ と $\varprojlim$ に関する考察を行うこと）により，§10.0(e) で述べた岩澤主予想が，定理 10.35 で述べた岩澤主予想に一致していることがわかる．

また $A^{\omega}_{\mathbb{Q}(\mu_p)} = 0$ であるから（このことは，たとえば項(d)で述べる Stickelberger の定理を使ってわかる），定理 10.36(1) と中山の補題により，$X^{\omega} = 0$ であることに注意しておく．

定理10.36(2)で見たように，奇数 i に対して，X^{ω^i} は自由 $\mathbb{Z}_p$ 加群である．それではその階数は具体的にどうなっているのだろうか．$p<12{,}000{,}000$ の範囲での計算によると
$$X^{\omega^i} \simeq \mathbb{Z}_p \text{ または } 0$$
である．つまり，X^{ω^i} の階数を λ_i とすると，$\lambda_i=0$ または 1 である．λ_i を計算するには，岩澤主予想(定理10.35)を使うと
$$\lambda_i = \lambda(G_{\omega^{1-i}}(T))$$
だから，$G_{\omega^{1-i}}(T)$ を計算すればよい．項(d)で述べることにより，$G_{\omega^{1-i}}(T)$ は具体的に計算可能である．

問6 岩澤主予想を使って，次を証明せよ．
(1) i を $1<i<p-2$ をみたす奇数とする．
$$\zeta(1+i-p) \not\equiv \zeta(2+i-2p) \pmod{p^2}$$
であれば，$\lambda(G_{\omega^{1-i}}(T)) \leqq 1$ であり，したがって，$X^{\omega^i} \simeq \mathbb{Z}_p$ または 0 であることを示せ．(ヒント：問4(§10.1(c))を使え．)
(2) $p=37$, $i=5$ に対して，(1)の関係が成り立つことを確かめよ．
(3) $p=691$, $i=679$, 491 に対して，$\zeta(1-r) \bmod p^2$ (r: 正の整数)の値を効率よく計算する方法を工夫することにより，(1)の関係が成り立つことを確かめよ．

次に i が偶数のとき，X^{ω^i} がどうなっているのか述べよう．まず，$X^{\omega^0}=0$ であることは，すぐにわかる．そこで i を $0<i<p-1$ をみたす偶数としよう．$p<12{,}000{,}000$ の範囲での計算によると
$$X^{\omega^i} = 0$$
である．任意の p，任意の偶数 i に対して，$X^{\omega^i}=0$ が成立するだろう，という予測を **Vandiver 予想**という．もう少し弱く，X^{ω^i} が有限だろう，という **Greenberg 予想**もある．

Greenberg 予想はもっと一般に，任意の偶指標 χ に対して，$(X)_\chi$ が有限になる，というものである(任意の代数体への一般化もある)．すなわち，偶指標 χ に対しては，$\mathrm{Char}((X)_\chi) = \Lambda_\chi$ が成立する，というのである．しかし，

Vandiver 予想も Greenberg 予想も(反例が知られておらず)実例がたくさん知られている，ということ以外に，根拠はない．

Vandiver 予想に関し，
$$X^{\omega^{p-3}} = 0$$
だけは任意の p に対して証明することができる．この証明には，K 理論というものが本質的に使われる．他の偶数 i $(0<i<p-1)$ に対しては，このような一般的な結果は知られていない．

(c) イデアル類群の χ 成分の位数と ζ 関数の値の意味

p を奇素数として
$$A_{\mathbb{Q}(\mu_p)} = \bigoplus_{i=0}^{p-2} A_{\mathbb{Q}(\mu_p)}^{\omega^i}$$
と項(b)のように分解する．岩澤主予想を使うと，$A_{\mathbb{Q}(\mu_p)}^{\omega^i}$ の位数を L 関数の値で完全に書くことができる．

定理 10.37 $1<i<p-1$ なる奇数 i に対して
$$\sharp A_{\mathbb{Q}(\mu_p)}^{\omega^i} = \sharp(\mathbb{Z}_p/L(0,\omega^{-i}))$$
が成り立つ．ここに $L(s,\omega^{-i})$ は Dirichlet L 関数である．

[証明] 項(b)と同様に $X = X_{\mathbb{Q}(\mu_{p^\infty})}$ とおく．また，$\Lambda = \mathbb{Z}_p[[\Gamma]] \simeq \mathbb{Z}_p[[T]]$ とおく．X^{ω^i} を Λ 加群と見て，命題10.20を使い，
$$X^{\omega^i} \sim \Lambda/(f_1^{n_1}) \oplus \cdots \oplus \Lambda/(f_r^{n_r})$$
と書く．擬同型の定義から，
$$0 \to (有限) \to X^{\omega^i} \xrightarrow{\Phi} \Lambda/(f_1^{n_1}) \oplus \cdots \oplus \Lambda/(f_r^{n_r}) \to (有限) \to 0$$
なる完全系列が存在する．γ を Γ の生成元とすると，定理10.36(1)によって，$X^{\omega^i}/(\gamma-1)X^{\omega^i} \xrightarrow{\sim} A_{\mathbb{Q}(\mu_p)}^{\omega^i}$ であり，また定理10.36(2)によって，Φ は単射である．

したがって，次のような完全系列の可換図式が存在する．

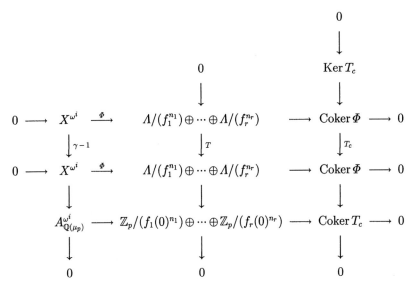

ここに,真中の縦の写像は,それぞれ $\gamma-1$ 倍, T 倍, T 倍によって Coker Φ の上に誘導される写像である.ここで,Coker Φ は有限なので,Ker T_c と Coker T_c の位数は等しい.したがって蛇の補題により

$$\sharp A_{\mathbb{Q}(\mu_p)}^{\omega^i} = \sharp(\mathbb{Z}_p/(f_1(0)^{n_1}) \oplus \cdots \oplus \mathbb{Z}_p/(f_r(0)^{n_r}))$$

であるが,岩澤主予想(定理 10.35)により,

$$\mathrm{Char}(X^{\omega^i}) = (f_1^{n_1} \cdots f_r^{n_r}) = (G_{\omega^{1-i}}(T))$$

なので,

$$\sharp A_{\mathbb{Q}(\mu_p)}^{\omega^i} = \sharp(\mathbb{Z}_p/(G_{\omega^{1-i}}(0)))$$

である.定理 10.7,定理 10.6 により

$$G_{\omega^{1-i}}(0) = L_p(0, \omega^{1-i}) = L(0, \omega^{-i})$$

であるから,定理 10.37 の結論が得られる. ■

もっと一般の奇指標 χ に対しても,K を χ の核に対応する体,つまり $\mathrm{Gal}(K/\mathbb{Q}) \simeq \mathrm{Im}\,\chi$ となる体,$O_\chi = \mathbb{Z}_p[\mathrm{Im}\,\chi]$ とするとき,

$$(A_K \otimes O_\chi)^\chi = \{x \in A_K \otimes O_\chi \mid \text{すべての } \sigma \in \mathrm{Gal}(K/\mathbb{Q}) \text{ に対して}$$
$$\sigma(x) = \chi(\sigma)x\}$$

の位数が,$L(0, \chi^{-1})$ を使って表せることが知られている(Mazur, Wiles,

Solomon, Greither).

定理 10.37 の系として,次の Herbrand, Ribet の定理が得られる.(これが §10.0(b)で述べた Herbrand, Ribet の定理と同値なことは,すぐにわかると思う.)

系 10.38(Herbrand, Ribet) $1 < i < p-1$ をみたす奇数 i に対して,次は同値である.

(1) $A_{\mathbb{Q}(\mu_p)}^{\omega^i} \neq 0$.

(2) $i \equiv 1-r \pmod{p-1}$ をみたす正の整数 $r > 0$ に対して,$\zeta(1-r)$ の分子が p で割り切れる.

[証明]
$$L(0, \omega^{-i}) = L_p(0, \omega^{1-i}) = L_p(0, \omega^r)$$
$$\equiv \zeta(1-r) \pmod{p}$$

よりわかる.最後の合同式は,定理 10.6 および命題 10.8 より従う. ∎

それでは $\zeta(1-r)$ 自体はどのような意味をもっているのだろうか.

$$\zeta(1-r) = \pm \frac{N_r}{D_r}$$

と既約分数の形で書いたときの N_r と D_r の意味について,岩澤主予想を使うと,次のようなことがわかる.(証明は与えない.)

$$\mathbb{Z}_p(1) = \varprojlim \mu_{p^n} \quad (\text{逆極限は } p \text{ 乗写像に関してとる})$$
$$\mathbb{Z}_p(m) = \underbrace{\mathbb{Z}_p(1) \otimes_{\mathbb{Z}_p} \mathbb{Z}_p(1) \otimes_{\mathbb{Z}_p} \cdots \otimes_{\mathbb{Z}_p} \mathbb{Z}_p(1)}_{m \text{ 個}}$$

とおく.$\mathbb{Z}_p(m)$ は $\mathbb{Z}_p$ 加群として階数 1 の自由加群であり,$\mathrm{Gal}(\overline{\mathbb{Q}}/\mathbb{Q})$ は円分指標 κ の m 乗で作用する.(つまり,$x \in \mathbb{Z}_p(m)$, $\sigma \in \mathrm{Gal}(\overline{\mathbb{Q}}/\mathbb{Q})$ とすると,$\sigma(x) = \kappa(\sigma)^m x$.)

Galois 群の作用する任意の $\mathbb{Z}_p$ 加群 M に対して,$M(m)$ を
$$M(m) = M \otimes_{\mathbb{Z}_p} \mathbb{Z}_p(m)$$

と定義して,M の **Tate ひねり**(Tate twist)と呼ぶ.このとき,任意の偶数 $r > 0$ に対して,

$$X^{\omega^{1-r}}_{\mathbb{Q}(\mu_{p^\infty})}(r-1)/(\gamma-1)X^{\omega^{1-r}}_{\mathbb{Q}(\mu_{p^\infty})}(r-1)$$

は有限になることが示せて,

$$N_r = \prod_p \sharp(X^{\omega^{1-r}}_{\mathbb{Q}(\mu_{p^\infty})}(r-1)/(\gamma-1)X^{\omega^{1-r}}_{\mathbb{Q}(\mu_{p^\infty})}(r-1))$$

が証明できる. ここに p はすべての素数を走る(実質上すべての非正則素数を走る). 分母については,

$$D_r = \prod_p \sharp(\mathbb{Q}_p/\mathbb{Z}_p(r))^{\mathrm{Gal}(\mathbb{Q}(\mu_{p^\infty})/\mathbb{Q})}$$

が示せる. ここに p はすべての素数を走る. ( )$^{\mathrm{Gal}(\mathbb{Q}(\mu_{p^\infty})/\mathbb{Q})}$ は $\mathrm{Gal}(\mathbb{Q}(\mu_{p^\infty})/\mathbb{Q})$ 不変部分を表す. また $(r-1), (r)$ は Tate ひねりである. 命題 10.3(2) はこのことから導かれる. N_r, D_r を代数的 K 群の位数として, とらえる考え方もある(Quillen–Lichtenbaum 予想).

問 7 D_r の上の表示を認めて, 命題 10.3(2) を証明せよ.

(d) Stickelberger の定理

N を正の整数とするとき, $\mathbb{Q}(\mu_N)$ のイデアル類群について, Stickelberger は Gauss, Kummer 等の研究の後を受けて, 次に述べるような非常に有名な定理を証明した(1890).

まず,

$$\zeta_{\equiv a(N)}(s) = \sum_{\substack{n=1 \\ n \equiv a \pmod{N}}}^{\infty} \frac{1}{n^s}$$

を部分 ζ 関数とする(§3.3 定義 3.13 参照). 同型 $\mathrm{Gal}(\mathbb{Q}(\mu_N)/\mathbb{Q}) \simeq (\mathbb{Z}/N)^\times$ (§5.2 定理 5.4 参照)によって, $a \in (\mathbb{Z}/N)^\times$ と対応する Galois 群の元を σ_a と書く. このとき,

$$\theta_{\mathbb{Q}(\mu_N)} = \sum_{\substack{a=1 \\ (a,N)=1}}^{N} \zeta_{\equiv a(N)}(0)\sigma_a^{-1} \in \mathbb{Q}[\mathrm{Gal}(\mathbb{Q}(\mu_N)/\mathbb{Q})]$$

を **Stickelberger** 元 (Stickelberger element) と呼ぶ．ここに和は，$(a, N) = 1$ をみたす 1 から N までの整数 a を走る．

もっと具体的には，$0 < a < N$ とすると，

$$\zeta_{\equiv a(N)}(0) = -\frac{a}{N} + \frac{1}{2}$$

であるから (§3.3(b) 例 3.20)，

$$\theta_{\mathbb{Q}(\mu_N)} = \sum_{\substack{a=1 \\ (a,N)=1}}^{N} \left(-\frac{a}{N} + \frac{1}{2}\right) \sigma_a^{-1}$$

である．上でわざわざ ζ 関数を使って書いたのは，$\theta_{\mathbb{Q}(\mu_N)}$ がゼータ世界の住人であることを認識してもらうためである．

Stickelberger の定理とは，

定理 10.39（Stickelberger）

$$\theta'_{\mathbb{Q}(\mu_N)} = \theta_{\mathbb{Q}(\mu_N)} - \frac{1}{2} \sum_{\substack{a=1 \\ (a,N)=1}}^{N} \sigma_a$$

とおく．$\alpha \in \mathbb{Z}[\mathrm{Gal}(\mathbb{Q}(\mu_N)/\mathbb{Q})]$ が，

$$\alpha \theta'_{\mathbb{Q}(\mu_N)} \in \mathbb{Z}[\mathrm{Gal}(\mathbb{Q}(\mu_N)/\mathbb{Q})]$$

をみたすとすると，イデアル類群 $Cl(\mathbb{Q}(\mu_N))$ に対し，

$$(\alpha \theta'_{\mathbb{Q}(\mu_N)}) Cl(\mathbb{Q}(\mu_N)) = 0. \qquad \square$$

簡単に言えば，Stickelberger 元がイデアル類群を消す，というのである．この定理の証明は，Gauss 和の素イデアル分解を詳しく調べることによって得られる．ここでは証明は省略する．ここで述べたいのは，岩澤によって発見された，Stickelberger 元と p 進 L 関数との関係である．

χ, K, K_n を項 (a) の通りとする．

$$\mathrm{Gal}(K_n/\mathbb{Q}) = \mathrm{Gal}(K/\mathbb{Q}) \times \mathrm{Gal}(K_n/K)$$

と分解する．$O_\chi = \mathbb{Z}_p[\mathrm{Image}\,\chi]$，$\mathbb{Q}_p(\chi) = \mathbb{Q}_p(\mathrm{Image}\,\chi)$ とおく．

$$\phi_{\chi,n} \colon \mathbb{Q}[\mathrm{Gal}(K_n/\mathbb{Q})] = \mathbb{Q}[\mathrm{Gal}(K/\mathbb{Q}) \times \mathrm{Gal}(K_n/K)]$$
$$\to \mathbb{Q}_p(\chi)[\mathrm{Gal}(K_n/K)]$$

を
$$\phi_{\chi,n}(\sum a_{\sigma\tau}(\sigma,\tau)) = \sum a_{\sigma\tau}\chi(\sigma)\tau$$
と定義する．すると $\chi \neq \omega$ なる奇指標 χ に対して，
$$\phi_{\chi,n}(\theta_{K_n}) \in O_\chi[\mathrm{Gal}(K_n/K)]$$
となることが証明できる．しかも $\phi_{\chi,n}(\theta_{K_n})$ は n に関して，逆系をなすことが確かめられる．そこで，Λ_χ を項(a)の通りとして，
$$\theta_{K_\infty}^\chi := (\phi_{\chi,n}(\theta_{K_n})) \in \varprojlim O_\chi[\mathrm{Gal}(K_n/K)] = O_\chi[[\mathrm{Gal}(K_\infty/K)]]$$
$$= \Lambda_\chi$$
とおく．$\mathrm{Gal}(K_\infty/K)$ の位相的生成元 γ を1つ固定して，$\Lambda_\chi \simeq O_\chi[[T]]$ と同一視する．このとき，

定理 10.40（岩澤）χ を $\chi \neq \omega$ をみたす第1種奇指標とするとき，
$$\theta_{K_\infty}^\chi = G_{\chi^{-1}\omega}(T)$$
である． □

この定理の証明もここでは省略する．

§10.1(f) で触れたように，このようなことを使って，p 進 L 関数の存在を証明することもできる．Stickelberger の定理と上の定理 10.40 から，次が得られる．

系 10.41 $G_{\chi^{-1}\omega}(T)$ は $(X)_\chi$ を消す．すなわち，
$$G_{\chi^{-1}\omega}(T)(X)_\chi = 0.$$ □

なぜなら，Stickelberger の定理から $\theta_{K_\infty}^\chi (X)_\chi = 0$ が示せるからである．系 10.41 は岩澤主予想（定理 10.35）に非常に近い，ということがわかってもらえると思う．岩澤主予想は，このようにして誕生したのである．

さて，p を奇素数としよう．Ferrero–Washington の定理（定理 10.9）から，$\mu(G_{\chi^{-1}\omega}(T)) = 0$ である（μ の定義は §10.2(a)）．そこで系 10.41 によって，$\mu((X)_\chi) = 0$ がわかる（μ の定義は §10.2(b)）．このことから，$X_{K_\infty}^-$ を $\mathbb{Z}_p[[\mathrm{Gal}(K_\infty/K)]]$ 加群と見たとき，
$$\mu(X_{K_\infty}^-) = 0$$
であることもわかる．これで，定理 10.32（§10.2(g)）の証明が完成した．実はもっと一般に，任意の p，任意の χ に対して，$\mu((X)_\chi) = 0$ であることも

定理10.9から証明することができる.

 λ不変量に対しても,類数公式を使うことにより,岩澤は
$$\sum_\chi \lambda(G_{\chi^{-1}\omega}(T)) = \sum_\chi \lambda((X)_\chi) \quad (\chi \text{ は } \mathrm{Gal}(K/\mathbb{Q}) \text{ の } \omega \text{ でない奇指標を走る})$$
を証明した.したがって,もし
$$(X)_\chi \sim \Lambda_\chi/(f)$$
であれば,
$$G_{\chi^{-1}\omega}(T)(\Lambda_\chi/(f)) \sim 0$$
となり,$(f) \supset (G_{\chi^{-1}\omega}(T))$ となるが,両者の λ不変量を比べることにより,
$$\mathrm{Char}((X)_\chi) = (f) = (G_{\chi^{-1}\omega}(T)),$$
つまり岩澤主予想(定理10.35)が証明できる.$((X)_\chi \sim \Lambda_\chi/(f)$ となるためには,たとえば $\mathrm{Char}((X)_\chi)$ を生成する多項式に平方因子がなければよい.今まで計算された例では,$\mathrm{Char}((X)_\chi)$ を生成する多項式で平方因子をもつ例はない.)

 そこで,一般に岩澤主予想を証明しようとすると,問題は巡回的でない加群(つまり $(X)_\chi \sim \Lambda_\chi/(f)$ でない場合)をどう扱うか,ということになる.Euler 系(Euler system)という概念は,このような巡回的でない加群を扱うために考え出されたものである.Stickelberger 元は Gauss 和と関係していると最初に述べたが,Gauss 和からある数の系列が作れ,Euler 系の公理をみたす.そして巡回的でない $(X)_\chi$ が扱えるようになるのである.Euler 系について興味のある読者は,岩澤理論の参考文献 [3] の付録をご覧になって頂きたい.

(e) 保型形式との関係

 ここでは,保型形式の理論が岩澤理論にどう役立つのか述べる.

 まず,典型例として,Ribet の定理(系10.38 の(2)$\Longrightarrow$(1))の証明を,前章で導入した Ramanujan の Δ にあてはめて解説する.

 まず,691 が $\zeta(-11)$ を割ることにより,保型形式の世界に Ramanujan の合同式
$$\tau(l) \equiv 1 + l^{11} \pmod{691}$$
ができる($\S 9.1$ 定理9.2).ここに l は任意の素数である.定理9.2 の証明の

重要なポイントは B_{12} が 691 で割れること，つまり $\zeta(-11)$ が 691 で割れることにあったことを思い出そう．

次に，Ramanujan の合同式が不分岐拡大を生むことを説明する．このための最も重要な道具は Deligne によって構成された Δ に伴う表現である．

任意の素数 p に対して
$$\rho_\Delta : G_\mathbb{Q} = \mathrm{Gal}(\overline{\mathbb{Q}}/\mathbb{Q}) \to GL_2(\mathbb{Q}_p)$$
なる既約な表現で，次の条件をみたすものが Deligne によって構成された．

（1） K_Δ を ρ_Δ の核に Galois 理論で対応する体とする．つまり，
$$\rho_\Delta : \mathrm{Gal}(K_\Delta/\mathbb{Q}) \xrightarrow{\sim} \mathrm{Image}(\rho_\Delta)$$
が同型となるような体とする．このとき，p 以外の素数は $K_\Delta/\mathbb{Q}$ で不分岐である．（また p でも "crystalline 表現" というよい状態になっている．）

（2） l を p 以外の素数，Frob_l を $\mathrm{Gal}(K_\Delta/\mathbb{Q})$ の中の l での Frobenius 共役類とする．このとき，
$$\mathrm{Tr}(\rho_\Delta(\mathrm{Frob}_l)) = \tau(l)$$
$$\det(\rho_\Delta(\mathrm{Frob}_l)) = l^{11}.$$

ρ_Δ に対応する，$G_\mathbb{Q}$ の作用をもつ 2 次元 $\mathbb{Q}_p$ ベクトル空間を V_Δ と書く．$G_\mathbb{Q}$ はコンパクトだから，$G_\mathbb{Q}$ の作用をもつ階数 2 の自由 $\mathbb{Z}_p$ 加群 A_Δ で，$A_\Delta \otimes_{\mathbb{Z}_p} \mathbb{Q}_p = V_\Delta$ となるものが存在する．A_Δ に対応する表現を改めて ρ_Δ と書くことにすれば，ρ_Δ の像は $GL_2(\mathbb{Z}_p)$ に入る．そこで以下では
$$\rho_\Delta : G_\mathbb{Q} \to GL_2(\mathbb{Z}_p)$$
と考えることにする．そして，
$$\rho_\Delta \bmod p : G_\mathbb{Q} \to GL_2(\mathbb{F}_p)$$
を考えよう．定義から，$\rho_\Delta \bmod p$ は
$$\mathrm{Tr}(\rho_\Delta \bmod p(\mathrm{Frob}_l)) = \tau(l) \bmod p$$
をみたす．

ここで，$p = 691$ ととってみる．すると Ramanujan の合同式から，
$$\mathrm{Tr}(\rho_\Delta \bmod p(\mathrm{Frob}_l)) = \tau(l) \bmod p$$
$$= 1 + l^{11} \bmod p$$

$$\det(\rho_\Delta \bmod p(\mathrm{Frob}_l)) = l^{11} \bmod p$$

である. このことは, A_Δ/p の半単純化(semi simplification)が

$$(A_\Delta/p)^{ss} = \mathbb{Z}/p(11) \oplus \mathbb{Z}/p \ (= \mu_p^{\otimes 11} \oplus \mathbb{Z}/p)$$

となることを示している. ここに, $\mathbb{Z}/p(11)$ は Tate ひねり(項(c)参照)である. つまり $G_\mathbb{Q}$ は $\mathbb{Z}/p(11)$ に ω^{11} で作用する(ω: Teichmüller 指標). したがって, $\rho_\Delta \bmod p$ は,

$$\rho_\Delta \bmod p = \begin{pmatrix} \omega^{11} & * \\ 0 & 1 \end{pmatrix} \quad \text{あるいは} \quad \begin{pmatrix} \omega^{11} & 0 \\ * & 1 \end{pmatrix}$$

のどちらかであるが, A_Δ を適当に取り換えることにより,

$$\rho_\Delta \bmod p = \begin{pmatrix} \omega^{11} & 0 \\ * & 1 \end{pmatrix}, \quad * \neq 0$$

となるようにすることができる.

このとき, I_p を p の上の素イデアルの惰性群とすると

$$\rho_\Delta \bmod p \mid_{I_p} = \begin{pmatrix} \omega^{11} & 0 \\ 0 & 1 \end{pmatrix}$$

となることを示すことができる.

そこで, L を $\mathrm{Ker}(\rho_\Delta \bmod p)$ に Galois 理論により対応する体とする. つまり

$$\mathrm{Gal}(L/\mathbb{Q}) \xrightarrow[\rho_\Delta \bmod p]{\sim} \mathrm{Image}(\rho_\Delta \bmod p)$$

となる体とする. ρ_Δ についての条件(1)から $L/\mathbb{Q}$ は p 以外の素数で不分岐である. したがって, 上で述べたことから, $L/\mathbb{Q}(\mu_p)$ はすべての素イデアルで不分岐である. また構成から, $\mathrm{Gal}(L/\mathbb{Q}(\mu_p))$ に $\mathrm{Gal}(\mathbb{Q}(\mu_p)/\mathbb{Q})$ は ω^{-11} で作用する. このように Ramanujan の合同式は不分岐拡大を生み出すのである. 類体論(§10.2(d)参照)により,

$$A_{\mathbb{Q}(\mu_p)}^{\omega^{-11}} \neq 0$$

である. こうして Ribet の定理が証明されるのである.

次に Mazur と Wiles による証明のアイディアを述べよう. Ribet と同じよ

うに保型形式に伴う表現を使う．上で保型形式に伴う表現を使って不分岐拡大ができることを述べたが，方針は「不分岐拡大をすべて保型形式に伴う表現から作る」ことである．もう少し正確に
$$\mathrm{Char}((X)_\chi) = (G_{\chi^{-1}\omega}(T)) \subset \Lambda_\chi$$
を示すのに，"$\Lambda_\chi/(G_{\chi^{-1}\omega}(T))$ の分" だけ不分岐拡大を作ってしまうのである．これができれば，$\mathrm{Char}((X)_\chi) \subset (G_{\chi^{-1}\omega}(T))$ が言え，項(d)で述べた λ, μ 不変量に関する議論から，両者の一致が出るのである．

正確ではないが大雑把なアイディアを述べる．肥田理論によれば，"大きな" Hecke 環 T (Hecke 作用素によって生成される環)で次をみたすものがある．T は Λ_χ 上の環で，Eisenstein イデアルと呼ばれるイデアル I があって，$T/I \simeq \Lambda_\chi/(G_{\chi^{-1}\omega}(T))$ が成立する．T の 2 次の表現
$$\rho\colon G_\mathbb{Q} \to GL_2(T)$$
はこの場合に存在するかどうかわからないのだが，それに近いもの，擬表現 (pseudo-representation) というものが存在する．そして "$\rho \bmod I$" から，Δ のときと同じように，T/I 分，つまり $\Lambda_\chi/(G_{\chi^{-1}\omega}(T))$ 分だけ不分岐拡大が作れるのである．

(f) プラス部分についての岩澤主予想

岩澤主予想には，定理 10.35 以外に別の定式化が 2 つあるので，最後に述べておきたい．

$K_n, K_\infty, \Lambda_{N_0}, \Lambda_\chi$ を項(a)と同じとする．K_∞ の Abel 拡大で，次数が p ベキであり，p の上の素イデアル以外では不分岐なものすべての合成を M_∞ と書くことにする．
$$\mathcal{X} = \mathrm{Gal}(M_\infty/K_\infty)$$
とおく．

χ を偶指標 ($\chi(-1)=1$) であり，$\chi \neq \mathbf{1}$ をみたす第 1 種指標であるとする．ここで
$$(\mathcal{X})_\chi = \mathcal{X} \otimes_{\Lambda_{N_0}} \Lambda_\chi$$
とおくと，$(\mathcal{X})_\chi$ は有限生成ねじれ Λ_χ 加群であることが示せる．このとき，

$\mathcal{X}$ に関する岩澤主予想は，

$$\mathrm{Char}((\mathcal{X})_\chi) = \Big(\frac{1}{2}G_\chi(u(1+T)^{-1}-1)\Big)$$

と定式化できる．これは定理 10.35 と同値であることが示せる．

次に X_{K_∞} を項(a)の通りとし，$\chi \neq 1$ なる第 1 種偶指標 χ に対して，
$$(X)_\chi = X_{K_\infty} \otimes_{\Lambda_{N_0}} \Lambda_\chi$$
を考え，$(X)_\chi$ についての岩澤主予想を述べる．

$O_{K_n}^\times$ を K_n の単数群とするとき，$O_{K_n}^\times$ の中に**円単数群**(group of cyclotomic units)と呼ばれる部分群 C_n を $C_n = O_{K_n}^\times \cap Z_n$ と定義する．ここに Z_n は，ζ を 1 の原始 $N_0 p^n$ 乗根として，ζ と $1-\zeta^a$ $(1 \leq a \leq N_0 p^n - 1)$ で生成される $K_n^\times$ の部分群である．ノルム写像に関する逆極限

$$\mathcal{E} = \varprojlim(O_{K_n}^\times \otimes \mathbb{Z}_p)$$
$$\cup$$
$$\mathcal{C} = \varprojlim(C_n \otimes \mathbb{Z}_p)$$

を考え，
$$(\mathcal{E}/\mathcal{C})_\chi = (\mathcal{E}/\mathcal{C}) \otimes_{\Lambda_{N_0}} \Lambda_\chi$$
とおく．このとき岩澤主予想は，
$$\mathrm{Char}((X)_\chi) = \mathrm{Char}((\mathcal{E}/\mathcal{C})_\chi)$$
と定式化される．この等式も定理 10.35 と同値であることが示せる．

《要約》

10.1 Dirichlet L 関数の負整数での値を補間する p 進正則関数 $L_p(s,\chi)$ が存在して(正確には $\chi=1, s=1$ を除き p 進正則)，久保田–Leopoldt の p 進 L 関数と呼ばれる．$L_p(s,\chi)$ はベキ級数 $G_\chi(T)$ を使って，$L_p(s,\chi) = G_\chi(u^s-1)$ と書ける．また，完備群環 $\Lambda_{N_0}^\sim$ の元から，$L_p(s,\chi)$ を作ることもできる．

10.2 $\mathbb{Q}$ の有限次拡大体 K に対し，$K_n = K(\mu_{p^n})$, $K_\infty = \bigcup K_n$ とおき，A_{K_n} で K_n のイデアル類群の p-Sylow 群，$X_{K_\infty} = \varprojlim A_{K_n}$ をノルム写像による逆極限とする．このとき，X_{K_∞} は有限生成ねじれ $\mathbb{Z}_p[[\mathrm{Gal}(K_\infty/K)]]$ 加群になる．

10.3 χ を導手 N をもつ第 1 種指標で, $\chi \neq \omega$, $\chi(-1) = -1$ をみたすとする. $K_\infty = \bigcup_{n>0} \mathbb{Q}(\mu_{Np^n})$ とすると, X_{K_∞} の χ 成分 $(X)_\chi$ の特性イデアルに関し,

$$\mathrm{Char}((X)_\chi) = \left(\frac{1}{2} G_{\chi^{-1}\omega}(T)\right)$$

が成立する. これを岩澤主予想 (Mazur–Wiles の定理) と呼ぶ. この等式は, 数論的なものと p 進解析的なものをつなぐ美しい関係式である.

10.4 以上のような理論により, 円分 $\mathbb{Z}_p$ 拡大のイデアル類群の p-Sylow 群が, Galois 群の作用もこめて, 統一的に理解できる.

10.5 数の世界に, このような美しい理論が存在していることは, まことに不思議である.

---------- 演習問題 ----------

10.1 $X = X_{\mathbb{Q}(\mu_{p^\infty})}$ として, §10.3(b) と同じ記号を使う. $\zeta(-1), \zeta(-3), \cdots,$ $\zeta(-9)$ の値を見ることにより,

$$X^{\omega^{p-2}} = X^{\omega^{p-4}} = \cdots = X^{\omega^{p-10}} = 0$$

であることを証明せよ.

10.2 r を正の偶数とし, 素数 p が $\zeta(1-r)$ の分子を割るとする.
(1) $(2-r-p)\zeta(1-r) \not\equiv (1-r)\zeta(2-r-p) \pmod{p^2}$ が成立するとき,
$$A_{\mathbb{Q}(\mu_p)}^{\omega^{1-r}} \simeq \mathbb{Z}/p$$
であることを証明せよ.
(2) $p = 37$, $r = 32$ に対して, 実際に (1) の関係が成り立つことを確かめよ. (つまり, §10.0(c) の表 10.2 の関係を確かめよ.)

10.3 i を $1 < i < p-1$ をみたす奇数とする.
(1) $G_{\omega^{1-i}}(T)$ に付随する多項式 (§10.2(a) 命題 10.19 参照) が 1 次式 $T - \alpha$ であるとする. $\mathrm{ord}_p(\alpha) = a$ とおくとき,
$$A_{\mathbb{Q}(\mu_{p^n})}^{\omega^i} \simeq \mathbb{Z}/p^{a+n-1}$$
となることを証明せよ.
(2) $G_{\omega^{1-i}}(T)$ に付随する多項式が 2 次式 $(T-\alpha)(T-\beta)$ $(\alpha, \beta \in \mathbb{Z}_p)$ であり, $1 = \mathrm{ord}_p(\alpha) < \mathrm{ord}_p(\beta)$ であると仮定する. このとき, $A_{\mathbb{Q}(\mu_{p^n})}^{\omega^i}$ の Abel 群としての構造を求めよ. (問 4 で述べたように, (2) のような $G_{\omega^{1-i}}(T)$ の例は知られていな

い.しかし,ある種の条件をみたす指標 χ に対して,$G_{\chi^{-1}\omega}(T)$ が上のように書ければ,同じ方法で,$A_{K_n}^\chi$ の Abel 群としての構造を求めることができる.§10.0 (c)で述べた例 $\mathbb{Q}(\sqrt{-1399},\sqrt{-3})$ の円分 $\mathbb{Z}_p$ 拡大のイデアル類群の構造はこうして計算されるのである.)

10.4 (1) p を奇素数とし,χ を第 1 種指標で $\chi \neq \omega$,$\chi(-1) = -1$ をみたし,また Image(χ) の位数は p と素であるとする.Galois 理論により χ の核と対応する体を F とする.つまり $\chi : \mathrm{Gal}(F/\mathbb{Q}) \hookrightarrow \overline{\mathbb{Q}}_p^\times$ が単射であるとする.また,$F/\mathbb{Q}$ において p は不分解であると仮定する.χ に対し,O_χ,K,K_n,K_∞ を §10.3(a) にある通りに定め,$G_0 = \mathrm{Gal}(K/F)$ とおく.$\mathrm{Gal}(K_n/F) = G_0 \times \mathrm{Gal}(K_n/K)$ と分解し,G_0 を $\mathrm{Gal}(K_n/F)$ の部分群と見て,G_0 に対応する K_n/F の中間体を F_n と書く ($F_n = (K_n)^{G_0}$).

$\mathrm{Gal}(F_n/\mathbb{Q}) = \mathrm{Gal}(F/\mathbb{Q}) \times \mathrm{Gal}(F_n/F)$ により,$\mathrm{Gal}(F/\mathbb{Q})$ を $\mathrm{Gal}(F_n/\mathbb{Q})$ の部分群とみなし,$\mathrm{Gal}(F_n/\mathbb{Q})$ 加群を $\mathrm{Gal}(F/\mathbb{Q})$ 加群と見ることにする.

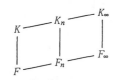

図 10.4

また O_χ を χ により $\mathrm{Gal}(F/\mathbb{Q})$ 加群と見て

$$A_{F_n}^\chi = A_{F_n} \otimes_{\mathbb{Z}_p[\mathrm{Gal}(F/\mathbb{Q})]} O_\chi$$
$$A_{K_n}^\chi = A_{K_n}^{\mathrm{Gal}(K_n/F_n)} \otimes_{\mathbb{Z}_p[\mathrm{Gal}(F/\mathbb{Q})]} O_\chi$$

とおく.このとき,自然な写像

$$A_{F_n}^\chi \to A_{K_n}^\chi$$

は同型であることを示せ.

(2) $\sharp A_F^\chi = \sharp(O_\chi/L(0,\chi^{-1}))$ であることを証明せよ.

11 保型形式(II)

　保型形式は，第9章で見たように，もともとは複素上半平面上の複素1変数の正則な保型形式を指していた．その後，保型形式は非正則な場合や多変数の場合へとさまざまに一般化されてきているが，統一的な見方は保型形式を群上の関数と捉えることによって得られる．そうすると群の表現論との関連が現れてくる．保型形式からでてくる表現は保型表現と呼ばれ数論にとって特に興味深い．

　この章では，保型形式と表現論のかかわりを紹介する．それは Ramanujan の $\tau(n)$ の3通りの表示に典型的に表れている．また，表現論において重要な双対性の表れである Poisson の和公式とそれを一般化した Selberg の跡公式($\sum_m M(m) = \sum_w W(w)$ の形の等式)に，数論的応用とともに触れる．たとえば，ζ 関数の関数等式は双対性——Poisson 和公式(Selberg 跡公式)——の表れであることが多い．

　おわりに，保型表現に関する Langlands 予想を紹介する．これは，類体論を拡張しようとする一般的な予想であり，Galois 群の表現と保型表現との対応という，ある意味の双対性である．Langlands 予想は非可換類体論予想とも呼ばれ，Fermat 予想の証明は Langlands 予想の一部を証明することによって完成されている．Langlands 予想の一般的な証明はこれからの問題であり，長期間にわたって数論の指針を与えるものと思われる．

§11.1 保型形式と表現論

(a) $\tau(n)$ の3つの表示と表現論

第9章で見たとおり, Ramanujan の考えた

$$\Delta(z) = q \prod_{n=1}^{\infty} (1-q^n)^{24}$$
$$= \sum_{n=1}^{\infty} \tau(n) q^n$$

が保型形式の数論的研究の端緒となった. §9.1で示したように, 上式に現れる係数 $\tau(n)$ は

(11.1)
$$\tau(n) = \sigma_{11}(n) + \frac{691}{756}\left(-\sigma_{11}(n) + \sigma_5(n) - 252 \sum_{m=1}^{n-1} \sigma_5(m)\sigma_5(n-m)\right)$$

という表示をもつ(式(9.8)参照). ここで, $\sigma_k(n) = \sum_{d|n} d^k$ であった. これは Ramanujan の合同式 $\tau(n) \equiv \sigma_{11}(n) \bmod 691$ を導くという意味からも重要な表示式である. この等式は

$$\Delta = \frac{E_{12} - E_6^2}{1008 \cdot 756}$$

という等式の Fourier 係数を比較して得られるが, $E_k(z)$ の Fourier 係数の計算(§9.2)の基本は式(9.14)(Lipschitz の公式)であり, それは§11.2で説明するように, Poisson の和公式に他ならない. この意味で(11.1)の表示は Poisson の和公式($\mathbb{Z} \subset \mathbb{R}$ という群の組に対する Selberg の跡公式)という表現論の応用と考えられる.

さて, $\tau(n)$ には他にもさまざまな表示がある. (第9章の演習問題9.1(3)もそうである.) そのうちの2つをあげよう. まず, 物理学者 Dyson(1968) による表示は次のとおりである:

§11.1 保型形式と表現論

(11.2)
$$\tau(n) = \sum_{\substack{(a,b,c,d,e) \in \mathbb{Z}^5 \\ (a,b,c,d,e) \equiv (1,2,3,4,5) \bmod 5 \\ a+b+c+d+e=0 \\ a^2+b^2+c^2+d^2+e^2=10n}} \frac{(a-b)(a-c)(a-d)(a-e)(b-c)(b-d)(b-e)(c-d)(c-e)(d-e)}{1!\,2!\,3!\,4!}.$$

ここの和は有限和であり,たとえば,$n=1$ のときは $(a,b,c,d,e)=(1,2,-2,-1,0)$ のみであり,たしかに $\tau(1)=1$ となる.これは

$$\prod_{n=1}^{\infty}(1-q^n) = \sum_{m=-\infty}^{\infty}(-1)^m q^{\frac{3m^2-m}{2}} \quad (\text{Euler の五角数定理, 1750})$$

や

$$\prod_{n=1}^{\infty}(1-q^n)^3 = \sum_{m=0}^{\infty}(-1)^m(2m+1)q^{\frac{m^2+m}{2}} \quad (\text{Jacobi の公式, 1829})$$

の系列($\dfrac{3m^2-m}{2}$ は 5 角数,$\dfrac{m^2+m}{2}$ は 3 角数である)において,24 乗としたものと考えることができる.この Dyson の表示式は,1970 年代になって MacDonald や Kac によって無限次元 Lie 環の表現論(指標公式)から導かれることが判明した.これも表現論の応用である.

次の表示は Selberg(1952)によるものである:

(11.3)
$$\tau(n) = -\sum_{0 \leq m < 2\sqrt{n}}{}' H(m^2-4n)\frac{\eta_m^{11}-\bar{\eta}_m^{11}}{\eta_m-\bar{\eta}_m} - \sum_{\substack{d|n \\ d \leq \sqrt{n}}}{}' d^{11} + \frac{11}{12}\delta(\sqrt{n})n^5.$$

ただし,$\delta(\sqrt{n})$ は n が平方数のとき 1 で他では 0,$\sum{}'$ は和の限界のところ ($m=0$ や $d=\sqrt{n}$ のところ)は重み $\dfrac{1}{2}$ をかけることを意味し,

$$\eta_m = \frac{m+i\sqrt{4n-m^2}}{2}$$

であり,$H(d)$ は判別式 $d<0$ の 2 次形式の重み付きの類数である.たとえば,$H(-4)=\dfrac{1}{2}$,$H(-3)=\dfrac{1}{3}$.(ここにでてくる 2 次形式の類数は虚 2 次体の類数を少し一般化したものである.)この Selberg による表示は,$SL_2(\mathbb{Z}) \subset$

$SL_2(\mathbb{R})$ (あるいは $SL_2(\mathbb{Q}) \subset SL_2(\mathbb{A})$) に対する Selberg 跡公式から導かれる. Selberg 跡公式は §11.3 で説明する. このように $\tau(n)$ の表示だけを見ても保型形式への表現論の応用がたくさんある.

(b) 保型形式から保型表現へ

モジュラー群 $SL_2(\mathbb{Z})$ に対する保型形式から群 $SL_2(\mathbb{R})$ 上の保型形式を作るのは, 上半平面の表示

$$H = SL_2(\mathbb{R})/SO(2)$$

を使えばかんたんである. 具体的には, 正則保型形式 $f \in M_k(SL_2(\mathbb{Z}))$ に対して

$$\varphi_f(g) = f(gi)j(g,i)^{-k}$$

とおくと, 関数

$$\varphi_f : SL_2(\mathbb{R}) \to \mathbb{C}$$

ができて, 左 $SL_2(\mathbb{Z})$ 不変である. つまり

$$\varphi_f(\gamma g) = \varphi_f(g)$$

がすべての $\gamma \in SL_2(\mathbb{Z})$ に対して成り立つ. したがって,

$$\varphi_f : SL_2(\mathbb{Z}) \backslash SL_2(\mathbb{R}) \to \mathbb{C}$$

とみなせる. しかも, $f \in S_k(SL_2(\mathbb{Z}))$ なら

$$\varphi_f \in L^2(SL_2(\mathbb{Z}) \backslash SL_2(\mathbb{R}))$$

である. 少し計算を補っておこう. 上記の構成で, $i = \sqrt{-1} \in H$ であり, 一般の $z \in H$ と $g = \begin{pmatrix} a & b \\ c & d \end{pmatrix} \in SL_2(\mathbb{R})$ に対して

$$gz = \frac{az+b}{cz+d},$$

$$j(g,z) = cz+d$$

である. $g_1, g_2 \in SL_2(\mathbb{R})$ に対して

$$(g_1 g_2)z = g_1(g_2 z),$$

$$j(g_1 g_2, z) = j(g_1, g_2 z)j(g_2, z)$$

が成り立つことはかんたんな計算でわかる (§9.6 参照). これを使うと, $g \in SL_2(\mathbb{R})$, $\gamma \in SL_2(\mathbb{Z})$ に対して

§11.1 保型形式と表現論

$$\begin{aligned}\varphi_f(\gamma g) &= f(\gamma g i)j(\gamma g,i)^{-k}\\ &= f(gi)\cdot j(\gamma,gi)^k j(\gamma g,i)^{-k}\\ &= f(gi)j(g,i)^{-k}\\ &= \varphi_f(g)\end{aligned}$$

となることがわかる.

また, $f\in W_r(SL_2(\mathbb{Z}))$ のときには, 単に

$$\varphi_f(g) = f(gi)$$

とおけば

$$\varphi_f: SL_2(\mathbb{Z})\backslash SL_2(\mathbb{R})\to \mathbb{C}$$

となる.

さらに一般にして, Siegel 保型形式(§9.7 参照)のときには, たとえば $f\in M_k(Sp_n(\mathbb{Z}))$ なら

$$\varphi_f: Sp_n(\mathbb{R})\to \mathbb{C}$$

を

$$\varphi_f(g) = f(gi)j(g,i)^{-k}$$

とおくと, φ_f は左 $Sp_n(\mathbb{Z})$ 不変であり

$$\varphi_f: Sp_n(\mathbb{Z})\backslash Sp_n(\mathbb{R})\to \mathbb{C}$$

となる. ただし, $g=\begin{pmatrix}A & B\\ C & D\end{pmatrix}\in Sp_n(\mathbb{R})$ に対して

$$gi = (Ai+B)(Ci+D)^{-1},$$
$$j(g,i) = \det(Ci+D)$$

である. ここには, Siegel 上半空間の表示 $H_n=Sp_n(\mathbb{R})/U(n)$ が背景にある.

このように, 一般に群の組 $G\supset \Gamma$ があって, G 上の関数

$$\varphi: G\to \mathbb{C}$$

が左 Γ 不変のとき, φ は Γ についての保型形式であるという.

以下では, 局所コンパクト群 G とその離散部分群 Γ という組を考えることにする. その例は豊富であり, 通常の保型形式論に現れる

$$G = SL_2(\mathbb{R})\supset SL_2(\mathbb{Z}) = \Gamma$$

や

$$G = Sp_n(\mathbb{R}) \supset Sp_n(\mathbb{Z}) = \Gamma$$

などは Γ を合同部分群にしてもそうなっているし，大域体 K に対して，$\mathbb{A}_K$ をアデール環(第6章)とすると

$$G = SL_2(\mathbb{A}_K) \supset SL_2(K) = \Gamma$$
$$G = Sp_n(\mathbb{A}_K) \supset Sp_n(K) = \Gamma$$
$$G = GL_n(\mathbb{A}_K) \supset GL_n(K) = \Gamma$$

などもそうなる (G, Γ) の例である．その他に，$n = 1, 2, 3, \cdots$ に対して加法群の組

$$G = \mathbb{R}^n \supset \mathbb{Z}^n = \Gamma$$
$$G = \mathbb{A}_K^n \supset K^n = \Gamma$$

なども例となっている．

さて，そのような群の組 (G, Γ) が与えられると，G の表現が次のように自然に得られる．一般の $\psi \in L^2(\Gamma \backslash G)$ と $g \in G$ に対して ψ の右ずらし ψ_g を

$$\psi_g(x) = \psi(xg)$$

によって定める．すると G は $L^2(\Gamma \backslash G)$ に

$$\begin{array}{ccc} R: L^2(\Gamma \backslash G) & \longrightarrow & L^2(\Gamma \backslash G) \\ \cup & & \cup \\ \psi & \longmapsto & \psi_g \end{array}$$

という形で作用し

$$G \to \mathrm{Aut}_\mathbb{C}(L^2(\Gamma \backslash G))$$

は群 G の表現——それを**右正則表現**(right regular representation)という——になる．その表現の部分表現を**保型表現**(automorphic representation)と呼ぶ．

とくに，保型形式

$$\varphi \in L^2(\Gamma \backslash G)$$

がひとつ与えられたとする．このとき，V_φ を $\{\varphi_g \mid g \in G\}$ によって張られる $L^2(\Gamma \backslash G)$ の部分空間とすると，G は V_φ にも作用し，表現

$$G \to \mathrm{Aut}_\mathbb{C}(V_\varphi)$$

が導かれる．これが保型形式 φ で生成される保型表現である．

最も基本的な保型表現は，大域体 K に対する $L^2(GL_n(K)\backslash GL_n(\mathbb{A}_K))$（正確には $GL_n(\mathbb{A}_K)$ の中心に関する変換条件をつける）の部分（既約）表現 π である．このときは π のテンソル積分解 $\pi = \bigotimes_v \pi_v$（v は K の素点を動き，π_v は $GL_n(K_v)$ の表現）を通して，標準的な n 次の Euler 積 $L(s, \pi)$ が構成される：

$$L(s, \pi) = \prod_{v < \infty} L(s, \pi_v) = \prod_{v < \infty} \det(1 - t_v N(v)^{-s})^{-1}.$$

ここで，$t_v \in GL_n(\mathbb{C})$ は対角行列（半単純共役類）．この際の Ramanujan 予想の類似は「$t_v \in U(n)$（t_v の固有値はすべて絶対値 1）」である．$n = 1$ のときは，π は

$$GL_1(K)\backslash GL_1(\mathbb{A}_K) = C_K$$

の指標になり，$L(s, \pi)$ は第 7 章にでてきた 1 次の L 関数である．また，$n = 2$ の場合では，たとえば Ramanujan の Δ から構成される表現 $\pi = \pi_\Delta$ に対しては

$$L(s, \pi) = L\left(s + \frac{11}{2}, \Delta\right)$$

となっていて——ずらしは重要ではない——本質的にもとの L 関数と一致し，Hecke 作用素の同時固有関数からくるときも同様である．一般に，$L(s, \pi)$ は全 s 平面で有理型に解析接続され，$s \leftrightarrow 1-s$ という関数等式をもつことが証明されている（Godement-Jacquet，1972）．

さらに $L(s, \pi)$ は $\mathrm{Re}(s) \geq 1$ に零点を持たないことが知られている（Jacquet-Shalika，1976）．これは素数定理（第 7 章）の証明に必要であった事実「$\mathrm{Re}(s) \geq 1$ で $\zeta(s) \neq 0$」の拡張である．このうち，$\mathrm{Re}(s) = 1$ 上に零点を持たないことは，第 9 章（§9.4(b)）において $\zeta(s)$ の場合に別証を与えたように，ひとつサイズの大きい群 $GL_{n+1}(\mathbb{A}_K)$ の Eisenstein 級数の "定数項" を見ることによって証明される．

また，§9.3(b) の逆定理と同様な問題が考えられる．"$GL_n(K_v)$ の表現 π_v が与えられたとき，$\pi = \bigotimes_v \pi_v$ が保型表現になる条件を n 次の Euler 積

$$L(s, \pi) = \prod_v L(s, \pi_v)$$

の性質で記述せよ". この一般の場合にも, "π が保型表現になる条件は, $L(s, \pi)$ がよい解析的性質(解析接続と関数等式)をもつことである" という型の逆定理が知られている. ただし現在のところ, GL_n の逆定理には, GL_m ($m \leq n-1$) の保型表現 ω によって, ひねった nm 次の Euler 積 $L(s, \pi \otimes \omega)$ がすべてよい解析的性質をみたさないといけない(Piatetski-Shapiro; $n \leq 3$ のときは $m=1$ のみでよい).

§11.2 Poisson 和公式

(a) Poisson 和公式のはじまり

Poisson 和公式(Poisson summation formula)は, もともとは $\mathbb{R}$ 上の適当な関数 $f(x)$ に対して等式

(11.4) $$\sum_{n=-\infty}^{\infty} f(n) = \sum_{n=-\infty}^{\infty} \widehat{f}(n)$$

が成り立つというものであった. ただし

$$\widehat{f}(y) = \int_{-\infty}^{\infty} f(x) e^{-2\pi i y x} dx$$

は **Fourier 変換**(Fourier transform)である. 等式(11.4)は Fourier 級数論から次のように導かれる(ここでは, 収束性の問題は除外し, 形式的に扱う). まず

$$F(x) = \sum_{n=-\infty}^{\infty} f(x+n)$$

を考える. これは $F(x) = F(x+1)$ という周期性をもつから Fourier 級数に展開でき

$$F(x) = \sum_{n=-\infty}^{\infty} a_n e^{2\pi i n x}$$

と書ける. ここで

$$a_n = \int_0^1 F(x) e^{-2\pi i n x} dx$$

$$= \int_{-\infty}^{\infty} f(x) e^{-2\pi i n x} dx$$
$$= \widehat{f}(n)$$

である. したがって, $F(x)$ の 2 通りの表示として, 等式

(11.5) $$\sum_{n=-\infty}^{\infty} f(x+n) = \sum_{n=-\infty}^{\infty} \widehat{f}(n) e^{2\pi i n x}$$

が得られた. ここで $x=0$ とすると(11.4)になる. このように Poisson 和公式は, ある量を 2 通りに計算して等置したものである. なお(11.5)において, $x=a$ としたものは, (11.4)を $f_a(x)=f(a+x)$ に使うと, $\widehat{f_a}(y)=\widehat{f}(y)e^{2\pi i a y}$ となるので, 再び得られる.

今までに出てきた, Lipschitz の公式(第 9 章式(9.14))や ϑ の変換公式 (§7.2, §7.5)は, この Poisson 和公式の特別な場合である. たとえば Lipschitz の公式は, $\mathrm{Im}\,\tau>0$ に対して

$$f(x) = \frac{1}{(x+\tau)^k}$$

とおくと

$$\widehat{f}(y) = \begin{cases} \dfrac{(-2\pi i)^k}{(k-1)!} y^{k-1} e^{2\pi i y \tau} & (y>0) \\ 0 & (y \leqq 0) \end{cases}$$

となることからわかる. また,

$$f(x) = \frac{1}{|x+\tau|^{2s}}$$

とおくと, Lipschitz の公式の非正則版

$$\sum_{n=-\infty}^{\infty} \frac{1}{|\tau+n|^{2s}} = \frac{\Gamma_{\mathbb{R}}(2s-1)}{\Gamma_{\mathbb{R}}(2s)} (\mathrm{Im}\,\tau)^{1-2s}$$
$$+ \frac{2}{\Gamma_{\mathbb{R}}(2s)} (\mathrm{Im}\,\tau)^{\frac{1}{2}-s} \sum_{\substack{m=-\infty \\ m \neq 0}}^{\infty} |m|^{s-\frac{1}{2}} K_{s-\frac{1}{2}}(2\pi|m|\,\mathrm{Im}\,\tau)$$

が得られる. ただし, $\Gamma_{\mathbb{R}}(s)=\pi^{-\frac{s}{2}}\Gamma\left(\dfrac{s}{2}\right)$ で $K_s(z)$ は変形 Bessel 関数(§9.4 参照). これを用いて, 実解析的 Eisenstein 級数の Fourier 係数の計算(§9.4

(a)参照)をおこなうこともできる.

 ϑ の変換公式のためには,$t>0$ に対して
$$f(x) = e^{-\pi tx^2}$$
とおけばよい. すると
$$\widehat{f}(y) = \frac{1}{\sqrt{t}} e^{-\frac{\pi y^2}{t}}$$
により
$$\sum_{n=-\infty}^{\infty} e^{-\pi tn^2} = \frac{1}{\sqrt{t}} \sum_{m=-\infty}^{\infty} e^{-\pi \frac{m^2}{t}}$$
および
$$\sum_{n=-\infty}^{\infty} e^{-\pi t(x+n)^2} = \frac{1}{\sqrt{t}} \sum_{m=-\infty}^{\infty} e^{-\pi \frac{m^2}{t} + 2\pi imx}$$
が得られる.

(b) 一般の Poisson 和公式

もともとの Poisson 和公式は,$\mathbb{R} \supset \mathbb{Z}$ という群の組に対するものであった.これを可換群(Abel 群)の組 $G \supset \Gamma$ (G は局所コンパクト可換群,Γ はその離散部分群)の場合に考えると,一般の Poisson 和公式が得られる:

(11.6) $$\sum_{\gamma \in \Gamma} f(\gamma) = \sum_{\pi \in \widehat{\Gamma \backslash G}} \widehat{f}(\pi).$$

ここで,f は G 上の適当な関数,$\widehat{\Gamma \backslash G}$ は剰余群 $\Gamma \backslash G$ の(ユニタリ)指標全体(可換群となる)をあらわし,
$$\widehat{f}(\pi) = \int_G f(x) \pi^{-1}(x) dx$$
は Fourier 変換である. ただし,Γ が可換群 G の離散部分群であるから,$\Gamma \backslash G$ はコンパクト群になり,vol$(\Gamma \backslash G) = 1$ と測度を正規化しておく.

 一般の Poisson 和公式の証明は,$\mathbb{R} \supset \mathbb{Z}$ のときと同じように次のようにできる:

$$F(x) = \sum_{\gamma \in \Gamma} f(\gamma x)$$

とおくと，F は $\Gamma \backslash G$ 上の関数であり $\widehat{\Gamma \backslash G}$ の元で Fourier 展開でき

$$F(x) = \sum_{\pi \in \widehat{\Gamma \backslash G}} c(\pi) \pi(x)$$

と書ける．ここで，

$$\begin{aligned} c(\pi) &= \int_{\Gamma \backslash G} F(x) \pi^{-1}(x) dx \\ &= \int_G f(x) \pi^{-1}(x) dx \\ &= \widehat{f}(\pi) \end{aligned}$$

であるから

$$\sum_{\gamma \in \Gamma} f(\gamma x) = F(x) = \sum_{\pi \in \widehat{\Gamma \backslash G}} \widehat{f}(\pi) \pi(x)$$

となる．ここで $x=1$ とすればよい．

たとえば，$G = \mathbb{R}^n \supset \mathbb{Z}^n = \Gamma$ のときには

$$\widehat{\Gamma \backslash G} = \mathbb{Z}^n$$

と同一視でき，$\mathbb{R}^n$ 上の関数 f に対して

$$\sum_{m_1,\cdots,m_n = -\infty}^{\infty} f(m_1,\cdots,m_n) = \sum_{m_1,\cdots,m_n = -\infty}^{\infty} \widehat{f}(m_1,\cdots,m_n)$$

という等式になる．ここで

$$\widehat{f}(y_1,\cdots,y_n) = \int_{-\infty}^{\infty} \cdots \int_{-\infty}^{\infty} f(x_1,\cdots,x_n) \, e^{-2\pi i (y_1 x_1 + \cdots + y_n x_n)} dx_1 \cdots dx_n$$

である．これを用いると，多変数の 2 次形式から作られる ϑ 級数の保型性やある種の ζ (Epstein ζ) の関数等式が得られる．

2 変数 ($n=2$) の Poisson 和公式の応用例として，§9.4 でおこなった実解析的 Eisenstein 級数の解析接続と関数等式 ($s \leftrightarrow 1-s$) の別証明を示そう（ただし，Fourier 展開はでない）．

まず，${\rm Im}\, z > 0$ と $t > 0$ に対して

$$\theta_z(t) = \sum_{m,n=-\infty}^{\infty} e^{-\pi\left(\frac{|mz+n|^2}{y}\right)t}$$

とおくと，2変数の Poisson 和公式によって，ϑ の変換公式

$$\theta_z\left(\frac{1}{t}\right) = t\theta_z(t)$$

が成り立つ．さらに $\mathrm{Re}(s) > 1$ に対して

$$\begin{aligned}
\widehat{E}(s,z) &= \widehat{\zeta}(2s)E(s,z) \\
&= \pi^{-s}\Gamma(s) \cdot \frac{1}{2}\sum_{m,n=-\infty}^{\infty}{}' \frac{y^s}{|mz+n|^{2s}} \\
&= \frac{1}{2}\int_0^{\infty}(\theta_z(t)-1)t^{s-1}dt \\
&= \frac{1}{2}\int_1^{\infty}(\theta_z(t)-1)t^{s-1}dt + \frac{1}{2}\int_0^1(\theta_z(t)-1)t^{s-1}dt
\end{aligned}$$

がわかる．ここで，

$$\begin{aligned}
\int_0^1(\theta_z(t)-1)t^{s-1}dt &= \int_0^1\left(\left(\theta_z(t)-\frac{1}{t}\right)+\left(\frac{1}{t}-1\right)\right)t^{s-1}dt \\
&= \int_0^1\left(\theta_z(t)-\frac{1}{t}\right)t^{s-1}dt + \int_0^1(t^{s-2}-t^{s-1})dt \\
&= \int_1^{\infty}\left(\theta_z\left(\frac{1}{t}\right)-t\right)t^{-s}\frac{dt}{t} + \left[\frac{t^{s-1}}{s-1}-\frac{t^s}{s}\right]_0^1 \\
&= \int_1^{\infty}(t\theta_z(t)-t)t^{-s}\frac{dt}{t} + \frac{1}{s-1} - \frac{1}{s} \\
&= \int_1^{\infty}(\theta_z(t)-1)t^{1-s}\frac{dt}{t} + \frac{1}{s(s-1)}
\end{aligned}$$

だから

$$\widehat{E}(s,z) = \frac{1}{2}\int_1^{\infty}(\theta_z(t)-1)(t^s+t^{1-s})\frac{dt}{t} + \frac{1}{2s(s-1)}$$

となって解析接続と関数等式が得られる．なお，この表示から $\widehat{E}(s,z)$ の極

は $s=0,1$ の 1 位の極のみで，留数がそれぞれ $-\frac{1}{2}, \frac{1}{2}$ であることがわかる．
このことは §9.4(a) において計算した $\widehat{E}(s,z)$ の Fourier 展開からもわかる：
Laurent 展開を見ると

$$(s=0 \text{ において}) \quad \widehat{\zeta}(2s)y^s = -\frac{1}{2s} + (\text{正則項}),$$

$$(s=1 \text{ において}) \quad \widehat{\zeta}(2s-1)y^{1-s} = \frac{1}{2s-2} + (\text{正則項})$$

となっている．さらに，Fourier 展開からは $s=\frac{1}{2}$ は見かけ上では極のようであるが，$s=\frac{1}{2}$ における Laurent 展開は

$$\widehat{\zeta}(2s)y^s = \frac{y^{\frac{1}{2}}}{2s-1} + (\text{正則項}),$$

$$\widehat{\zeta}(2s-1)y^{1-s} = -\frac{y^{\frac{1}{2}}}{2s-1} + (\text{正則項})$$

となっているので，見かけの極は打ち消しあって $s=\frac{1}{2}$ では正則となる．

(c) Poisson 和公式の応用：ζ 積分

Poisson 和公式は，大域体 K に対して

$$G = \mathbb{A}_K \supset K = \Gamma$$

や加法群

$$G = M_n(\mathbb{A}_K) \supset M_n(K) = \Gamma$$

の場合にも成り立つ．すると §7.5 の命題 7.13(1) のような ϑ 変換公式が得られる．それを用いると，$GL_n(\mathbb{A}_K)$ の保型表現 π の L 関数 $L(s,\pi)$ の積分表示ができて，$s \leftrightarrow 1-s$ という関数等式をもつことが証明できる（Godement-Jacquet, 1972）．これは $n=1$ のときに第 7 章で見たことの拡張である．なお，GL_n の場合に使われる ζ 積分は次の形である：

$$Z(s,f,\Phi) = \int_{GL_n(\mathbb{A}_K)} \Phi(x)f(x)|\det x|^s d^\times x$$

$$= \prod_v Z(s, f_v, \Phi_v).$$

ここで,
$$f: GL_n(K)\backslash GL_n(\mathbb{A}_K) \to \mathbb{C}$$
は保型形式であり, Φ は $M_n(\mathbb{A}_K)$ 上の適当な関数(f に応じて決める)とする. このとき, Poisson 和公式
$$\sum_{\xi \in M_n(K)} \Phi(a\xi) = |a|^{-n^2} \sum_{\xi \in M_n(K)} \widehat{\Phi}(a^{-1}\xi)$$
を用いると(実際に使うときは両辺において ξ を階数で分類する), 関数等式
$$Z(s, f, \Phi) = Z(n-s, \check{f}, \widehat{\Phi})$$
が得られる. ただし,
$$\check{f}(g) = f(g^{-1})$$
であり, $\widehat{\Phi}$ は Φ の "Fourier 変換":
$$\widehat{\Phi}(y) = \int_{M_n(\mathbb{A}_K)} \Phi(x)\psi(\mathrm{tr}(xy))dx .$$
ここで, ψ は $\mathbb{A}_K/K$ の非自明指標をとっておく. この関数等式において, Φ を適当に選ぶと $Z\left(s+\dfrac{n-1}{2}, f, \Phi\right)$ が本質的に $L(s, \pi_f)$ となり, GL_n の保型 L 関数の関数等式が得られる.

§11.3 Selberg 跡公式

(a) Poisson 和公式から Selberg 跡公式へ

Poisson 和公式は, 可換群の組 $G \supset \Gamma$ の場合であったが, これを可換とは限らない一般の群の組 $G \supset \Gamma$ に拡張したものが, Selberg(1952 年頃)によって発見された **Selberg 跡公式**(Selberg trace formula)である.(したがって, Poisson 和公式は Selberg 跡公式の一部であり, Selberg 跡公式として一括して論ずることができるが, ここでは歴史的な事情から Poisson 和公式という名称も用いている.)

ここでは, G を局所コンパクト群でユニモジュラー(両側不変 Haar 測度をもつ)なものとし, Γ は G の離散部分群で, $\Gamma \backslash G$ がコンパクトのものとする. そのとき, G 上の適当な関数 $f: G \to \mathbb{C}$ に対して Selberg 跡公式は,

$$(11.7) \quad \sum_{[\gamma] \in \mathrm{Conj}(\Gamma)} \mathrm{vol}(\Gamma_\gamma \backslash G_\gamma) \int_{G_\gamma \backslash G} f(x^{-1}\gamma x) dx = \sum_{\pi \in \widehat{G}} m(\pi) \, \mathrm{trace}(\pi(f))$$

である.この左辺は Γ の**共役類全体**(conjugacy classes) $\mathrm{Conj}(\Gamma)$ 上の和($[\gamma]$ は γ を含む共役類)であり

$$\Gamma_\gamma = \{g \in \Gamma \mid g\gamma = \gamma g\},$$
$$G_\gamma = \{g \in G \mid g\gamma = \gamma g\}$$

は中心化群である.右辺は G の既約(ユニタリ)表現の**同値類全体**(equivalence classes of representations) $\widehat{G}$ にわたる和で

$$\pi(f) : L^2(\Gamma \backslash G) \to L^2(\Gamma \backslash G)$$

は

$$(\pi(f)\varphi)(x) = \int_G f(y)(\pi(y)\varphi)(x) dy$$

できまる作用素であり,$m(\pi)$ は G の $L^2(\Gamma \backslash G)$ における右正則表現

$$R : G \to \mathrm{Aut}_{\mathbb{C}}(L^2(\Gamma \backslash G))$$

を

$$R \cong \bigoplus_{\pi \in \widehat{G}} m(\pi)\pi$$

と既約表現に分解したときの π の**重複度**(multiplicity)(0 以上の整数)である.

証明は次のとおり.まず,右正則表現 R は $y \in G$ と $\varphi \in L^2(\Gamma \backslash G)$ に対して

$$(R(y)\varphi)(x) = \varphi(xy)$$

であったことを思い出しておく.いま,$L^2(\Gamma \backslash G)$ 上の作用素 $R(f)$ を

$$R(f) = \int_G f(y) R(y) dy$$

とおく.具体的には

$$(R(f)\varphi)(x) = \int_G f(y)(R(y)\varphi)(x) dy$$
$$= \int_G f(y)\varphi(xy) dy$$

第11章 保型形式(II)

$$= \int_G f(x^{-1}y)\varphi(y)dy$$

$$= \int_{\Gamma\backslash G}\left(\sum_{\gamma\in\Gamma}f(x^{-1}\gamma y)\varphi(\gamma y)\right)dy$$

$$= \int_{\Gamma\backslash G}\left(\sum_{\gamma\in\Gamma}f(x^{-1}\gamma y)\right)\varphi(y)dy$$

となる．よって

$$K(x,y) = \sum_{\gamma\in\Gamma}f(x^{-1}\gamma y)$$

とおくと(**核関数**(kernel function)と呼ばれる),

$$(R(f)\varphi)(x) = \int_{\Gamma\backslash G}K(x,y)\varphi(y)dy$$

となっていて，積分作用素の理論から

$$\text{trace}(R(f)) = \int_{\Gamma\backslash G}K(x,x)dx$$

$$= \int_{\Gamma\backslash G}\left(\sum_{\gamma\in\Gamma}f(x^{-1}\gamma x)\right)dx$$

$$= \int_{\Gamma\backslash G}\left(\sum_{[\gamma]\in\text{Conj}(\Gamma)}\sum_{\alpha\in\Gamma_\gamma\backslash\Gamma}f(x^{-1}\alpha^{-1}\gamma\alpha x)\right)dx$$

$$= \sum_{[\gamma]\in\text{Conj}(\Gamma)}\int_{\Gamma\backslash G}\left(\sum_{\alpha\in\Gamma_\gamma\backslash\Gamma}f(x^{-1}\alpha^{-1}\gamma\alpha x)\right)dx$$

$$= \sum_{[\gamma]\in\text{Conj}(\Gamma)}\int_{\Gamma_\gamma\backslash G}f(u^{-1}\gamma u)du$$

$$= \sum_{[\gamma]\in\text{Conj}(\Gamma)}\text{vol}(\Gamma_\gamma\backslash G_\gamma)\int_{G_\gamma\backslash G}f(x^{-1}\gamma x)dx$$

となる．
　一方,

$$R \cong \bigoplus_{\pi\in\widehat{G}}m(\pi)\pi$$

であったから

$$R(f) \cong \bigoplus_{\pi \in \widehat{G}} m(\pi)\pi(f)$$

となる. よって

$$\mathrm{trace}(R(f)) = \sum_{\pi \in \widehat{G}} m(\pi)\,\mathrm{trace}(\pi(f))$$

である.

このようにして得られた $\mathrm{trace}(R(f))$ の 2 通りの表示を等置して ($\Gamma\backslash G$ がコンパクトのときの) Selberg 跡公式が証明される.

たとえば, G が可換群のときは $\Gamma\backslash G$ はコンパクトとなっていて, $\mathrm{vol}(\Gamma\backslash G)=1$ と正規化しておくと, この Selberg 跡公式は

$$\sum_{\gamma \in \Gamma} f(\gamma) = \sum_{\pi \in \widehat{\Gamma\backslash G}} \pi(f)$$

となるが,

$$\pi(f) = \int_G f(y)\pi(y)dy = \widehat{f}(\pi^{-1})$$

だから (π と π^{-1} をとりかえて), Poisson 和公式

$$\sum_{\gamma \in \Gamma} f(\gamma) = \sum_{\pi \in \widehat{\Gamma\backslash G}} \widehat{f}(\pi)$$

に帰着する.

なお, $\Gamma\backslash G$ がコンパクトでないときには R の既約分解が離散和でなくなるなどの問題点があるが, 数論的な $G \supset \Gamma$ の場合には, その困難は Eisenstein 級数の一般論 (Selberg, Langlands) などで処理することができ, Selberg 跡公式がえられる ($\Gamma\backslash G$ がコンパクトなものとくらべると右辺に追加項がくわわる).

(b) Selberg 跡公式の第 1 の応用: Hecke 作用素の跡公式

Selberg (1952 年頃) は, Selberg 跡公式を $G = SL_2(\mathbb{R}) \supset SL_2(\mathbb{Z}) = \Gamma$ (あるいは $G = SL_2(\mathbb{A}) \supset SL_2(\mathbb{Q}) = \Gamma$) に用いて, 次のように Hecke 作用素の跡公式を導いた:

$$\text{trace}(T(n) \mid S_k(SL_2(\mathbb{Z})))$$
$$= -\sum_{0\leq m<2\sqrt{n}}{}' H(4n-m^2)\frac{\eta_m^{k-1}-\bar{\eta}_m^{k-1}}{\eta_m-\bar{\eta}_m} - \sum_{\substack{d\mid n \\ d\leq\sqrt{n}}}{}' d^{k-1} + \frac{k-1}{12}\delta(\sqrt{n})n^{\frac{k}{2}-1}.$$

記号は§11.1 と同じである.(この公式は Eichler(1956)によって,代数幾何学的な別証明が与えられている.)たとえば,$k=12$ のときは
$$\tau(n) = \text{trace}(T(n) \mid S_{12}(SL_2(\mathbb{Z})))$$
の公式になる.また,$k\leq 10$ や $k=14$ では $S_k(SL_2(\mathbb{Z}))=\{0\}$ だから
$$\text{trace}(T(n) \mid S_k(SL_2(\mathbb{Z}))) = 0$$
であり,Selberg の公式は類数関係式(class number relations)を与える.さらに,
$$\text{trace}(T(1) \mid S_k(SL_2(\mathbb{Z}))) = \dim S_k(SL_2(\mathbb{Z}))$$
$$= \begin{cases} \left[\dfrac{k}{12}\right] & (k\not\equiv 2 \mod 12) \\ \left[\dfrac{k}{12}\right]-1 & (k\equiv 2 \mod 12) \end{cases}$$

もみやすい($k\geq 4$ は偶数).

Hecke 作用素の跡公式は

(A) 保型形式 f と代数多様体 X に対して $L(s,f)=L(s,X)$ を示す(右辺は Hasse ζ),

(B) 保型形式 f_1, f_2 に対して $L(s,f_1)=L(s,f_2)$ を示す,

などに使われる.Ramanujan の Δ に対する Ramanujan 予想は(A)のようにして $L(s,\Delta)$ の話から Hasse ζ の性質に変換したもの(Weil 予想)を証明することによって解決している.

(c) Selberg 跡公式の第 2 の応用: Selberg ζ

Γ が種数 $g\geq 2$ のコンパクト Riemann 面 M の基本群となっている場合を考えよう.このとき
$$M = \Gamma\backslash H = \Gamma\backslash SL_2(\mathbb{R})/SO(2)$$

§11.3 Selberg 跡公式

であり，
$$G = SL_2(\mathbb{R}) \supset \pi_1(M) = \Gamma$$
は項(a)で述べた条件（$\Gamma\backslash G$ はコンパクト）をみたし，Selberg 跡公式が成り立っている．

Selberg は，Γ の **Selberg ζ** を
$$\zeta_\Gamma^{\text{Selberg}}(s) = \prod_{p \in \text{Prim}(\Gamma)} (1 - N(p)^{-s})^{-1}$$
と定義した．ここで，$\text{Prim}(\Gamma)$ は Γ の共役類のうち素なもの（他の共役類の 2 ベキ以上になっていないもの）全体であり，$N(p) > 1$ は p の固有値の絶対値の 2 乗の大きい方をとる．Selberg(1952 年頃)は，Selberg 跡公式を用いて次のことを証明した：

（1）$\zeta_\Gamma^{\text{Selberg}}(s)$ は全 s 平面に有理型に解析接続できる．

（2）関数等式
$$\zeta_\Gamma^{\text{Selberg}}(s)\zeta_\Gamma^{\text{Selberg}}(-s) = (2\sin \pi s)^{4-4g}$$
をもつ．

（3）$\zeta_\Gamma^{\text{Selberg}}(s)$ の零点・極の位置と位数は正則保型形式 $S_k(\Gamma)$ の次元（自明な零点・極）および実解析的保型形式 $W_r^0(\Gamma)$ の次元（本質的零点・極）によってわかる．これは零点・極の Laplace 作用素による固有値解釈であり，$\zeta_\Gamma^{\text{Selberg}}(s)$ の行列式表示(§9.5(c)参照)も得られる．

（4）$\zeta_\Gamma^{\text{Selberg}}(s)$ は Riemann 予想の類似（虚の零点・極はすべて $\text{Re}(s) = \pm\frac{1}{2}$ 上にのる）をみたす．

（5）$\zeta_\Gamma^{\text{Selberg}}(s)$ は $\text{Re}(s) \geq 1$ においては $s = 1$ での 1 位の極を除いて正則であり零点がない，ということから "素共役類定理"（素数定理の類似）
$$\pi_\Gamma(x) = \sharp\{p \in \text{Prim}(\Gamma) \mid N(p) \leq x\} \sim \frac{x}{\log x}$$

が成り立つ．

このような結果は，$\Gamma = SL_2(\mathbb{Z})$ などでも証明される．たとえば $\Gamma = SL_2(\mathbb{Z})$ のときの "素共役類定理" は

$$\pi_{SL_2(\mathbb{Z})}(x) = \sum_{\varepsilon(d)^2 \leq x} h(d) \sim \frac{x}{\log x}$$

となって，判別式 $d>0$ の不定値2元2次形式(あるいは，実2次体の整数環の部分環)の単数 $\varepsilon(d)>1$ と類数 $h(d)$ の分布という古典的な問題への解答を与えている．

Selberg ζ はさまざまに拡張されてきている．数論的 ζ と Selberg 型 ζ との関連も，これからの研究課題である．

§11.4 Langlands 予想

Langlands 予想(Langlands conjecture)とは，簡単にいうと「n 次の良い Euler 積はすべて GL_n の保型 L 関数である」という予想であって，1960年代末に Langlands によって提出された．ここで"良い"とは，全 s 平面に有理型に解析接続できて $s \leftrightarrow \alpha - s$ という型の関数等式(正規化すれば $\alpha=1$ にしておいてよい)をもつことを指している．このような Euler 積としては大きくわけて2つの場合が考えられている：

(A) Galois 群の表現からくる Euler 積，
(B) 保型表現からでてくる Euler 積．

まず，(A)は，K を大域体としたとき

$$\rho: \mathrm{Gal}(\overline{K}/K) \to GL_n(\mathbb{C})$$
(あるいは $\rho: \mathrm{Gal}(\overline{K}/K) \to GL_n(\overline{\mathbb{Q}_l})$)

という n 次元連続表現に対して

$$L(s,\rho) = \prod_{v<\infty} \det(1-\rho(\mathrm{Frob}_v)N(v)^{-s})^{-1}$$

として構成される n 次の Euler 積である(v は K の有限素点を動くが有限個の"悪い素点"があることは無視している)．これは Artin 型の L 関数と呼ばれるものである．このときの **Langlands 予想**は「$GL_n(\mathbb{A}_K)$ の保型表現 π があって $L(s,\rho)=L(s,\pi)$ となるだろう」という予想である．$n=1$ のときは

§11.4 Langlands 予想

類体論(第8章,定理8.4)の基本的写像 $C_K \to \mathrm{Gal}(\overline{K}/K)^{ab}$ を用いると
$$\pi : C_K \to \mathrm{Gal}(\overline{K}/K)^{ab} \xrightarrow{\rho} \mathbb{C}^{\times}$$
という $GL_1(\mathbb{A}_K)$ の保型表現 π が構成できて $L(s,\rho) = L(s,\pi)$ が成り立つことがわかる.この意味で,$n \geqq 2$ のときは,非可換類体論予想とも呼ばれている.

わかりやすい側	Galois 側
n 次の保型表現	$\mathrm{Gal}(\overline{K}/K)$ の n 次元表現
保型形式	

ここで,$n \geqq 2$ のときは,K が正標数ではかなり($n=2$ なら完全に)できているが,K が代数体になるとあまりわかっていない.代数体の場合には,$\rho : \mathrm{Gal}(\overline{K}/K) \to GL_n(\mathbb{C})$ のときに,その像 $\mathrm{Im}\,\rho$ に対する条件下で

$n = 2$: $\mathrm{Im}\,\rho$ が可解群なら π が存在する (Langlands–Tunnell, 1981),

$n \geq 3$: $\mathrm{Im}\,\rho$ がベキ零群なら π が存在する (Arthur–Clozel, 1989)

という結果が知られている.どちらの証明にも Selberg 跡公式が本質的に重要である.$n=2$ の Langlands–Tunnell の結果は第12章でも述べるように,Wiles(1995)による Fermat 予想の証明の鍵を与えていた.

(B)は,§9.1(e)にでてきた $L(s, \mathrm{Sym}^m \Delta)$ という $n = m+1$ 次の Euler 積や §9.7(b) にでてきた m 次の Siegel 保型形式 f に対する $L(s,f)$ という $n = 2^m$ 次の Euler 積などが,その例である.これらの場合にも $GL_n(\mathbb{A})$ の保型表現 π があって,Euler 積は $L(s,\pi)$ と一致すると予想されている.(その応用例としては,Sato–Tate 予想は $m = 1,2,3,\cdots$ に対して $L(s, \mathrm{Sym}^m \Delta) = L(s, \pi_m)$ となる $GL_{m+1}(\mathbb{A})$ の保型表現 π_m が存在すれば従う,ということが知られている.)

自明でない最初の場合である $L(s, \mathrm{Sym}^2 \Delta)$ に対しては $GL_3(\mathbb{A})$ の保型表現 π_2 が構成されており解決しているが,$n=4$ となる場合($L(s, \mathrm{Sym}^3 \Delta)$ および次数2の Siegel 保型形式の $L(s,f)$)の証明を完全におこなうことが,ここ十年来の課題となっている.

一般の場合については,巻末にある参考文献にあげてある [12] Bump の本

や[13] Bailey–Knapp 編の報告集(どちらも 1997 年刊)を参照されたい.

Langlands 予想の証明方針は現在のところ次のとおり. まず, (A), (B)いずれの場合でも, 与えられた n 次の Euler 積から $GL_n(\mathbb{A}_K)$ の表現 $\pi = \bigotimes_v \pi_v$ を作るところまでは(かなり解決されている局所的な Langlands 予想を仮定すれば)できる. 問題は π が保型表現となるかどうかであり, それには

（1） $L(s,\pi)$ の解析的性質を調べて逆定理を使う,

（2） 保型表現 π' を捜しておいて $\pi \cong \pi'$ を Selberg 跡公式(Hecke 作用素の跡公式から比較; §11.3(b)参照. そこでの(A), (B)の分類は, ここの(A), (B)に対応している)によって示す,

などいろいろな方法が模索されている.

《要約》

11.1 保型形式は群上の関数と考えると統一的に見ることができる. そこに付随して出てくる群の表現が保型表現である. 保型表現に対しても多くの理論がある.

11.2 保型表現を研究する際に Selberg 跡公式が活躍する. Selberg 跡公式は Poisson 和公式を非可換な群も含むように拡張したものであり, Selberg ζ や Hecke 作用素の跡公式などを導く.

11.3 数論的 ζ は Langlands 予想により GL_n の保型表現の ζ で統一されると期待されている. その一部から Fermat 予想は証明された. Langlands 予想は類体論を拡張したものであり, 非可換類体論予想とも呼ばれる.

12 楕円曲線(II)

この章では，楕円曲線の数論について述べる．§12.1 では，楕円曲線の数論において，谷山–志村–Weil 予想という予想が，いかなる意味をもつ予想なのか説明する．§12.2 では，Wiles による Fermat 予想の証明の，ごくごくおおまかなアイディアを述べる．ページ数の都合とこの本のレベル上，この章では定理にはほとんど証明をつけることができない．興味をもった読者は，巻末にあげる参考文献の中の本に進まれるよう希望する．

§12.1 有理数体上の楕円曲線

(a) 有限体上の有理点

ここではまず，整数係数の 3 次式を考える．たとえば，
$$y^2 = x^3 - x$$
をとろう．この不定方程式の整数解，有理数解については既に述べた．ここで考えたいのは，それより簡単な問題で，この方程式を素数 l について mod l したときの，$\mathbb{F}_l = \mathbb{Z}/l$ の中での解の個数を各 l ごとに数えることである．(これが，簡単だという理由は素数が具体的に与えられれば，解を求めることは，原理的には有限回の計算で終わるからである．)

実際に解を求めていこう．
$$\mathbb{F}_2 = \mathbb{Z}/2 \quad (0,0),\ (1,0)$$

$\mathbb{F}_3 = \mathbb{Z}/3$ $(0,0), (1,0), (2,0)$
$\mathbb{F}_5 = \mathbb{Z}/5$ $(0,0), (1,0), (2,1), (2,4), (3,2), (3,3), (4,0)$
$\mathbb{F}_7 = \mathbb{Z}/7$ $(0,0), (1,0), (4,2), (4,5), (5,1), (5,6), (6,0)$

以下では，解の個数だけ表にしてみる(表12.1)．

表 12.1

素数 l	2	3	5	7	11	13	17	19	23	29	31
解の個数	2	3	7	7	11	7	15	19	23	39	31

	37	41	43	47	53	59	61	67
	39	31	43	47	39	59	71	67

Fermat や Gauss になったつもりで，解の個数の規則を見つけてもらいたい．

問1 解の個数は $l=2$ を除いて，4 で割って 3 余る数であることを証明せよ．

実は次が成立する．

定理 12.1（Gauss） l を奇素数とする．

（1） $l \equiv 3 \pmod{4}$ のとき，上の方程式 $y^2 = x^3 - x$ の $\mathbb{F}_l$ での解の個数は l 個である．

（2） $l \equiv 1 \pmod{4}$ のとき，命題 0.2 で述べたように，
$$l = a^2 + b^2, \quad a, b \in \mathbb{Z}$$
と書ける．ここで，a を奇数，b を偶数，さらに
$$b \equiv 0 \pmod{4} \text{ のとき}, a \equiv 1 \pmod{4}$$
$$b \equiv 2 \pmod{4} \text{ のとき}, a \equiv 3 \pmod{4}$$
となるように，整数 a の符号をとることにする．このとき，上の方程式 $y^2 = x^3 - x$ の，$\mathbb{F}_l$ での解の個数は $l-2a$ 個である．   □

ここで述べたいことは，解の個数について，このような法則が存在していることである．各素数ごとに解の個数はばらばらであっても，別にいいはず

である．それなのに，このような美しい定理が成立する．何か理由があってのことだろうか．このようなことは，もっと一般に成り立つのだろうか．

そこで，次はほんの少し形の違う
$$y^2+y=x^3-x^2$$
を考えよう．上と同様に，解を計算していくと，

$\mathbb{F}_2=\mathbb{Z}/2$　　$(0,0),\ (0,1),(1,0),(1,1)$

$\mathbb{F}_3=\mathbb{Z}/3$　　$(0,0),\ (0,2),(1,0),(1,2)$

$\mathbb{F}_5=\mathbb{Z}/5$　　$(0,0),\ (0,4),(1,0),(1,4)$

$\mathbb{F}_7=\mathbb{Z}/7$　　$(0,0),\ (0,6),(1,0),(1,6),(4,2),(4,4),(5,1),(5,5),(6,3)$

と計算できる．

定理 12.2（Eichler）　正の整数 $n>0$ に対して，整数 a_n をベキ級数
$$q\prod_{n=1}^{\infty}(1-q^n)^2(1-q^{11n})^2 = q-2q^2-q^3+2q^4+q^5+2q^6-2q^7+\cdots = \sum_{n=1}^{\infty}a_nq^n$$
の展開の係数として定める．このとき $l\neq 11$ に対して，上の方程式 $y^2+y=x^3-x^2$ の，$\mathbb{F}_l$ での解の個数は $l-a_l$ 個である．　　□

われわれは，上のベキ級数が，重さ 2，レベル 11 の保型形式であることに注意しておこう（§9.1(d)）．また，
$$q\prod_{n=1}^{\infty}(1-q^{4n})^2(1-q^{8n})^2 = \sum_{n=1}^{\infty}b_nq^n$$
と書くとき，$y^2=x^3-x$ の $\mathbb{F}_l$ での解の個数は $l-b_l$ であるということも証明できる．

(b)　mod l による還元

ここでは，上のような方程式を楕円曲線の方程式と考え，その係数を mod l することにより，$\mathbb{F}_l$ 上の曲線を組織的に考えることにする．

係数を mod l により還元(reduction)したものが，$\mathbb{F}_l$ 上で楕円曲線であるとき（つまり $\mathbb{F}_l$ 上で $y^2=f(x)$，$f(x)$ は重根をもたない，と変形できるとき），l で良い還元(good reduction)をもつといい，そうでないとき，l で悪い還元(bad reduction)をもつという．たとえば，$y^2=x^3-x$ については，$x^3-x=$

$x(x-1)(x+1)$ であり，$l \neq 2$ であれば，$\mathbb{F}_l$ の中で $0, \pm 1$ はすべて異なるから，奇素数で良い還元をもつ．しかし，上の定義はあまり正確なものではないので，きちんと述べていくことにする．

第1章では，
$$y^2 = ax^3 + bx^2 + cx + d \quad (a, b, c, d \in \mathbb{Q})$$
$$a \neq 0, \quad \text{右辺は重根をもたない}$$
なる方程式で表される曲線を，有理数体 $\mathbb{Q}$ 上に定義された楕円曲線と呼んだ (§1.1(b)参照)．ここでは，係数を $\bmod l$ 還元することを考えるので，もう少し精密に考えねばならない．たとえば，$y^2 = 27x^3 - 3x$ は $3x$ を x におきかえることにより，$y^2 = x^3 - x$ になる．つまり，両者は $\mathbb{Q}$ 上同型なのだが，前者をそのまま $\bmod 3$ すると(係数を $\bmod 3$ すると) $y^2 = 0$ となって，$\mathbb{F}_3$ 上では楕円曲線にならない．同じ楕円曲線であっても，方程式のとり方によって $\bmod l$ 還元の様子が異なってしまっては困るので，次のように考える．

まず，一般的に整数係数の楕円曲線 E とは，3次式

(12.1) $\quad E: y^2 + a_1 xy + a_3 y = x^3 + a_2 x^2 + a_4 x + a_6, \quad a_1, \cdots, a_6 \in \mathbb{Z}$

で与えられる曲線で，以下の条件(12.2)をみたすものとする．
$$b_2 = a_1^2 + 4a_2$$
$$b_4 = 2a_4 + a_1 a_3$$
$$b_6 = a_3^2 + 4a_6$$
とおくと，$\mathbb{Q}$ 上では y を $\dfrac{1}{2}(y - a_1 x - a_3)$ におきかえることにより，上の方程式は，
$$y^2 = 4x^3 + b_2 x^2 + 2b_4 x + b_6$$
に変形できる．今，$b_8 = a_1^2 a_6 + 4a_2 a_6 - a_1 a_3 a_4 + a_2 a_3^2 - a_4^2$ とおき，
$$\Delta = -b_2^2 b_8 - 8b_4^3 - 27b_6^2 + 9b_2 b_4 b_6$$
と定義し，E の判別式と呼ぶ．

(12.2) $\qquad\qquad\qquad\qquad \Delta \neq 0$

のとき，(12.1)で与えられた曲線 E を整数係数の楕円曲線である，と呼ぶことにする．

今，有理数 $u, r, s, t \in \mathbb{Q}$ $(u \neq 0)$ をとり，x を $u^2 x + r$ に，y を $u^3 y + su^2 x + t$

におきかえると，新しく(12.1)の型の方程式が得られる．($\mathbb{Q}$ 上同型な楕円曲線はこの変形で移り合うことが証明できる．）新しく得られた方程式も整数係数であるとする．このような変形をして得られる整数係数の楕円曲線のうち，判別式の絶対値が最小のものを，**極小 Weierstrass モデル**(minimal Weierstrass model)と呼ぶ．

たとえば，$y^2 = x^3 - x$ と $y^2 + y = x^3 - x^2$ は共に極小 Weierstrass モデルである(それぞれ判別式は，32, -11 である).

さて，E を $\mathbb{Q}$ 上に定義された楕円曲線とする．上で述べた変形により，E を極小 Weierstrass モデルに変形し，b_i や Δ を計算する．素数 l が Δ を割らないとき，E は l で**良い還元**をもつという．そうでないとき，E は l で**悪い還元**をもつという．E が l で良い還元をもつとき，(12.1)の方程式の係数を $\bmod l$ したものは $\mathbb{F}_l$ 上の楕円曲線になる．悪い還元をもつ素数は，Δ を割る素数だから，有限個である．

E が l で悪い還元をもつとする．素数 l が $b_2^2 - 24b_4$ を割り切らないとき，E は l で**乗法的還元**(multiplicative reduction)をもつという．l が $b_2^2 - 24b_4$ を割り切るとき，E は l で**加法的還元**(additive reduction)をもつという．良い還元と乗法的還元をあわせて，**準安定還元**(semi-stable reduction)という．E がすべての素数で，準安定還元をもつとき(つまり，良い還元か乗法的還元をもつとき)，E は**準安定な楕円曲線**(semi-stable elliptic curve)である，という．

E が l で乗法的還元をもつとき，$E \bmod l$ には 2 重点がある ($f = y^2 + a_1xy + a_3y - x^3 - a_2x^2 - a_4x - a_6$ とおくとき，$\dfrac{\partial f}{\partial x} \bmod l$ と $\dfrac{\partial f}{\partial y} \bmod l$ が共に 0 になる点がある)．E の方程式を $\mathbb{F}_l$ 上で考え，形式的に接線なども考えることにする．この 2 重点での接線の傾きが共に $\mathbb{F}_l$ に属するとき，**分裂乗法的還元**(split multiplicative reduction)，そうでないとき，**非分裂乗法的還元**(nonsplit multiplicative reduction)と呼ぶ．

たとえば，$y^2 = x^3 - x$ は $l = 2$ で加法的還元をもち，それ以外の素数で良い還元をもつ．$y^2 + y = x^3 - x^2$ は 11 以外で良い還元をもち，$l = 11$ では分裂乗法的還元をもつ．

(c)　n 等分点と Galois 群の作用

E を $\mathbb{Q}$ 上に定義された楕円曲線とする．楕円曲線の実数解全体がなすグラフについては，第1章で述べたが，複素数解全体がなすグラフ（正確には Riemann 面と言わねばならないのだが）は，トーラス（穴の1つあいたドーナツ）になる．というのは，上の方程式は複素数上では
$$y^2 = 4x^3 - g_2 x - g_3$$
の形に変形でき，次が成立するからである．

定理 12.3　楕円曲線 $E: y^2 = 4x^3 - g_2 x - g_3$ に対し，$\mathbb{R}$ 上線形独立な複素数 ω_1, ω_2 で，次をみたすものが存在する．

（i）　$\displaystyle g_2 = 60 \sum_{(m,n) \neq (0,0)} \frac{1}{(m\omega_1 + n\omega_2)^4}, \quad g_3 = 140 \sum_{(m,n) \neq (0,0)} \frac{1}{(m\omega_1 + n\omega_2)^6}$

ここに，(m,n) は $(0,0)$ を除くすべての整数の組を走る．

（ii）　さらに，
$$\wp(z) = \frac{1}{z^2} + \sum_{(m,n) \neq (0,0)} \left(\frac{1}{(z - m\omega_1 - n\omega_2)^2} - \frac{1}{(m\omega_1 + n\omega_2)^2} \right)$$
とおき，$L = \mathbb{Z}\omega_1 + \mathbb{Z}\omega_2$ とおくと，
$$\mathbb{C}/L \xrightarrow{\sim} E(\mathbb{C})$$
$$z \mapsto (\wp(z), \wp'(z))$$
は群の同型写像である．ここに，$E(\mathbb{C})$ は，E の $\mathbb{C}$ 有理点全体がなす Abel 群である（§1.2(a)参照）．　□

$\mathbb{C}/L$ は，位相的には，トーラスと同相である．$n>0$ を正の整数とするとき，群 $\mathbb{C}/L$ の中で，n 倍して消える元全体 $E[n] = \{x \in \mathbb{C}/L \,;\, nx = 0\}$ は，$\mathbb{Z}/n \oplus \mathbb{Z}/n$ に同型である．
$$E[n] = \{x \in \mathbb{C}/L \,;\, nx = 0\} \simeq \mathbb{Z}/n \oplus \mathbb{Z}/n.$$
また，$P = (x,y) \in E(\mathbb{C}), nP = 0$ とすると，P の x, y 座標は共に $\mathbb{Q}$ 上代数的であることが証明できる．

有理数体 $\mathbb{Q}$ の代数閉包を $\overline{\mathbb{Q}}$ で表し，その Galois 群を $G_{\mathbb{Q}} = \mathrm{Gal}(\overline{\mathbb{Q}}/\mathbb{Q})$ で表すことにする．上のような $P = (x,y)$ に対して，Galois 群の元 $\sigma \in G_{\mathbb{Q}}$ の

作用を，$\sigma(P)=(\sigma(x),\sigma(y))$ と定義する．上の同型に対応して，基底 e_1, e_2 が存在し，$P \in E[n]$ なる P は，
$$P = ae_1 + be_2, \quad a, b \in \mathbb{Z}/n$$
と表せる．$nP=0$ であれば，$n\sigma(P)=\sigma(nP)=0$ だから，$\sigma(P)$ も $E[n]$ に属す．そこで，
$$\sigma(e_1) = ae_1 + ce_2, \quad \sigma(e_2) = be_1 + de_2$$
とすれば，σ の n 倍して消える点への作用は，行列
$$\begin{pmatrix} a & b \\ c & d \end{pmatrix} \in GL_2(\mathbb{Z}/n)$$
で表せることになる．このようにして，群の準同型写像
$$G_\mathbb{Q} \to GL_2(\mathbb{Z}/n)$$
$$\sigma \mapsto \begin{pmatrix} a & b \\ c & d \end{pmatrix}$$
が定義される．以上を定理 12.4 の (1) にまとめた．上の準同型写像は (2) の性質をみたす．

定理 12.4

（1） E を $\mathbb{Q}$ 上に定義された楕円曲線，$E[n]$ を $E(\mathbb{C})$ の中で，n 倍して消える元全体がなす部分群とする．このとき，$E[n]$ は Abel 群としては，$\mathbb{Z}/n \oplus \mathbb{Z}/n$ に同型である．$E[n]$ の元の座標は $\mathbb{Q}$ 上代数的であり，したがって $G_\mathbb{Q} = \mathrm{Gal}(\overline{\mathbb{Q}}/\mathbb{Q})$ が作用する．この作用により，準同型写像
$$\rho_{E[n]} : G_\mathbb{Q} \to GL_2(\mathbb{Z}/n)$$
が定義される．

（2） $K_n/\mathbb{Q}$ を上の準同型写像の核 $\mathrm{Ker}\,\rho_{E[n]}$ に対応する拡大とする．すなわち，$\mathrm{Gal}(K_n/\mathbb{Q}) = \mathrm{Ker}\,\rho_{E[n]}$ とする．l を素数とし，E は l で良い還元をもつとし，また l と n は互いに素であるとする．このとき，l は $K_n/\mathbb{Q}$ で不分岐である． □

(d) Tate 加群

E を上の通りとし，p を素数とする．正の整数 n に対し，p^n 等分点 $E[p^n]$

を考え，p 倍写像 $p\colon E[p^{n+1}] \to E[p^n]$ に関する逆極限
$$T_p(E) = \varprojlim E[p^n]$$
を **Tate 加群**(Tate module)と呼ぶ．$T_p(E)$ は階数 2 の自由 $\mathbb{Z}_p$ 加群である．$T_p(E)$ には Galois 群 $G_{\mathbb{Q}}$ が作用する．e_1, e_2 を $T_p(E)$ の $\mathbb{Z}_p$ 加群としての基底とし，
$$\sigma(e_1) = ae_1 + ce_2, \quad \sigma(e_2) = be_1 + de_2$$
とすると，
$$\rho(\sigma) = \begin{pmatrix} a & b \\ c & d \end{pmatrix} \in GL_2(\mathbb{Z}_p)$$
と定義することにより，連続な準同型写像
$$\rho_p \colon G_{\mathbb{Q}} \to GL_2(\mathbb{Z}_p)$$
が得られる．この準同型写像は，$E[p^n]$ への作用 $\rho_{E[p^n]}\colon G_{\mathbb{Q}} \to GL_2(\mathbb{Z}/p^n)$ の逆極限として，とらえることもできる．

このとき，有限体上の方程式の解の個数と，この Galois 群の作用との間に，次の関係が成立する．

定理 12.5 $K_{p^\infty}/\mathbb{Q}$ を上の準同型写像
$$\rho_p \colon G_{\mathbb{Q}} \to GL_2(\mathbb{Z}_p)$$
の核 $\operatorname{Ker} \rho_p$ に対応する拡大とする．すなわち，$\operatorname{Gal}(\overline{\mathbb{Q}}/K_{p^\infty}) = \operatorname{Ker} \rho_p$ とする．l を素数とし，E は l で良い還元をもつとし，また $l \ne p$ とする．このとき，l は $K_{p^\infty}/\mathbb{Q}$ で不分岐であり，Frob_l を l での Frobenius 共役類とすると，
$$\det(\rho_p(\operatorname{Frob}_l)) = l$$
が成立する(したがって，$\det(\rho_p)$ は円分指標 κ (§10.1(e)) に一致する)．また，
$$\operatorname{Tr}(\rho_p(\operatorname{Frob}_l)) = a_l$$
とおくと，a_l は整数であり，
$$\sharp E(\mathbb{F}_l) = l + 1 - a_l$$
が成立する．ここに，$E(\mathbb{F}_l)$ は E の $\mathbb{F}_l$ 有理点全体であり(方程式の $\mathbb{F}_l$ での解たちと原点とでなす群)，したがって $\sharp E(\mathbb{F}_l)$ は [方程式の解の個数] +1 である． □

このように，方程式の解の個数が，Galois 群の作用から得られるというのは，驚くべきことである．また，上で $\mathrm{Tr}(\rho_p(\mathrm{Frob}_l))$（つまり，$a_l$）は，$p$ によらずに決まることも上の定理は述べている．したがって，楕円曲線 E にとって，非常に重要な意味をもつ数列 $(a_l)_l$（ここに，l は良い還元をもつ素数を走る）が存在していることがわかる．

（e）楕円曲線の ζ 関数，および L 関数

$\mathbb{Z}$ 上有限生成な環の Hasse ζ 関数については，§7.4 で述べた．$\mathbb{Z}$ 上有限型なスキーム（scheme）に対しても，Hasse ζ 関数が同様に定義される．

$\mathbb{Q}$ 上の楕円曲線 E に対しても，$\mathbb{Z}$ 上の適当なモデルをとることにより，Hasse ζ 関数が定義され，次のようになる．

$$\zeta_E(s) = \prod_{l:good} \frac{1-a_l l^{-s}+l^{1-2s}}{(1-l^{1-s})(1-l^{-s})} \prod_{l:split\ mult} \frac{1}{1-l^{1-s}}$$
$$\times \prod_{l:nonsplit\ mult} \frac{1+l^{-s}}{(1-l^{1-s})(1-l^{-s})} \prod_{l:add} \frac{1}{(1-l^{1-s})(1-l^{-s})}$$

ここに，上の第 1 の積は，良い還元をもつ素数を走り，第 2，第 3，第 4 の積は，それぞれ分裂乗法的，非分裂乗法的，加法的な素数を走る．第 1 の積の中の a_l は $a_l = l+1-\sharp E(\mathbb{F}_l)$ である．悪い還元をもつ素数は有限個であるから，主要な項は第 1 の積である．E の ζ 関数という大事な関数の中に，再び (a_l) という数列が現れたことに注意して欲しい．

E の L 関数を

$$L(E,s) = \prod_{l:good} \frac{1}{1-a_l l^{-s}+l^{1-2s}} \times [\text{悪い還元をもつ素数の寄与}]$$

$$[\text{悪い還元をもつ素数の寄与}] = \prod_{l:split\ mult} \frac{1}{1-l^{-s}} \prod_{l:nonsplit\ mult} \frac{1}{1+l^{-s}}$$

により定義すると，上から

$$\zeta_E(s) = \zeta_{\mathbb{Z}}(s)\zeta_{\mathbb{Z}}(s-1)L(E,s)^{-1}$$

である．ここに $\zeta_{\mathbb{Z}}(s)$ は Riemann ζ 関数である．$\zeta_E(s)$ の主要部分は $L(E,s)$

であると考えてよい．$L(E,s)$ は $\mathrm{Re}(s) > 3/2$ で絶対収束することが知られている．$L(E,s)$ は全平面 $\mathbb{C}$ に正則に解析接続されると予想されていたが，これから述べる Wiles の定理により準安定な場合は解決され，その後 Wiles の方法が発展して，現在では完全に解決されている．

L 関数 $L(E,s)$ は楕円曲線 E にとって，非常に重要な関数である．たとえば，**Birch–Swinnerton-Dyer 予想**という有名な未解決問題がある．ここでは，その完全な形は述べないが，Mordell–Weil 群 $E(\mathbb{Q})$ の Abel 群としての階数（rank）についての，予想を述べておく．Birch と Swinnerton-Dyer は，
$$\mathrm{order}_{s=1} L(E,s) = \mathrm{rank}\, E(\mathbb{Q})$$
と予想した．つまり，Mordell–Weil 群の階数という数論的に非常に重要な数が，L 関数の情報からわかる，というのである．この予想に関しては，左辺が 0 か 1 のときは，最近の目覚しい進歩により，大分よくわかってきたが，左辺が 2 以上のときは，まったく未解決である．

なお，K を代数体とするとき，$\zeta_K(s)$ の $s=0$ での位数は
$$\mathrm{order}_{s=0}\zeta_K(s) = r_1 + r_2 - 1$$
$$= \mathrm{rank}\, O_K^\times \quad (O_K^\times \text{ は } K \text{ の単数群})$$
となることを思い出しておこう（定理 7.10 参照）．Birch–Swinnerton-Dyer 予想はこの類似である．

ここまで述べてきたことをまとめておく．有理数体上に定義された楕円曲線 E に対して，良い還元をもつ素数全体の集合を $\mathcal{L}$ で表すことにする．このときに，整数の数列 $(a_l)_{l \in \mathcal{L}}$ が定義され，非常に重要な局面にこの数 a_l は現れる．

（1）$\mathbb{F}_l$ を l 個の元からなる有限体とするとき，$\mathbb{F}_l$ 有理点の数について
$$a_l = l + 1 - \sharp E(\mathbb{F}_l)$$
が成立する（これを a_l の定義だと思ってもよい）．

（2）Tate 加群 $T_p(E)$ への Galois 群 $G_\mathbb{Q}$ の作用により，連続準同型写像
$$\rho_p : G_\mathbb{Q} \to GL_2(\mathbb{Z}_p)$$
が定義されるが，$l \neq p$ であれば，
$$a_l = \mathrm{Tr}(\rho_p(\mathrm{Frob}_l))$$

となる.

（3） $(a_l)_{l\in\mathcal{L}}$ は E のζ関数, L 関数の Euler 積の中に現れる.

（f） モジュラーな楕円曲線

楕円曲線の数論のためには, $(a_l)_{l\in\mathcal{L}}$ という数列を知ることが大変重要である, ということを前項までに述べてきた. 驚くべきことに, この数 a_l は保型形式の世界とつながっている.

予想 12.6（谷山–志村–Weil） E を $\mathbb{Q}$ 上に定義された楕円曲線, $\mathcal{L}$ を E がそこで良い還元をもつ素数全体とし, $(a_l)_{l\in\mathcal{L}}$ を上の通りとする. このとき, q 展開の q^l の係数に a_l をもつ保型形式 $\sum a_n q^n$ が存在する.

もう少し詳しく述べると, $\mathbb{Q}$ 上に定義された楕円曲線 E に対しては, その導手と呼ばれる正の整数 N が定義できるのだが, このとき, a_l を q^l の係数にもつ, 重さ 2, レベル N（レベル $\Gamma_0(N)$）の Hecke 作用素の同時固有関数 $\sum a_n q^n$ が存在する. □

定理 12.2 は, この予想が楕円曲線 $y^2+y=x^3-x^2$ に対して正しいということを言っている. また項(a)の最後に述べたように $y^2=x^3-x$ にも保型形式が対応している.

谷山は 1955 年にこの予想の原型を問題として述べた. そして, その後志村が 1960 年代に上の形にきちんと定式化し, その後の Weil の研究(1967)により, この予想は広く知られるようになった.

一般に, 重さ 2, レベル N の Hecke 作用素の同時固有関数であるカスプ形式 $f=\sum a_n q^n$ $(a_1=1)$ に対して, $K=\mathbb{Q}_p(\{a_n;n\geq 2\})$ とおくと, $K/\mathbb{Q}_p$ は有限次拡大であり, 連続な既約表現

$$\rho_f : G_\mathbb{Q} = \mathrm{Gal}(\overline{\mathbb{Q}}/\mathbb{Q}) \to GL_2(K)$$

で, $\mathrm{Tr}(\rho_f(\mathrm{Frob}_l))=a_l$, $\det(\rho_f(\mathrm{Frob}_l))=l$ をみたすものが存在することが, Eichler と志村により示された. この表現は, モジュラー(modular)曲線 $X_0(N)$ の Jacobi 多様体 $J_0(N)$ の Tate 加群を Hecke 作用素によって分解したときの, f 成分への $G_\mathbb{Q}$ の作用から得られる.

今, $f=\sum a_n q^n$ を, 重さ 2, レベル N の Hecke 作用素の同時固有関数で

あるカスプ形式で,その係数 a_n がすべて有理数であるとする($a_1=1$ にとることにする).このとき,モジュラー曲線 $X_0(N)$ の Jacobi 多様体 $J_0(N)$ を Hecke 作用素によって分解したときの,f 成分は 1 次元 Abel 多様体,つまり楕円曲線になり,この楕円曲線を E と書くことにすると,
$$\mathrm{Tr}(\rho_f(\mathrm{Frob}_l)) = \mathrm{Tr}(\rho_E(\mathrm{Frob}_l)) = a_l$$
となる.したがって,このような E は予想 12.6 の条件をみたすのである.

このようにして得られる楕円曲線(に同種な楕円曲線)を,**モジュラーな楕円曲線**と呼ぶ.(Faltings によって一般的に証明された同種定理を使って述べると)谷山–志村–Weil 予想の述べるところは,すべての $\mathbb{Q}$ 上に定義された楕円曲線が,モジュラーな楕円曲線であるというのである.保型形式の世界は,大変多くの対称性をもった美しい世界である.すべての楕円曲線が,そのような世界からくる,というのは一見驚くべき予想である.たとえば,モジュラーな楕円曲線に対しては,その L 関数の全平面への解析接続(項(e)で述べた Hasse の予想)がわかっている(定理 9.7 参照).しかし,逆に Weil は,$\mathbb{Q}$ 上に定義された楕円曲線 E の L 関数 $L(E,s)$ が,$\mathbb{C}$ 全体に正則に解析接続され,ある関数等式をみたせば,E はモジュラーであることを示した(1967).これによって,予想 12.6 は絶対に正しいものとみなされるようになったのである.

$L(E,s)$ を $\mathbb{Q}$ 上に定義された楕円曲線 E の L 関数とする.$L(E,s)$ は項(e)で述べたように Euler 積により定義されるが,それを形式的に Dirichlet 級数の形に
$$L(E,s) = \sum_{n=1}^{\infty} \frac{a_n}{n^s}$$
と書くことにする.右辺の a_n は,L 関数の Euler 積による定義式の中にあった a_l(つまり上でずっと述べてきた a_l)と一致する.このとき,谷山–志村–Weil 予想は次の形にも書き直すことができる.

予想 12.6′(谷山–志村–Weil) E を $\mathbb{Q}$ 上に定義された導手 N の楕円曲線とし,

$$L(E, s) = \sum_{n=1}^{\infty} \frac{a_n}{n^s}$$

をその L 関数とする．このとき，

$$f = \sum_{n=1}^{\infty} a_n q^n$$

は，重さ 2，レベル N の保型形式である． □

上は，ζ 関数を使った言い換えであったが，もう一つ代数幾何的言い換えも述べておこう．一つの言い換えは，上でも述べたように，$\mathbb{Q}$ 上に定義された任意の楕円曲線が，モジュラー曲線の Jacobi 多様体の成分に現れる（正確には，Jacobi 多様体の成分と同種である）というものである．

これは，次のようにも言い換えられることが証明できる．

予想 12.6″（谷山–志村–Weil） E を $\mathbb{Q}$ 上に定義された導手 N の楕円曲線とすると，モジュラー曲線からの 0 でない射(morphism)

$$X_0(N) \to E$$

が存在する． □

つまり，E は $X_0(N)$ によって支配(parametrize)されているというのである．これを，すべての 2 次体が円分体に含まれるという Gauss の定理（命題 5.13）と比べてみるとおもしろい．楕円曲線は射影直線の 2 次の被覆である．それが，必ずモジュラー曲線によって支配されている，というのが谷山–志村–Weil 予想だ，ということになる．このように考えると，谷山–志村–Weil 予想は，Gauss の定理の代数幾何版とみなすことができる．

Galois 群の表現から見た谷山–志村–Weil 予想については，§12.2(c)で述べる．

§12.2 Fermat 予想

(a) Frey 曲線

いよいよ，Fermat 予想について述べるべきときがきた．まず準備として，次のような楕円曲線を考える．A, B, C を

$$A+B=C$$
$$A \equiv 3 \pmod{4}, \quad B \equiv 0 \pmod{32}$$

をみたす，互いに素な整数とする．このとき，楕円曲線
$$E: y^2 = x(x-B)(x-C)$$
を考える．$x = 4X$, $y = 8Y + 4X$ と置き換えると，上の式は
$$Y^2 + XY = X^3 - \frac{B+C+1}{4}X^2 + \frac{BC}{16}X$$
となる．これが，E の極小 Weierstrass モデルである．定義に従って，E の判別式 Δ を計算すると，
$$\Delta = \frac{(ABC)^2}{2^8}$$
である．Δ を割る素数 l で，E は乗法的還元をもつ．特に，E は準安定な楕円曲線である(定義については§12.1(b)を見よ)．

p を奇素数とし，E の p 等分点 $E[p]$ からできる表現
$$\rho_{E[p]}: G_\mathbb{Q} \to GL_2(\mathbb{Z}/p)$$
を考える．この準同型写像の核 $\mathrm{Ker}\, \rho_{E[p]}$ に対応する体を，定理12.4のように K_p と書くことにする．
$$\det(\rho_{E[p]}): G_\mathbb{Q} \to (\mathbb{Z}/p)^\times$$
$$\sigma \mapsto \det(\rho_p(\sigma))$$
を考えてみると，定理12.4により，$\det \rho(\mathrm{Frob}_l) = l$ となるから，$\det(\rho)$ は Teichmüller 指標 ω (§10.1(e))に他ならない．すなわち，μ_p を $\overline{\mathbb{Q}}$ の中の1の p 乗根全体のなす群とすると，任意の $\zeta \in \mu_p$ に対して，$\sigma(\zeta) = \zeta^{\omega(\sigma)}$ となる指標である．特に，$\mathbb{Q}(\mu_p) \subset K_p$ であることに注意しておく．

定理12.7 l を奇素数とする．

(ⅰ) l は ABC を割らず，p とも異なるとすると，l は K_p で不分岐である．

(ⅱ) l は ABC を割り，$l \neq p$ であるとする．このとき，次は同値．
$$l \text{ は } K_p \text{ で不分岐である} \iff \mathrm{ord}_l(ABC) \equiv 0 \pmod{p}$$

(ⅲ) $\mathrm{ord}_p(ABC) \equiv 0 \pmod{p}$ であれば，p は K_p で「小分岐」である．

ここに，今の状況で，pは「小分岐」であるとは，次が成立することである．vをpの上にあるK_pの素イデアルとしたとき，K_pのvでの完備化$(K_p)_v$が，
$$(K_p)_v = k(\mu_p)(\sqrt[p]{u}), \quad u \in O_{k(\mu_p)}^{\times}$$
$$k \text{は}\mathbb{Q}_p\text{の有限次不分岐拡大}$$
と書ける．　　　　　　　　　　　　　　　　　　　　　　　□

πを$O_{k(\mu_p)}$の極大イデアルの生成元とするとき，$k(\mu_p)(\sqrt[p]{\pi})/k$なる拡大を考えると，この拡大の判別式は定理の中の拡大の判別式より，その付値が大きい．上に述べた「小分岐」という言葉は，ここからきている．

定理12.7の証明には，Tate曲線の理論が必要である．

G. Freyは，Fermat予想が次のように楕円曲線の数論に関係していることを発見した．pを5以上の素数とする．
$$a^p + b^p = c^p$$
をみたす正の整数a, b, cが存在したとする．aを奇数，bを偶数としてよい．$a \equiv 3 \pmod{4}$のとき，$A = a^p$, $B = b^p$, $C = c^p$とおき，$a \equiv 1 \pmod{4}$のとき，$A = -c^p$, $B = b^p$, $C = -a^p$とおく．そして，楕円曲線
$$E_{(a,b,c)} : y^2 = x(x-B)(x-C)$$
を考える．この曲線を**Frey曲線**(Frey curve)と呼ぶ．Freyは，このような曲線の存在は，Serreのϵ予想という予想と，谷山-志村-Weil予想に反することを証明した(1986)．つまり，この二つの予想からFermat予想が導かれるというのである．このことにより，Fermat予想は，確実に正しいというタイプの予想の仲間入りをしたのであった．その後，RibetによりSerreのϵ予想は証明された(1989)ので，谷山-志村-Weil予想からFermat予想が従うことになった．Ribetの定理は，次の項(b)で述べる．

(b) Ribetの定理

$f = \sum a_n q^n$を，重さ$k \geq 2$，レベルNのHecke作用素の同時固有関数であるカスプ形式とする．$K = \mathbb{Q}_p(\{a_n ; n \geq 2\})$とおくと，$K/\mathbb{Q}_p$は有限次拡大であり，連続な既約表現

$$\rho_f : G_\mathbb{Q} = \mathrm{Gal}(\overline{\mathbb{Q}}/\mathbb{Q}) \to GL_2(K)$$

で, $\mathrm{Tr}(\rho_f(\mathrm{Frob}_l)) = a_l$, $\det(\rho_f(\mathrm{Frob}_l)) = l^{k-1}$ をみたすものが存在する. このことは, $k=2$ のとき§12.1(f)で述べたように Eichler, 志村により, また一般のときは Deligne により, 示された.

$G_\mathbb{Q}$ はコンパクトだから O_K を K の整数環とするとき, ρ_f の像は $GL_2(O_K)$ の中に入るようにとれる. π を O_K の極大イデアルの生成元, $\mathbb{F}$ を剰余体として,

$$\rho_f \bmod \pi : G_\mathbb{Q} = \mathrm{Gal}(\overline{\mathbb{Q}}/\mathbb{Q}) \to GL_2(\mathbb{F})$$

を考える. 定義により,

$\mathrm{Tr}(\rho_f \bmod \pi(\mathrm{Frob}_l)) = a_l \bmod \pi$, $\det(\rho_f \bmod \pi(\mathrm{Frob}_l)) = l^{k-1} \bmod \pi$

だから, もし $\rho_f \bmod \pi$ が既約であれば, $\rho_f \bmod \pi$(の同型類)は f から一意的に決まる. このようにして得られる有限体 $\mathbb{F}$ への 2 次の表現を重さ k, レベル N のモジュラーな表現と呼ぶ.

Serre は, 任意の有限体 $\mathbb{F}$ に対し, 絶対既約な表現 $\rho_0 : G_\mathbb{Q} \to GL_2(\mathbb{F})$ で, $\det \rho_0(c) = -1$ (c は複素共役)をみたすものは, すべてモジュラーな表現であろう, と予想した. しかも, そのときの重さ k とレベル N が, ρ_0 からどう決まるべきかも予想した(**Serre 予想**). Ribet は Mazur の後を受けて, Serre 予想の中の ϵ 予想と呼ばれる部分を解決した.

定理 12.8 (Mazur, Ribet) $\mathbb{F}$ を標数が $p \geq 5$ の有限体とする. 既約な表現 $\rho_0 : G_\mathbb{Q} \to GL_2(\mathbb{F})$ が重さ 2, レベル N のモジュラーな既約表現であり, しかも N は平方因子を含まないとする. K_{ρ_0} を ρ_0 の核に対応する体とする. また, l を N を割る奇素数とする.

(i) $l \neq p$ とし, l が K_{ρ_0} で不分岐であるとすると, ρ_0 は重さ 2, レベル N/l のモジュラーな表現である.

(ii) p が N を割り, p は K_{ρ_0} で「小分岐」であるとすると, ρ_0 は重さ 2, レベル N/p のモジュラーな表現である. □

p を 5 以上の素数として, Fermat 予想が誤りであり,

$$a^p + b^p = c^p$$

なる整数解が存在すると仮定する. 項(a)で述べた Frey 曲線 $E = E_{(a,b,c)}$ を

考え，E に対して谷山-志村-Weil 予想が正しいと仮定する．

E の p 等分点からできる表現 $\rho_{E[p]}$ に，この定理を適用してみよう．まず，この表現は既約であることがわかる（そのためには，$\mathbb{Q}$ 上に定義された楕円曲線の等分点全体のなす群の位数は 16 以下である，という Mazur の定理を使う）．ここで，仮定から $E = E_{(a,b,c)}$ はモジュラーな楕円曲線なので，$\rho_{E[p]}$ は重さ 2，レベル $N = \prod_{l \mid \Delta} l$ のモジュラーな表現であることがわかる．すると，定理 12.7 と定理 12.8 から，$\rho_{E[p]}$ は重さ 2，レベル 2 のモジュラーな表現になってしまう．しかし，重さ 2，レベル 2 のカスプ形式は存在しない．これは，矛盾である．したがって，最初の仮定，つまり a, b, c の存在が間違っていたことになり，Fermat 予想が証明されるのである．

以上により，Fermat 予想の証明のためには，$E_{(a,b,c)}$ がモジュラーであることをいえばよいことになった．$E_{(a,b,c)}$ が準安定な楕円曲線であることを思い出そう．Wiles は次を証明した(1995)．

定理 12.9（Wiles） $\mathbb{Q}$ 上に定義された準安定な楕円曲線は，モジュラーである． □

したがって，

系 12.10（Fermat 予想） 3 以上の整数 n に対して，
$$a^n + b^n = c^n$$
をみたす正の整数 a, b, c は存在しない． □

系 12.10 は，$n = 3, n = 4$ の場合には Euler により（たぶん Fermat 自身によっても）証明されているので，n を 5 以上の素数 p としてよい．したがって，上の議論から系 12.10 が従うのである．

以下では，定理 12.9 の証明のアイディアを述べていく．

(c) モジュラーな Galois 表現の持ち上げ

O を局所体の整数環とする．$G_\mathbb{Q}$ の表現 $\rho: G_\mathbb{Q} \to GL_2(O)$ が，保型形式 f に伴う表現と同値になるとき（対応する $G_\mathbb{Q}$ 加群が同型になるとき），ρ は保型形式からくる，ということにする．このとき，今まで述べてきたことから

(Faltings の同種定理を使って），次が成立する．

定理 12.11 E を $\mathbb{Q}$ 上に定義された楕円曲線とするとき，次は同値である．

（1） E はモジュラーである．

（2） ある素数 p があって，Tate 加群 $T_p(E)$ からできる表現 ρ_p は保型形式からくる． □

これが，谷山–志村–Weil 予想（予想 12.6）の Galois 表現的な言い換えである．

定理 12.11 から，楕円曲線がモジュラーであることを言うためには，一つの素数 p に対して，ρ_p が保型形式からくることを言えばよいのである．定理 12.9 を証明するために，Wiles は主に素数 $p=3$ を使う．というのは，$\rho_{E[3]}$ が既約のとき，Langlands と Tunnell によって，$\rho_{E[3]}$ はモジュラーであることが言えているので（§11.4 参照），議論の足場が存在するのである．

Wiles の示したのは次の定理である．p を奇素数とする．

定理 12.12（Wiles） $\mathbb{F}$ を標数 p の有限体，
$$\rho_0 : G_\mathbb{Q} \to GL_2(\mathbb{F})$$
をモジュラーな表現とし，さらに次の(1), (2), (3)をみたすとする．

（1） ρ_0 は $\mathrm{Gal}(\overline{\mathbb{Q}}/\mathbb{Q}(\sqrt{(-1)^{(p-1)/2}p}))$ に制限しても，絶対既約である．

（2） $\det(\rho_0) = \omega$ （ω: Teichmüller 指標）．

（3） ρ_0 を分解群に制限したときの条件（これについては略す．p での分解群に制限したときの条件は特に重要である．E が準安定な楕円曲線のとき，$\rho_{E[p]}$ はこの条件をみたしている）．

O を局所体の整数環，π を極大イデアルの生成元とし，
$$\rho : G_\mathbb{Q} \to GL_2(O)$$
を，$\rho \bmod \pi = \rho_0$ なる表現とする．さらに，ρ は次の(i), (ii), (iii)をみたすとする．

（i） K_ρ を ρ の核に対応する体とするとき，$K_\rho/\mathbb{Q}$ で分岐する素数は有限個．

（ii） $\det(\rho) = \kappa$ （κ: 円分指標）．

§12.2 Fermat 予想 —— 597

（iii） ρ を分解群に制限したときの条件（これについても略す．E が準安定な楕円曲線のとき，Tate 加群からできる表現はこの条件をみたしている）．

このとき，ρ は保型形式からくる．　　　　　　　　　　　　　□

Wiles は $\det(\rho)$ がもっと一般の場合も扱っているのだが，ここでは定理 12.9 の証明に必要な，上の場合だけを述べることにした．

先ほど述べたように，

$$G_{\mathbb{Q}} \to GL_2(\mathbb{F}_3)$$

なる既約表現はモジュラーであることが，Langlands と Tunnell によって証明されている (1981)．証明には，$GL_2(\mathbb{F}_3)$ が可解群であることが，本質的に使われる．したがって，$GL_2(\mathbb{F}_p)$ $(p \geq 5)$ にはこの証明法は適用できない．

定理 12.12, 定理 12.11 により，まず次のことがわかる．

「E を準安定な楕円曲線であり，3 等分点からできる表現 $\rho_{E[3]}$ を $\mathbb{Q}(\sqrt{-3})$ の絶対 Galois 群 $\mathrm{Gal}(\overline{\mathbb{Q}}/\mathbb{Q}(\sqrt{-3}))$ に制限しても絶対既約であるとすると，E はモジュラーな楕円曲線である．」

Wiles は 5 等分点を補助的に巧妙に使うことによって，上についている既約性の条件も除けることを証明した（このテクニックについてもここでは述べることができない）．そして最終的に，すべての準安定な楕円曲線がモジュラーであることを証明することに成功したのである．

(d)　$R = T$

定理 12.12 が Wiles の Fermat 予想証明の中の最も重要な定理なので，以下ではこの証明の概略について述べていく．定理 12.12 は，条件をみたす表現がすべて保型形式からくることを主張しており，岩澤主予想の Mazur と Wiles による証明法（§10.3(e)）「すべての不分岐拡大を保型形式から作る」に似ていることに注意しよう．証明には，Mazur による Galois 表現の変形理論が本質的な役割を果たす．

ρ_0 を定理 12.12 の通りとする．このとき，定理 12.12 の (i), (ii), (iii) をみたす ρ たちに対して，次のような性質をみたす環 R と Galois 表現

$$\rho_R : G_\mathbb{Q} \to GL_2(R)$$

が存在している.定理 12.12 の条件 (i), (ii), (iii) をみたす ρ があると,

$$R \to O$$

なる環準同型写像が存在して,この環準同型写像からできる準同型写像 $GL_2(R) \to GL_2(O)$ と ρ_R との合成

$$G_\mathbb{Q} \xrightarrow{\rho_R} GL_2(R) \to GL_2(O)$$

が ρ と同値である.一方,定理 12.12 の (i), (ii), (iii) に条件「ρ は保型形式からくる」を加えても,普遍的な環 T と Galois 表現

$$\rho_T : G_\mathbb{Q} \to GL_2(T)$$

が存在して,このような条件をみたすモジュラーな ρ はすべて ρ_T から得られる.すなわち,そのような ρ があるとすると,$T \to O$ なる環準同型写像が存在して,この環準同型写像からできる準同型写像 $GL_2(T) \to GL_2(O)$ と ρ_T との合成

$$G_\mathbb{Q} \xrightarrow{\rho_T} GL_2(T) \to GL_2(O)$$

が ρ と同値になるのである.T は Hecke 環 (Hecke 作用素からできる環) から作られる.このような変形理論の言葉を使うと,定理 12.12 は,ただ単に

$$R = T$$

と表せる.R と T の定義から,

$$R \to T$$

なる環準同型写像があって,全射であることが示せる.われわれの目的は,この写像が同型であることを示すことである.

次の定理は,Wiles の方法を改良して,H. W. Lenstra Jr. が証明したものであるが,Wiles によるオリジナルな定理より述べやすいので,ここに述べることにする.

定理 12.13 (Lenstra Jr.) O を局所体の整数環,R を O 上の完備 Noether 局所環,T を O 上の有限平坦な (finite flat) Noether 局所環とする.全射な O 線形環の準同型写像 $\varphi : R \to T$, $\psi : T \to O$ があると仮定して,$\phi = \psi \circ \varphi$ とおく.$\mathrm{Ann}_T(\mathrm{Ker}\,\psi)$ を $\mathrm{Ker}\,\psi$ の零化域とする.このとき,

$$\sharp((\mathrm{Ker}\,\phi)/(\mathrm{Ker}\,\phi)^2) \leqq \sharp(O/\psi(\mathrm{Ann}_T(\mathrm{Ker}\,\psi)))$$

§12.2 Fermat 予想 —— 599

であれば,$\varphi\colon R \xrightarrow{\simeq} T$ は同型である. □

　こうして問題は,$((\operatorname{Ker}\phi)/(\operatorname{Ker}\phi)^2)$ を調べることに帰着される.そしてこのことにより,保型形式 f の $\operatorname{Sym}^2 f$ の Selmer 群というものを調べることに導かれるのである.上の定理 12.13 の不等式は,実は等式であり,

$$\sharp(\operatorname{Sym}^2 f \text{ の Selmer 群}) = (L(2, \operatorname{Sym}^2 f) \text{ の代数的部分の } p \text{ 成分})$$

という式と同値であることがわかる($(\operatorname{Ker}\phi)/(\operatorname{Ker}\phi)^2$ が上の左辺に対応し,$O/\psi(\operatorname{Ann}_T(\operatorname{Ker}\psi))$ が上の右辺に対応する.$L(s, \operatorname{Sym}^2 f)$ については§9.1(e)参照).こうして,再び ζ 関数(L 関数)が現れ,重要な役割を果たすことになる.このような重要な局面に ζ 関数が常に現れるというのは,本当に不思議なことである.上の Selmer 群に関する等式は,イデアル類群の場合で言えば,

$$\sharp A^{\omega^i}_{\mathbb{Q}(\mu_p)} = \sharp(\mathbb{Z}_p/L(0, \omega^{-i}))$$

(i は $1<i<p-1$ をみたす奇数,§10.3(c)定理 10.37)にあたる式である.このように考えれば,問題の式は岩澤理論の扱うところである,と思うことができる(実際,Wiles はそう考えた).

　また,岩澤主予想の証明がすべての不分岐拡大を保型形式から作る,という方針だったのに対して,ここでも,すべての条件をみたす表現が保型形式から作る,という方針であり類似している.岩澤主予想を証明するためには,Abel 拡大を作るために GL_2 への表現が必要であった.つまり,§9.4(b)の言葉で言えば,2 階から 1 階を見る必要があった.ここでは,2 次の表現を調べるために,$\operatorname{Sym}^2 f$ という 3 階から 2 階を見る必要があるのである.

　Selmer 群に関する不等式の証明は,ここでは述べることができないが,最終的に Wiles は T が完全交叉であればこの不等式が成立することを示した.完全交叉というのは,局所環の特異点に関する情報で,特異点の様子がそれほど悪くないことを表している.この最後の難関は,R. Taylor との共著の論文で乗り越えられた.

定理 12.14(Taylor, Wiles) T は完全交叉である. □

　証明は,レベル $Nl_1\cdots l_r$ の保型形式の Hecke 環をうまく使うことによってなされるのである.もっと詳しく知りたい読者は,岩波講座現代数学の展

開「Fermat 予想」の巻をご覧になって頂きたい.

《 要 約 》

12.1 有理数体上に定義された楕円曲線の数論においては, 有限体上の有理点の数を調べたり, Tate 加群への Galois 群の作用を調べたり, ζ 関数を調べたりすることにより, 整数の数列 $(a_l)_{l \in \mathcal{L}}$ に出会う. この重要な数列 $(a_l)_{l \in \mathcal{L}}$ から保型形式ができる, というのが谷山–志村–Weil 予想である.

12.2 Wiles は有理数体上の準安定な楕円曲線に対して, 谷山–志村–Weil 予想を証明した. そして, そのことにより, Fermat 予想が肯定的に解決された.

参考書

代数体, および代数的整数論の初歩

[1] 藤﨑源二郎, 森田康夫, 山本芳彦, 数論への出発(数学セミナー増刊), 日本評論社, 1980.
[2] 岩澤健吉, 代数函数論, 岩波書店, 1973(改訂版).
[3] 岩澤健吉, 局所類体論, 岩波書店, 1980.
[4] J.-P. セール, 数論講義(彌永健一訳), 岩波書店, 1979.
[5] 高木貞治, 初等整数論講義, 共立出版, 1973(第二版).
[6] 高木貞治, 代数的整数論, 岩波書店, 1982(第二版).
[7] 山本芳彦, 数論入門, シリーズ『現代数学への入門』, 岩波書店, 2003.
[8] A. ヴェイユ, 数論 歴史からのアプローチ(足立恒雄, 三宅克哉訳), 日本評論社, 1987.
[9] J. W. S. Cassels and A. Fröhlich, *Algebraic number theory*, Academic Press, 1967.
[10] R. Dedekind, *Theory of algebraic integers*, the Press Syndicate of the University of Cambridge, 1996 (English version), First published in French 1877.
[11] J.-P. Serre, *Corps locaux*, Hermann, 1968 (3e édition), *Local fields*, Graduate Texts in Math. 67, Springer-Verlag, 1979.
[12] A. Weil, *Basic number theory*, Springer-Verlag, 1967.

　[4]には平方剰余の相互法則, p 進体, Hilbert 記号から始まる簡潔で明快な解説がある. [1], [7]は実例がたくさんあり, 数論の入門書としてすぐれている. [5]は定評のある名著である. 代数体, および関数体のことを勉強するには, [2], [3], [6], [9], [11], [12]を読んでみられるとよい. [10]は代数的整数論創始に大きく貢献した数学者自身が書いた代数的数の解説である. 歴史については[8]がおもしろい.

楕円曲線

[1] J. H. シルヴァーマン, J. テイト, 楕円曲線論入門(足立恒雄他訳), シュプリンガー・フェアラーク東京, 1995.

[2] D. Husemöller, *Elliptic curves*, Graduate Texts in Math. 111, Springer-Verlag, 1987.

[3] N. Koblitz, *Introduction to elliptic curves and modular forms*, Graduate Texts in Math. 97, Springer-Verlag, 1993 (second edition).

[4] J. H. Silverman, *The arithmetic of elliptic curves*, Graduate Texts in Math. 106, Springer-Verlag, 1986.

[5] J. H. Silverman, *Advanced topics in the arithmetic of elliptic curves*, Graduate Texts in Math. 151, Springer-Verlag, 1994.

[6] J.-P. Serre, *Lectures on the Mordell-Weil theorem*, Aspects of Math., Friedr. Vieweg & Sohn, 1990 (second edition).

[7] G. Cornell, J. H. Silverman and G. Stevens (ed), *Modular forms and Fermat's last theorem*, Springer-Verlag, 1997.

[1]は初心者向けの楕円曲線の入門書である.『数論II』では,ページ数の都合上触れることのできなかった合同数の問題と Birch, Swinnerton-Dyer 予想の関係については,[3]に詳しい解説がある.また,Mordell-Weil の定理の証明についても,『数論II』では扱えなかった.この定理の証明には,代数体上の楕円曲線の点に対しても,§1.3のようによい性質をもつ"高さ"という関数を定義することが本質的である.これについては,[2],[4],[6]を参照して頂きたい.[4],[5]は標準的なよい教科書である.[7]には保型形式と Fermat 予想についての詳しい解説がある.

ζ 関数

[1] A. Weil, *Basic number theory*, Springer, 1967.

[2] J. Cassels and A. Fröhlich, *Algebraic number theory*, Academic Press, 1967.

[3] S. Lang, *Algebraic number theory*, Addison-Wesley, 1970.

[4] E. C. Titchmarsh, *The theory of the Riemann zeta-function*, Oxford Univ. Press, 1951 (2nd ed. 1986).

[5] H. Edwards, *Riemann's zeta function*, Academic Press, 1974.

[6] J.-P. Serre, *Abelian l-adic representations and elliptic curves*, Benjamin, 1968.
[7] 末綱恕一, 解析的整数論, 岩波書店, 1950.
[8] 高木貞治, 初等整数論講義, 共立出版, 1931.
[9] 河田敬義, 数論, 岩波基礎数学選書, 1992.
[10] 藤崎源二郎, 森田康夫, 山本芳彦, 数論への出発(数学セミナー増刊), 日本評論社, 1980.

　　ζ関数のはじまりであるRiemannζ関数については, [4], [5]が詳しい. 素数定理については, [2], [3], [5], [6], [7], [8], [9], [10]を参照されたい. とくに[6]には一般的な素数定理が定式化されている. ζをアデール上の積分を用いて解析接続する方法に関しては, [2]の中のTateの原論文(1950)や[1], [3]を見られたい. また, 保型形式関係の文献にもζの記述は多い. そちらも参照されたい. たとえば, そちらにある[6]はTateの方法をGL_nに拡張している.

類体論
[1] 彌永昌吉編, 数論, 岩波書店, 1969.
[2] 岩澤健吉, 局所類体論, 岩波書店, 1980.
[3] 高木貞治, 代数的整数論, 岩波書店, 1982(第二版).
[4] N.ブルバキ, 数学原論 代数6(第8章), 東京図書, 1970.
[5] E. Artin and J. Tate, *Class field theory*, Benjamin, 1967.
[6] J. W. S. Cassels and A. Fröhlich, *Algebraic number theory*, Academic Press, 1967.
[7] D. A. Cox, *Primes of the form x^2+ny^2*, John Wiley & Sons, 1989.
[8] J.-P. Serre, *Corps locaux*, Hermann, 1968 (3e édition), *Local fields*, Graduate Texts in Math. 67, Springer-Verlag, 1979.
[9] A. Weil, *Basic number theory*, Springer-Verlag, 1967.

　　中心単純環やBrauer群の一般論については, [4]が詳しくていねいなので参照するとよい. 局所体のBrauer群については[8]を, 大域体のBrauer群については[9]を参照するとよい. [2], [8]には局所類体論が述べられている. 大域類体論は[1], [3], [5], [6], [9]に述べられている. [1]を読むなら歴史の部分を読むとよい(他はあまりおすすめできない). [6]にも歴史についてのよい解説がある. [6]では代数的に類体論が証明されている.『数論I』の証明は, [9]

に近い．[3] は類体論に多大の貢献をした著者自身の著述で，迫力がある．[7] には素数の形状問題から始まって類体論に至る解説がある．

保型形式
[1]　G. H. Hardy, *Ramanujan*, Cambridge Univ. Press, 1940.
[2]　I. M. Gelfand, M. I. Graev and I. I. Pyatetskii-Shapiro, *Representation theory and automorphic functions*, Saunders, 1969 (Reprint: Academic Press 1990), ロシア語原著，1966.
[3]　A. Ogg, *Modular forms and Dirichlet series*, Benjamin, 1969.
[4]　R. P. Langlands, *Problems in the theory of automorphic forms*, Springer Lecture Notes in Mathematics, **170** (1970) 18–61.
[5]　G. Shimura, *Introduction to the arithmetic theory of automorphic functions*, Princeton Univ. Press, 1971.
[6]　R. Godement and H. Jacquet, *Zeta functions of simple algebras*, Springer Lecture Notes in Mathematics, **260** (1972).
[7]　S. Lang, *Introduction to modular forms*, Springer, 1976.
[8]　H. Jacquet and J. Shalika, A nonvanishing theorem for zeta functions of GL_n, Invent. Math. **38** (1976) 1–16.
[9]　N. Koblitz, *Introduction to elliptic curves and modular forms*, Springer, 1984.
[10]　S. Gelbart, An elementary introduction to the Langlands program, Bull. Amer. Math. Soc. **10** (1984) 177–219.
[11]　A. W. Knapp, *Elliptic curves*, Princeton Univ. Press, 1992.
[12]　D. Bump, *Automorphic forms and representations*, Cambridge Univ. Press, 1997.
[13]　T. N. Bailey and A. W. Knapp (ed), *Representation theory and automorphic forms*, Proceedings of Symposia in Pure Mathematics, **61** (1997).
[14]　J.-P. セール，数論講義(彌永健一訳)，岩波書店，1979.
[15]　土井公二，三宅敏恒，保型形式と整数論，紀伊國屋書店，1976.
[16]　清水英夫，保型関数，岩波基礎数学選書，1992.
　　　Ramanujan の発見に関しては，[1] および Ramanujan の全集や手稿集を参

照されたい．保型形式については，[3], [5], [7], [9], [11], [12], [14], [15],
[16], およびく関数関係の文献中の[10]を見られたい．保型表現について
は，[2], [6], [12], [13]が詳しい．保型表現の L 関数の零点が $\mathrm{Re}(s) = 1$ 上
に存在しないこと(素数定理の類似物に必要な事実)は, Eisenstein 級数を用
いて[8]で証明された．表現論的な Selberg 跡公式は，[2]に与えられている．
Selberg 自身による Selberg 跡公式の形については Selberg の全集を見られたい．
Langlands 予想は，[4]において定式化されたものであり，[10], [12], [13]に
解説されている．

岩澤理論

[1]　K. Iwasawa, *Lectures on p-adic L-functions*, Ann. of Math. Studies 74, Princeton Univ. Press, 1972.

[2]　L. Washington, *Introduction to cyclotomic fields*, Graduate Texts in Math. 83, Springer-Verlag, 1982.

[3]　S. Lang, *Cyclotomic fields I and II* (combined second edition), Graduate Texts in Math. 121, Springer-Verlag, 1990.

[4]　*Algebraic number theory in honor of K. Iwasawa*, Advanced Studies in Pure Math. 17, Kinokuniya, 1989.

　　残念ながら岩澤理論についての日本語の本はない．つまり，本書が最初である．[1]は p 進 L 関数の構成，および p 進類数公式を中心にして述べられている．『数論II』で述べられなかった Stickelberger 元からの p 進 L 関数の構成が(発見者自身によって)述べられている．岩澤理論の創立者の著述だけに味わいが深い．[2]は岩澤理論全般にわたった標準的教科書である．さまざまなトピックも盛り込まれていておもしろい．『数論II』では省略してしまった命題 10.20 の証明もある．[3]の付録に K. Rubin が(円単数の) Euler 系を使った岩澤主予想の証明を書いている．さらに深いトピックに進みたい読者は[4]をのぞいてみるとよい．この本の最初には，岩澤健吉の仕事の紹介とその論文リストもある．イデアル類群以外の対象を扱った岩澤理論の論文もあり，岩澤理論の現状がわかる．

問解答

第10章

問1 命題10.3(2)(a)から，D_r は2と3で割り切れる．また，(2)(b)より4で割り切れる．

問2 p を奇素数とする．$\mathbb{Z}_p^\times = (\mathbb{Z}/p)^\times \times (1+p\mathbb{Z}_p)$ なる分解によって，$a = (a_1, a_2)$ と書く．定義から $a = \omega(a_1)a_2 = \omega(a)a_2$ である．$a^{p^n} = \omega(a)a_2^{p^n}$ であり，任意の $x \in 1+p\mathbb{Z}_p$ に対して $\lim_{n\to\infty} x^{p^n} = 1$ だから結論を得る．$p=2$ に対しては定義をたどればよい．

問3 たとえば，n についての数学的帰納法で示せばよい．

問4 上の命題10.5の証明のように
$$L_p(s, \omega^{r_0}) = \sum_{i=0}^{\infty} a_i(s-1+r_0)^i$$
とベキ級数展開すると，命題10.8によりすべての $i \geq 2$ に対して，a_i は p^2 で割り切れる．また A_1 が p で割り切れることから，a_1 も p^2 で割り切れる．したがって，命題10.5の証明と同様にして結論を得る．

問5 γ' を $1+T$ に対応させることにより，$\mathbb{Z}_p[[\mathrm{Gal}(K_\infty/K_N)]]$ を $\mathbb{Z}_p[[T]]$ と同一視する．Y が前者の構造をもつとき，$n \geq 1$ に対して，
$$Y/(1+\gamma' + \cdots + (\gamma')^{p^n-1})Y \simeq \mathbb{Z}_p[[T]]/(T-p, ((1+T)^{p^n}-1)/T)$$
$$\simeq \mathbb{Z}_p/(2p^n)$$
となる．

したがって，補題10.30により，$n > N$ に対して，
$$\sharp A_{K_n} = \sharp(X/Y) + \sharp(\mathbb{Z}_p/(2p^{n-N}))$$
となる．したがって，岩澤の公式が成り立つ．(特に，$\mu=0, \lambda=1$ である．)

Y が後者の構造をもつとする．p が奇素数のとき $n \geq 1$ に対して，$p=2$ のとき $n \geq 2$ に対して，
$$Y/(1+\gamma'+\cdots+(\gamma')^{p^n-1})Y \simeq \mathbb{Z}_p[[T]]/(T^2-p, ((1+T)^{p^n}-1)/T)$$
$$\simeq \mathbb{Z}_p[\sqrt{p}]/(p^n)$$

となる.したがって,少なくとも $n > N+1$ に対して,
$$\sharp A_{K_n} = \sharp(X/Y) + p^{2(n-N)}$$
となり,岩澤の公式が成り立つ.(特に,$\mu = 0, \lambda = 2$ である.)

問6 (1) もし $\lambda(G_{\omega^{1-i}}(T)) > 1$ であるとすると,問4から $\zeta(1+i-p) \equiv \zeta(2+i-2p) \pmod{p^2}$ である.

(2) §10.1(a)の値を使って確かめられる.

(3) 略.

問7 $\mathbb{Z}/p^n(r)$ に $\sigma \in \mathrm{Gal}(\mathbb{Q}(\mu_{p^\infty})/\mathbb{Q})$ は $\kappa(\sigma)^r$ 倍で作用するから,$\sharp(\mathbb{Z}/p^n)^\times = (p-1)p^{n-1}$ を考慮して,
$$\sharp \mathbb{Z}/p^n(r)^{\mathrm{Gal}(\mathbb{Q}(\mu_{p^\infty})/\mathbb{Q})} = p^n \iff (p-1)p^{n-1} \mid r$$
である.したがって,結論を得る.

第12章

問1 l を奇素数として,$E: y^2 = x^3 - x$ を $\mathbb{F}_l$ 上の楕円曲線とみると,E は2等分点を4つもつ.したがって,$E(\mathbb{F}_l)$ は位数4の部分群をもち,その位数は4の倍数である.

演習問題解答

第9章

9.1 (1), (2), (3)はそれぞれ，$E_4^2 = E_8$, $E_4 E_6 = E_{10}$, $1728\Delta = E_4 E_8 - E_6^2$ の Fourier 係数をくらべたものである．たとえば，$E_4 E_6 = E_{10}$ は

$$\left(1 + 240 \sum_{n=1}^{\infty} \sigma_3(n) q^n\right)\left(1 - 504 \sum_{n=1}^{\infty} \sigma_5(n) q^n\right) = 1 - 264 \sum_{n=1}^{\infty} \sigma_9(n) q^n$$

と書け，両辺の q^n の係数を比較すると

$$240\sigma_3(n) - 504\sigma_5(n) - 240 \cdot 504 \sum_{m=1}^{n-1} \sigma_3(m) \sigma_5(n-m) = -264\sigma_9(n)$$

が得られる．これを 24 で割れば(2)となる．

9.2 答は $\dfrac{B_k}{2k}$ (B_k は Bernoulli 数)である．これは，重さ k の(正則) Eisenstein 級数 $E_k(z)$ の変換公式 $E_k\left(-\dfrac{1}{z}\right) = z^k E_k(z)$ において，$z = i$ とおくと $E_k(i) = i^k E_k(i) = -E_k(i)$ から $E_k(i) = 0$ となることと，

$$E_k(i) = 1 - \frac{2k}{B_k} \sum_{n=1}^{\infty} \sigma_{k-1}(n) e^{-2\pi n} = 1 - \frac{2k}{B_k} \sum_{n=1}^{\infty} \frac{n^{k-1}}{e^{2\pi n} - 1}$$

とを使えばわかる．

9.3 (1) 定理 9.16(3) の式は

$$e^{-2\pi} \prod_{n=1}^{\infty} (1 - e^{-2\pi n})^{24} = \left(\frac{\varpi}{\sqrt{2}\pi}\right)^{12}$$

であるが，これの対数をとれば(1)の式が得られる．

(2), (3) Hurwitz の方法(定理 9.16 の補足 2)を使ってもよいが，直接に

$$\sideset{}{'}\sum_{m,n=-\infty}^{\infty} \frac{1}{(m+ni)^8} = 2\zeta(8) E_8(i) = 2\zeta(8) E_4(i)^2$$

$$= 2\left(\frac{\pi^8}{9450}\right) \cdot 9\left(\frac{\varpi}{\pi}\right)^8 = \frac{\varpi^8}{525}$$

や

$$\sideset{}{'}\sum_{m,n=-\infty}^{\infty} \frac{1}{(m+ni)^{12}} = 2\zeta(12) E_{12}(i)$$

演習問題解答

$$= 2\left(\frac{2^{10}}{13!}\frac{691}{105}\pi^{12}\right)\left(\frac{2^6\cdot 3^5\cdot 7^2}{691}\frac{\varpi^{12}}{2^6\pi^{12}}\right) = \frac{2\varpi^{12}}{53625}$$

と求まる．ただし，§9.1(b)の式

$$E_{12} - E_6^2 = \frac{2^6\cdot 3^5\cdot 7^2}{691}\Delta$$

に $z=i$ を代入して $E_{12}(i)$ は求めている（$\Delta(i)$ は定理9.16(3)）．

9.4 (1) $\begin{pmatrix} 0 & -1 \\ 1 & 1 \end{pmatrix} \in SL_2(\mathbb{Z})$ だから，

$$E_k\left(\frac{-1}{z+1}\right) = (z+1)^k E_k(z)$$

となる．ここで $z=\rho$ を代入すると，$\frac{-1}{\rho+1} = \rho$, $\rho+1 = -\rho^2$ より

$$E_k(\rho) = \rho^{2k} E_k(\rho)$$

となる．よって，$3 \nmid k$ のとき $E_k(\rho)=0$. とくに $E_4(\rho)=0$.
したがって，$\Delta = \frac{E_4^3 - E_6^2}{1728}$ において $z=\rho$ とすると

$$E_6(\rho)^2 = -1728\Delta(\rho) = 1728 e^{-\sqrt{3}\pi}\prod_{n=1}^{\infty}(1-(-1)^n e^{-\sqrt{3}\pi n})^{24}$$

は正で，$E_6(\rho) \neq 0$.

(2) $$E_k(\rho) = 1 + \frac{2k}{B_k}\sum_{n=1}^{\infty}\frac{(-1)^{n-1}n^{k-1}}{e^{\sqrt{3}\pi n}+(-1)^{n-1}}$$

だから，$3\nmid k$ のとき $E_k(\rho)=0$ より

$$\sum_{n=1}^{\infty}\frac{(-1)^{n-1}n^{k-1}}{e^{\sqrt{3}\pi n}+(-1)^{n-1}} = -\frac{B_k}{2k}$$

となる．$k=4,8$ はここに入っている．$k=2$ のときは変換公式（§9.5(e)参照）

$$E_2\left(\frac{-1}{z+1}\right) = (z+1)^2 E_2(z) + \frac{6(z+1)}{\pi i}$$

において $z=\rho$ として解くと

$$E_2(\rho) = \frac{2\sqrt{3}}{\pi}$$

とわかる．したがって

$$\sum_{n=1}^{\infty}\frac{(-1)^{n-1}n^{k-1}}{e^{\sqrt{3}\pi n}+(-1)^{n-1}} = \frac{\sqrt{3}}{12\pi} - \frac{1}{24}.$$

9.5 (i)$\iff$(ii)は明らか．(ii)$\Longrightarrow$(iii)，(iii)$\Longrightarrow$(iv)，(iv)$\Longrightarrow$(i)をいう．

(ii) $\Longrightarrow$ (iii) は，漸化式より

$$\tau(p^l) = p^{\frac{11}{2}l} \frac{\sin(l+1)\theta_p}{\sin\theta_p}$$

となるから

$$|\tau(p^l)| \leqq p^{\frac{11}{2}l}(l+1)$$

がわかる．したがって，$n=\prod_p p^{l(p)}$ のとき

$$|\tau(n)| = \prod_p |\tau(p^{l(p)})| \leqq \prod_p p^{\frac{11}{2}l(p)}(l(p)+1) = n^{\frac{11}{2}} d(n).$$

(iii) $\Longrightarrow$ (iv) は，$d(n) = O(n^\varepsilon)$ からわかる．

(iv) $\Longrightarrow$ (i) は，対偶を示す．いま，$|\tau(p)| > 2p^{\frac{11}{2}}$ となる素数 p があったとする．すると

$$1 - \tau(p)u + p^{11}u^2 = (1 - p^{\frac{11}{2}}\alpha u)(1 - p^{\frac{11}{2}}\alpha^{-1} u)$$

となる実数 α があり $|\alpha|>1$ ととれる．このとき，$\varepsilon = \dfrac{1}{2}\log_p|\alpha| > 0$ とすると，$\dfrac{\tau(n)}{n^{\frac{11}{2}+\varepsilon}}$ は非有界であることがわかる．実際

$$\frac{\tau(p^l)}{p^{l(\frac{11}{2}+\varepsilon)}} = \frac{1}{p^{l\varepsilon}} \cdot \frac{\alpha^{l+1} - \alpha^{-(l+1)}}{\alpha - \alpha^{-1}}$$

において，$\left|\dfrac{\alpha}{p^\varepsilon}\right| = \sqrt{|\alpha|} > 1$ だから $\dfrac{\tau(p^l)}{p^{l(\frac{11}{2}+\varepsilon)}}$ は $l\to\infty$ のとき有界でなくなる．

9.6 K の実素点の個数を r_1，複素素点の個数を r_2 とすれば，$\zeta_K(s)$ の $s=0$ における Taylor 展開は

$$\zeta_K(s) = -\frac{Rh}{w}s^{r_1+r_2-1} + \cdots$$

の形となる(第 7 章の定理 7.10(4))．したがって，3 通りの場合に分かれる．

 (i) $r_1+r_2=1$： $(r_1,r_2)=(1,0),(0,1)$（有理数体か虚 2 次体）

 (ii) $r_1+r_2=2$： $(r_1,r_2)=(2,0),(1,1),(0,2)$（実 2 次体，$\mathbb{Q}(\sqrt[3]{2})$ のような 3 次体，$\mathbb{Q}(\zeta_5)$ のような 4 次体）

 (iii) $r_1+r_2 \geqq 3$： その他．

まず，(iii) のときは，$\zeta_K'(0) = 0$ であり，$\prod_{\mathfrak{a}} N(\mathfrak{a}) = 1$．

(i) のときは，$K=\mathbb{Q}$ なら，定理 9.13 より

――― 演習問題解答

$$\zeta'_K(0) = -\frac{1}{2}\log(2\pi)$$

であり，

$$\prod_{\mathfrak{a}} N(\mathfrak{a}) = \prod_{n=1}^{\infty} n = \sqrt{2\pi}.$$

$K = \mathbb{Q}(\sqrt{-1})$ なら，定理 9.16(2) より

$$\zeta'_{\mathbb{Q}(\sqrt{-1})}(0) = -\frac{1}{4}\log\left(\frac{\Gamma\left(\frac{1}{4}\right)^4}{4\pi}\right)$$

であり，

$$\prod_{\mathfrak{a}} N(\mathfrak{a}) = \left(\prod_{m,n=-\infty}^{\infty}{}' (m^2+n^2)\right)^{\frac{1}{4}} = 2^{-\frac{1}{2}}\pi^{-\frac{1}{4}}\Gamma\left(\frac{1}{4}\right) = 2^{\frac{1}{4}}\varpi^{\frac{1}{2}}.$$

一般の虚 2 次体でも同様なやり方ができる(Lerch(1897)，Chowla–Selberg (1949/1964)の結果).

(ii)のときは，単数群の階数は1であり，(基本)単数 $\varepsilon\,(|\varepsilon|>1)$ によって，$R = \log|\varepsilon|$ と書ける．したがって

$$\zeta'_K(0) = -\frac{h}{w}\log|\varepsilon|$$

となる．よって

$$\prod_{\mathfrak{a}} N(\mathfrak{a}) = |\varepsilon|^{\frac{h}{w}}$$

と求まる．これは代数的整数である．

第10章

10.1 $\zeta(-1), \cdots, \zeta(-9)$ の分子は p で割り切れないから，系 10.38 により

$$A_{\mathbb{Q}(\mu_p)}^{\omega^{p-2}} = \cdots = A_{\mathbb{Q}(\mu_p)}^{\omega^{p-10}} = 0$$

である．したがって，定理 10.36(1)により

$$X^{\omega^{p-2}} = \cdots = X^{\omega^{p-10}} = 0$$

である．

10.2 (1) $r > 2$ としてよい．$L_p(s, \omega^r) = \sum_{i=0}^{\infty} a_i(s-1+r)^i$ とベキ級数展開する

と,
$$\zeta(1-r) \equiv L_p(1-r, \omega^r) = a_0 \pmod{p^2}$$
であるが,命題10.8によりすべての $i \geq 2$ に対して, a_i は p^2 で割り切れるので,
$$\zeta(2-r-p) \equiv L_p(2-r-p, \omega^r) \equiv a_0 + a_1(1-p) \pmod{p^2}$$
となる.したがって,
$$a_1 \equiv (\zeta(2-r-p) - \zeta(1-r))/(1-p) \pmod{p^2}$$
であり,
$$L_p(0, \omega^r) \equiv a_0 + a_1(r-1)$$
$$\equiv ((2-r-p)\zeta(1-r) - (1-r)\zeta(2-r-p))/(1-p) \not\equiv 0 \pmod{p^2}$$
がわかる.よって, $\mathrm{ord}_p(L(0, \omega^{r-1})) = \mathrm{ord}_p(L_p(0, \omega^r)) = 1$ となり,定理10.37より結論を得る.

(2) §10.1(a)の値を使って確かめられる.

10.3 (1) 岩澤主予想から X^{ω^i} は階数 1 の自由 $\mathbb{Z}_p$ 加群であることがわかる.したがって, X^{ω^i} は 1 つの元で $\Lambda = \mathbb{Z}_p[[\mathrm{Gal}(\mathbb{Q}(\mu_{p^\infty})/\mathbb{Q}(\mu_p))]] \simeq \mathbb{Z}_p[[T]]$ 上生成され, $X^{\omega^i} \simeq \Lambda/(G_{\omega^{1-i}}(T))$ と書ける.付随する多項式の定義から $\mathrm{ord}_p(\alpha) > 0$ であることに注意すれば,定理10.36から問5のようにして結論が得られる.

(2) 岩澤主予想から X^{ω^i} は階数 2 の自由 $\mathbb{Z}_p$ 加群である.

(i) X^{ω^i} が Λ 上 1 つの元で生成されるとき.このとき,
$$X^{\omega^i} \simeq \Lambda/(G_{\omega^{1-i}}(T)) \simeq \Lambda/((T-\alpha)(T-\beta))$$
となるので,定理10.36から $K_n = \mathbb{Q}(\mu_{p^n})$ とおくと, $n \geq 1$ に対し,
$$A_{K_n}^{\omega^i} \simeq \Lambda/((T-\alpha)(T-\beta), (1+T)^{p^{n-1}}-1)$$
となる.ここで, $\mathrm{ord}_p(\alpha) < \mathrm{ord}_p(\beta)$ を使うと
$$A_{K_n} \simeq \mathbb{Z}_p/(\alpha\beta p^{n-1}) \oplus \mathbb{Z}_p/(p^{n-1})$$
と計算できる.

(ii) X^{ω^i} が Λ 上 1 つの元で生成されないとき.このとき, X^{ω^i} は Λ 上 2 つの元で生成される.
$$0 \to \Lambda^2 \xrightarrow{f} \Lambda^2 \to X^{\omega^i} \to 0$$
なる Λ 加群の完全系列をとり, f に対応する行列を A で表す. $\mathrm{ord}_p(\alpha-\beta) = 1$, $\mathrm{ord}_p(\alpha) < \mathrm{ord}_p(\beta)$ を使うと,基本変形により A は $\begin{pmatrix} T-\alpha & 0 \\ 0 & T-\beta \end{pmatrix}$ に変形できる.したがって,
$$X^{\omega^i} \simeq \Lambda/(T-\alpha) \oplus \Lambda/(T-\beta)$$
であり,

● 演習問題解答

$$A_{K_n} \simeq \mathbb{Z}_p/(\alpha p^{n-1}) \oplus \mathbb{Z}_p/(\beta p^{n-1})$$

となる.

10.4 (1) 単射であることは, 命題 10.33 と同様にして示せる. 全射であることを示すには, K_n/F_n で分岐する F_n の素イデアルの集合を S と書くとき,

$$\left(\bigoplus_{v \in S} \mathbb{Z}_p v\right)^\chi = \left(\bigoplus_{v \in S} \mathbb{Z}_p v\right) \otimes_{\mathbb{Z}_p[\mathrm{Gal}(F/\mathbb{Q})]} O_\chi = 0$$

であることを使う.

(2) 定理 10.37 とほぼ同様にして示せる.

欧文索引

『数論 I』pp. 1〜380,『数論 II』pp. 381〜600.

additive reduction　583
adele　224
algebra　321
algebraic function field in one variable　175
algebraic number field　107
analytic continuation　95
arithmetico-geometric mean　446
automorphic form　382
automorphic representation　562
bad reduction　581
Bernoulli number　95
Bernoulli polynomial　96
Brauer group　324
central simple algebra　324
character　244
character group　244
character of the first kind　500
character of the second kind　500
characteristic ideal　517
Chinese remainder theorem　53
class field theory　5
class number　125
class number formula　130
class number relations　574
compact topological space　187
completion　184
completion of a metric space　68
congruence　52
congruence subgroup　458
conjugacy classes　571
cubic number　10

cyclic algebra　329
cyclotomic field　151
decomposition group　213, 527
Dedekind ring　121
different　196
Dirichlet character　86
Dirichlet L function　86
Dirichlet unit theorem　8
discrete valuation　180
discrete valuation ring　182
division algebra　320
divisor　232
dual　244
Eisenstein series　390
elliptic curve　11
equivalence classes of representations　571
explicit formula　257
factorization in prime elements　14
factorization in prime ideals　14
Fermat's last theorem　1
finite place　179
Fourier transform　564
fractional ideal　122
Frey curve　593
Frobenius conjugacy class　194
Frobenius substitution　194
functional equation　103
fundamental theorem on Abelian groups　32
fundamental unit　126
gamma function　100

欧文索引

Gaussian sum 160
global field 186
good reduction 581
group of cyclotomic units 553
group structure 26
Hasse's reciprocity law 328
Hecke character 284
Hecke L function 284
Hecke operator 454
height 22
Hilbert symbol 56
Hurwitz zeta function 94
ideal 120
ideal class group 123
idele 224
idele class group 224
inertia group 528
infinite descent 23
integral point 19
inverse limit 70
invertible element 8
irregular prime 473
Iwasawa function 491
Iwasawa main conjecture 471
Iwasawa theory 15
kernel function 572
Kummer's criterion 137
λ-invariant 514
Langlands conjecture 576
left Haar measure 190
left invariant measure 190
local field 188
locally compact field 187
locally compact space 187
metric space 66
minimal Weierstrass model 583

modular group 447
module 73, 190
Mordell operator 385
Mordell's theorem 32
μ-invariant 514
multiplicative reduction 583
multiplicity 571
n-gonal number 9
nonsplit multiplicative reduction 583
normalized product 430
p-adic absolute value 66
p-adic integer 70
p-adic L function 104, 488
p-adic metric 66
p-adic number 3
p-adic number field 62
p-adic valuation 64
partial Riemann zeta function 94
Pell equation 8
Petersson inner product 455
place 179
point at infinity 29
Poisson summation formula 564
prime element 5
prime number 5
prime number theorem 257
primitive 160
principal adele 224
principal divisor 232
principal fractional ideal 122
principal ideal 120
principal ideal domain 121
principal idele 224
pseudo-isomorphism 516
pseudo-measure 498

quadratic curve	48	skew field	320
quadratic reciprocity law	52	split multiplicative reduction	583
quaternion algebra	322	square number	11
Ramanujan conjecture	383	Stickelberger element	547
ramified	143	Tate module	586
rational number field	7	Tate twist	545
rational point	19	topological field	187
regular prime	473	topological group	186
restricted direct product	225	topological ring	187
Riemann zeta function	86	trigonal number	10
right regular representation	562	trivial character	487
ring homomorphism	56	unique factorization domain	109
Selberg trace formula	570	unit group	124
Selberg ζ	575	unramified	143
semi-stable elliptic curve	583	upper half plane	382
semi-stable reduction	583	valuation ring	181
separated	187	wave form	456
Siegel modular form	464	weak Mordell theorem	33
Siegel modular group	464	weight	382
Siegel upper half space	464	zeta function	86

和文索引

『数論 I』 pp. 1〜380,『数論 II』 pp. 381〜600.

Abel 群の基本定理	32	Fermat の最終定理	1, 14
Bernoulli 数	95	Fermat 予想	591, 595
Bernoulli 多項式	96	Ferrero–Washington の定理	492
Birch–Swinnerton-Dyer 予想	588	Fourier 変換	564
Brauer 群	324	Frey 曲線	593
Dedekind 環	121	Frobenius 共役類	194
Dirichlet L 関数	86	Frobenius 置換	194
Dirichlet 指標	86	Gauss 和	160
Dirichlet の素数定理	269	Greenberg 予想	542
Dirichlet の単数定理	8, 126	Hamilton の 4 元数体	321
Eisenstein 級数	390	Hasse の相互法則	328
Eisenstein 多項式	201	Hecke L 関数	284

和文索引

Hecke 環　454
Hecke 作用素　454
Hecke 指標　284
Hecke の逆定理　407
Herbrand, Ribet の定理　474, 545
Hilbert 記号　56
Hurwitz ζ 関数　94
Kronecker の極限公式　427
Kronecker の定理　155
Kummer の合同式　485
Kummer の判定法　137
λ 不変量　514, 517, 526
Langlands 予想　576
Lerch の公式　431
Mazur-Wiles の定理　481, 538
Mordell 作用素　385
Mordell の定理　32
μ 不変量　514, 517, 526
n 角数　9
p 進 L 関数　104, 485
p 進 Weierstrass 準備定理　514
p 進距離　66
p 進収束　64
p 進数　3, 62
p 進数体　62
p 進整数　70
p 進絶対値　66
p 進体　62
p 進展開　73
p 進付値　64
Pell 方程式　8
Petersson 内積　455, 457
Phragmén-Lindelöf の定理　410
Poisson 和公式　564
Pontrjagin の双対定理　244
Ramanujan の合同式　390
Ramanujan の等式　393
Ramanujan 予想　383
Rankin-Selberg の方法　422
Ribet の定理　593
Riemann ζ 関数　86
Riemann の明示公式　257
Selberg 跡公式　570
Serre 予想　594
Siegel 上半空間　464
Siegel 保型形式　464
Siegel モジュラー群　464
Stickelberger 元　547
Stickelberger の定理　547
Stirling の公式　410
Tate 加群　586
Tate ひねり　545
Teichmüller 指標　486, 497
Vandiver 予想　542
Wedderburn の定理　325
Wilton の結果　405
ζ 関数　86

ア 行

アデール　224
位相環　187
位相群　186
位相体　187
一意分解整域　109
1 変数代数関数体　175
イデアル　120
イデアル類群　123, 472, 513
イデール　224
イデール類群　224
岩澤関数　491
岩澤主予想　471, 481, 536, 538
岩澤の公式　531

岩澤理論　15, 471
因子　232
因子群　232
円単数群　553
円分 $\mathbb{Z}_p$ 拡大　524
円分指標　480, 497
円分体　151
重さ　382

カ 行

解析接続　95
可逆元　8
核関数　572
カスプ形式　451
加法的還元　583
環準同型　56
関数等式　103
完全分解　144, 208
完備化　184
完備群環　493
ガンマ関数　100
擬測度　498
擬同型　516
基本単数　126
逆極限　70
共役差積　196
共役類全体　571
極小 Weierstrass モデル　583
局所コンパクト空間　187
局所コンパクト体　187
局所体　188
距離空間　66
距離空間の完備化　68
久保田–Leopoldt の p 進 L 関数　488
群環　493

群構造　26
係数拡大　327
原始的　160
合同式　52
合同部分群　458
コンパクト位相空間　187

サ 行

最大 Abel 拡大　298
最大不分岐拡大　207
3 角数　10
算術幾何平均　446
三平方の定理　2
4 角数　11
4 元数環　322
指標　244
指標群　244
自明な指標　487
自明な零点　265
弱 Mordell の定理　33
斜体　320
主アデール　224
主イデアル　120
主イデアル整域　121
主イデール　224
主因子　232
主因子群　232
主分数イデアル　122
準安定還元　583
準安定な楕円曲線　583
巡回線形環　329
上半平面　382
乗法的還元　583
剰余次数　192
正規積　430
制限直積　225

和文索引

整数環　118
整数点　19
正則カスプ形式　451
正則素数　473
正則保型形式　451
積測度　239
線形環　321
素イデアル定理　286
素イデアル分解　14
像　241
双対　244
素元　5, 108
素元分解　14, 108
素元分解整域　109
素数　5
素数定理　257, 265
素点　179

タ 行

体　320
大域体　186
第1補充法則　54
第1種指標　500
代数体　107
代数体の類数公式　278
第2種指標　500
第2補充法則　55
楕円曲線　11, 19, 579
楕円曲線の L 関数　587
高さ　22, 33
惰性群　528
谷山-志村-Weil 予想　589
単項イデアル　120
単項イデアル整域　121
単数群　124
単数定理　229

中国式剰余定理　53
中心単純環　324
重複度　571
特性イデアル　517

ナ 行

2次曲線　48
2次形式の数論　10

ハ 行

倍率　73, 190
波動形式　456
判別式　197
非自明零点　264
非正則素数　473
左 Haar 測度　190
左不変測度　190
非分裂乗法的還元　583
表現の同値類全体　571
付値環　181
部分 Riemann ζ 関数　94
不分岐　143
不分岐拡大　205, 521
分解群　213, 527
分岐　143
分岐指数　192
分数イデアル　122
分離的　187
分裂乗法的還元　583
平方剰余の相互法則　52, 54, 163
平方数　11
保型形式　10, 382
保型表現　562
本質的零点　264

マ 行

右正則表現　*562*
右不変測度　*190*
無限遠点　*29*
無限降下法　*23, 114*
無限素点　*208*
モジュラー群　*447*
モジュラーな楕円曲線　*590*

ヤ 行

有限素点　*179*
有理数体　*7*
有理点　*19, 47*

良い還元　*581, 583*

ラ 行

離散付値　*180*
離散付値環　*182*
立方数　*10*
類数　*125*
類数関係式　*574*
類数公式　*130*
類体論　*5*

ワ 行

悪い還元　*581, 583*

■岩波オンデマンドブックス■

数論 II――岩澤理論と保型形式

2005 年 2 月 8 日　第 1 刷発行
2013 年 11 月 15 日　第 7 刷発行
2017 年 2 月 10 日　オンデマンド版発行

著　者　黒川信重　栗原将人　斎藤　毅

発行者　岡本　厚

発行所　株式会社　岩波書店
　　　　〒101-8002　東京都千代田区一ツ橋 2-5-5
　　　　電話案内　03-5210-4000
　　　　http://www.iwanami.co.jp/

印刷／製本・法令印刷

© Nobushige Kurokawa, Masato Kurihara,
Takeshi Saito 2017
ISBN 978-4-00-730578-8　　Printed in Japan